高碱度烧结矿工艺矿物学

韩秀丽　著

北　京

冶 金 工 业 出 版 社

2024

内 容 提 要

本书系统介绍了高碱度烧结矿中常见矿物的鉴定特征，从工艺矿物学角度系统分析了不同类型现场烧结矿质量与矿相结构及工艺条件的内在联系，深入探讨了含铁原料化学成分和矿物学特性对烧结矿矿相结构及冶金性能的影响规律，剖析了高碱度烧结矿矿相结构的形成机理，厘清了烧结过程中镁、铝、钛等元素的运移规律及其与烧结矿质量的内在联系，建立了烧结原料化学成分与烧结矿质量之间的数学模型，运用智能算法对烧结矿原料配比进行了优化，为改善烧结矿质量提供了一种新思路。

本书可供研究烧结技术的专业技术人员参考，也可供高等院校相关专业的师生参阅。

图书在版编目（CIP）数据

高碱度烧结矿工艺矿物学 / 韩秀丽著. -- 北京：
冶金工业出版社，2024.12. -- ISBN 978-7-5240-0035-8

Ⅰ. TF046.6

中国国家版本馆 CIP 数据核字第 2024SOM358 号

高碱度烧结矿工艺矿物学

出版发行	冶金工业出版社	电　　话	（010）64027926
地　　址	北京市东城区嵩祝院北巷 39 号	邮　　编	100009
网　　址	www. mip1953. com	电子信箱	service@ mip1953. com

责任编辑　王恬君　美术编辑　彭子赫　版式设计　郑小利
责任校对　李欣雨　责任印制　范天娇
北京博海升彩色印刷有限公司印刷
2024 年 12 月第 1 版，2024 年 12 月第 1 次印刷
710mm×1000mm　1/16；13.25 印张；257 千字；199 页
定价 81.00 元

投稿电话　（010）64027932　投稿信箱　tougao@cnmip.com.cn
营销中心电话　（010）64044283
冶金工业出版社天猫旗舰店　yjgycbs.tmall.com

（本书如有印装质量问题，本社营销中心负责退换）

序

　　工艺矿物学，作为一门服务于现代工业生产的应用学科，其研究涉及无机材料的多个领域，尤其是在矿产资源评价、选冶加工、产品质量分析等方面，发挥着至关重要的作用。随着1979年中国金属学会选矿学术委员会工艺矿物学学组的成立及1980年首届全国工艺矿物学学术会议的召开，标志着该学科在我国的正式形成。

　　作为工艺矿物学的分支学科，冶金工艺矿物学主要是研究冶金矿石原料及冶金工艺产品（包括人造富矿、冶金炉渣、耐火材料、陶瓷及铸石等）中矿物的化学组成、矿物组成、含量、晶粒大小、结构、工艺性质、形成工艺条件和原料条件及其与冶金工艺产品质量之间的相互关系的学科。它是一门介于矿物学与冶金学之间的边缘交叉学科。

　　韩秀丽教授自20世纪90年代起致力于工艺矿物学领域相关研究，专注铁矿石、高炉原料、高炉渣、钢渣、连铸保护渣、水泥熟料和耐火材料等冶金工艺产品的质量改善，在探究这些工艺产品的矿物学特性及其影响因素方面，积累了宝贵的经验，并取得了显著的研究成果。

　　《高碱度烧结矿工艺矿物学》汇集了作者及其研究团队在钢铁冶金领域的最新研究成果，体现了矿物学与冶金学融合，其研究水平处于国际前沿。该专著内容丰富，特色突出，从矿物学的角度对烧结矿的原料、配比、化学成分、矿物组成、显微结构等方面进行了系统研究分析。主要创新点表现为以下三个方面：一是从地质学角度入手，对烧结矿含铁原料的成因类型进行了全面总结；二是利用工艺矿物学手段，对烧结矿中各矿物相的生成及矿相结构形成机理进行了深入研究，总结了不同类型高碱度烧结矿矿相结构及其质量特点，并进一步分析了不同含铁原料、化学组分对烧结矿矿相结构及质量的影响规律；三是运用数学算法对烧结配比进行优化，进一步指导烧结配矿。

据我所知，本书是第一部将矿物学与烧结矿质量紧密结合的学术著作。本书的出版将对进一步优化烧结矿质量，提高炼铁生产效率提供理论指导，对推动烧结技术和炼铁技术的创新发展具有重要的学术价值和实践意义。

中国工程院院士 姜涛

2024 年 11 月 29 日

前　言

在实际生产中，我国大部分钢铁企业的高炉炉料以高碱度烧结矿为主。通常情况下，烧结矿碱度（CaO/SiO₂）超过1.6时，被称为高碱度烧结矿。高碱度烧结矿以其较高的碱度、优异的冶金性能而著称，这些特性使其成为高炉炼铁过程中的理想原料，有助于提高炼铁效率、降低焦比，并有利于高炉的强化生产。高碱度烧结矿的含铁矿物主要是磁铁矿和赤铁矿，而其黏结相矿物主要是铁酸钙，少量的硅酸二钙、硅酸三钙和硅酸盐玻璃质等。

工艺矿物学主要研究工业固体原料与其产品的矿物学特征以及加工过程中的矿物性状变化，为改善产品质量和优化工艺流程提供方向性指导，它是矿物学的分支学科，同时也是介于地质学与冶金学、选矿学之间的边缘交叉学科。根据研究对象和任务不同，工艺矿物学进一步分为冶金工艺矿物学和选矿工艺矿物学。烧结矿工艺矿物学是属于冶金工艺矿物学研究的范畴。

本书以高碱度烧结矿为主线，利用工艺矿物学手段，系统归纳总结了作者及其团队二十年来的研究成果，介绍了不同类型高碱度烧结矿矿相结构及其质量特点，阐释了不同含铁原料、化学组分对烧结矿矿相结构及质量的影响规律，并进一步阐明了高碱度烧结矿中各矿物的形成机理及其对质量的影响规律。

本书共计8章，第1章归纳总结了高碱度烧结矿的主要含铁原料、矿相结构特征及评价高碱度烧结矿质量的标准，方便相关技术人员查阅；第2章主要介绍了高碱度烧结矿中常见的矿物及其鉴定特征；第3章系统总结了外矿型、磁铁矿型及钒钛型等现场高碱度烧结矿的矿相结构特征；第 4 章主要阐明了不同铁矿粉基础物化性能及其对烧结矿矿相结构及质量的影响规律；第 5 章详细归纳了不同碱度以及 MgO、Al_2O_3、TiO_2 等成分对烧结矿矿相结构及质量的影响；第 6 章对烧结矿中各矿物相的生成及矿相结构形成机理进行了全面细致的剖析；第 7 章主要阐释了烧结矿中 Mg、Al、Ti 等元素的运移变化规律及其对烧结矿低温还原粉化的影响；第 8 章利用数学模型对高碱度烧结矿的质量进行了优化预测。

感谢作者带领的工艺矿物学研究团队的大力支持，感谢段博文、司天航、房世隆、李孟倩、冯华、孟克难，他们为本书的编撰与出版做出了辛勤努力。感谢刘丽娜、吕水、陈前冲、白冬冬、赵喆、周祥、杜亮、王程、付壮壮、李国旺、包国营、钦礼文、张聪，他们的研究工作对本专著的学术深度和广度起到了至关重要的作用。

感谢燕赵钢铁实验室、华北理工大学矿业工程学院的鼎力支撑。

感谢国家自然科学基金委员会项目（51574105、51774140、51174073、U1360106）、河北省自然科学基金项目（E2021209147）、河北省科技计划重点项目（23564101D）、中央引导地方科技发展资金项目（246Z4102G）对本书出版的资助。

由于作者水平所限，书中疏漏之处在所难免，敬请读者批评指正。

韩秀丽

2024 年 11 月

目　　录

1 高碱度烧结矿概述

烧结矿是高炉炼铁的主要原料，是由含铁原料、熔剂、燃料等烧制而成的一种矿物集合体。目前，中国高炉炉料大多以高碱度烧结矿为主，所占比例为 76% 左右。烧结含铁原料的质量直接影响烧结矿的化学成分、物理性能及冶金性能，进而影响高炉的冶炼效率和经济效益。

1.1 烧结含铁原料

目前，高碱度烧结矿的烧结含铁原料主要分为磁铁矿型、赤铁矿型、褐铁矿型及菱铁矿型这四种类型的铁矿石。按照铁矿石中主要矿物的种类不同，又分为磁铁矿矿石、赤铁矿矿石、褐铁矿矿石、菱铁矿矿石四大类型。

1.1.1 磁铁矿矿石

磁铁矿矿石主要成因类型为沉积变质型、岩浆型、矽卡岩型、火山气液型。不同成因类型磁铁矿矿石的矿石特性见表 1-1。

表 1-1 不同成因类型磁铁矿矿石的矿石特性

成因类型	矿物组成	矿石结构	矿石构造	可利用的伴生元素	矿石品位	实 例
沉积变质型	有用矿物：磁铁矿、赤铁矿、假象赤铁矿等；脉石矿物：石英、角闪石、紫苏辉石、透辉石、绿泥石、黑云母、蛇纹石等	他形粒状、半自形粒状	条带状、块状	有极微量的 Mn 和 Ti	一般含铁为 18%～40%，富矿可达 50% 以上，但这种矿石量不多	东北鞍山式铁矿、河北迁安、北京密云等地
岩浆型	有用矿物：磁铁矿、钛铁矿、磁黄铁矿、黄铁矿、黄铜矿等；脉石矿物：辉石、斜长石、磷灰石、绿泥石、蛇纹石、方解石等	粒状	块状、浸染状	Ti、V、Co、Ni 铂族元素等	大多数含铁为 35%～40%，有时高达 50%～60%	四川攀枝花、河北大庙、云南北部及内蒙古等地

成因类型	矿物组成	矿石结构	矿石构造	可利用的伴生元素	矿石品位	实　例
矽卡岩型	有用矿物：磁铁矿、赤铁矿、黄铜矿、黄铁矿、方铅矿、闪锌矿等；脉石矿物：透辉石、阳起石、绿帘石、方解石、石英等	粗粒	块状、条带状、浸染状	Cu、Co、Mo	含铁一般在40%~50%，有时高达54%~60%	湖北大冶、河北武安、山东莱芜、河北寿王坟等地
火山气液型	有用矿物：磁铁矿、假象赤铁矿、钛铁矿、褐铁矿、黄铁矿等；脉石矿物：阳起石、磷灰石、钠长石、石英、云母、石榴石、绿泥石及碳酸盐矿物等	细粒	块状、浸染状	V、Ti	铁矿石一般含TFe=7.16%~65.10%，平均为33.23%	安徽马鞍山地区凹山铁矿床、当涂姑山、南京梅山铁矿等地

1.1.2　赤铁矿矿石

国外烧结含铁原料主要以赤铁矿矿石为主。国外赤铁矿矿石以沉积型、沉积变质型、风化成因类型为主。国内赤铁矿矿石以沉积型、矽卡岩型为主。不同成因类型赤铁矿矿石的矿石特性见表1-2。

表1-2　不同成因类型赤铁矿矿石的矿石特性

成因类型	矿物组成	矿石结构	矿石构造	实例
沉积型	有用矿物：赤铁矿、菱铁矿、褐铁矿、针铁矿等；脉石矿物：石英、方解石、绿泥石、白云石等	鲕状、结核状	鲕状、肾状、豆状	河北宣龙式铁矿、澳大利亚哈默斯利矿区
沉积变质型	有用矿物：赤铁矿、假象赤铁矿、磁铁矿等；脉石矿物：石英、角闪石、紫苏辉石、透辉石、绿泥石、黑云母、蛇纹石等	粒状	块状、条带状、片麻状	河北司家营铁矿、印度比莱铁矿
矽卡岩型	有用矿物：赤铁矿、磁铁矿、黄铁矿、黄铜矿等；脉石矿物：透辉石、云母、阳起石、磷灰石、方解石等	海绵陨铁结构、浸染状结构	块状、条带状	湖北大冶、河北武安等地
风化成因型	有用矿物：赤铁矿、褐铁矿等；脉石矿物：高岭石、伊利石等	粒状、胶状	层状	印度、古巴、巴西等地

1.1.3 褐铁矿矿石

褐铁矿矿石主要成因类型为风化淋滤型。褐铁矿矿石主要矿物为褐铁矿，常伴生少量赤铁矿、菱铁矿等，脉石矿物有方解石、白云石、重晶石等。主要为胶状结构、他形粒状结构或鲕状结构，块状、蜂窝状构造。铁矿石中矿石品位在20%~80%，主要伴生组分为 Mo、Zn、Ni、V、Mn 等。

1.1.4 菱铁矿矿石

菱铁矿矿石的成因类型主要包括沉积变质型和热液型两种。

沉积变质型：菱铁矿矿石主要矿物为菱铁矿，常伴生赤铁矿和磁铁矿。矿石结构多样，包括粒状、鲕状、结核状等，矿石构造主要为块状、片麻状、层状、条带状等。矿石的品位变化较大，一般从30%~50%不等。矿石中可能含有一定量的伴生元素，如 V、Ti 等，这些元素在一定程度上增加了矿石的综合利用价值。典型矿床如我国淮南石炭-二叠纪煤系中的菱铁矿矿床、威远侏罗纪煤系中的菱铁矿矿床、辽宁抚顺一带第三纪煤系中的菱铁矿矿床等。

热液型：菱铁矿矿石主要矿石矿物为菱铁矿，其次为褐铁矿、黄铁矿等，脉石矿物有白云石、方解石、石英等。其结构为粒状、土状或致密块状集合体，构造为脉状或浸染状，含铁品位较低，如我国贵州观音山菱铁矿矿床就属这种类型。

1.2 高碱度烧结矿矿相结构

烧结矿的矿相结构一般是指在显微镜下矿物组成形状、大小和它们相互结合排列的关系。由于生产工艺条件不同，所以表现在显微结构上也有明显差异。显微结构的特点也是影响烧结矿质量的重要因素。

目前高碱度烧结矿显微结构类型有以下几种。

1.2.1 交织结构

交织结构特征是他形磁铁矿与针状铁酸钙呈现出相互交织的形态。这种结构在高碱度烧结矿中最为常见，该结构是高碱度烧结矿的理想结构，具有较好的冶金性能，主要是在稳定的条件下，如较高的温度、较强的还原气氛和均匀混合的情况下形成，其交织结构如图1-1所示。

1.2.2 熔蚀-交织结构

熔蚀-交织结构是熔蚀结构向交织结构转变的一种过渡结构，多为他形磁铁

(a)

(b)

(c)

(d)

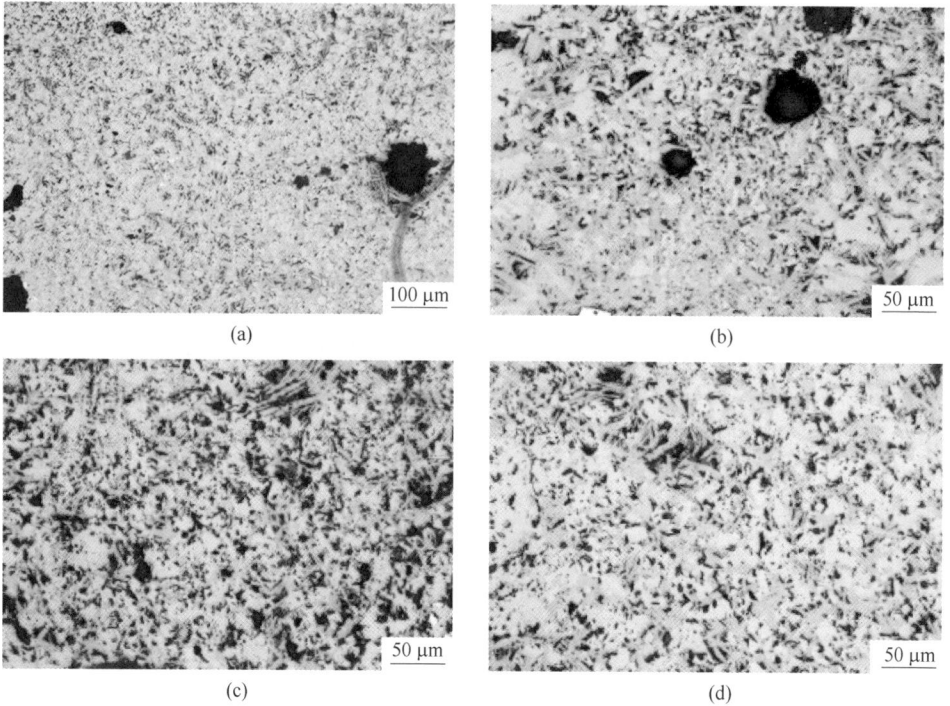

图 1-1　烧结矿交织结构（反射光）

矿与铁酸钙熔蚀交织，如图 1-2 所示。此结构在高碱度烧结矿中较为常见，熔蚀-交织结构的存在有助于提高烧结矿的强度和改善其在高炉中的还原性能。

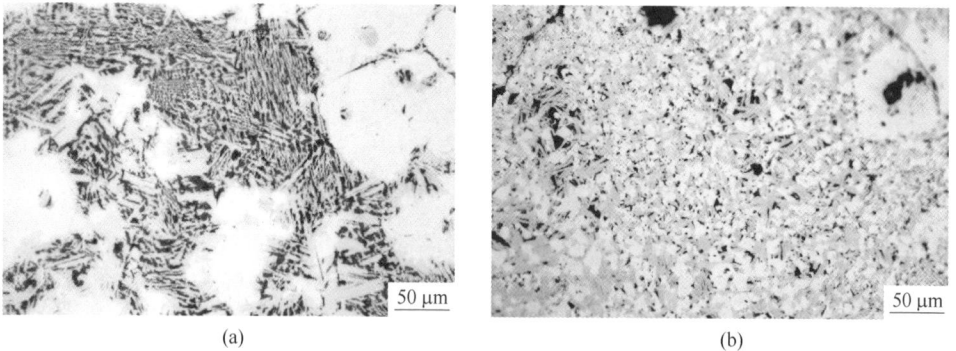

(a)

(b)

图 1-2　烧结矿熔蚀-交织结构（反射光）

1.2.3　熔蚀结构

磁铁矿多为熔蚀残余他形晶，晶粒较小，多呈浑圆状，被他形铁酸钙、少量硅酸二钙和玻璃质胶结形成熔蚀结构，其结构如图 1-3 所示。

图 1-3 烧结矿熔蚀结构（反射光）

1.2.4 骸晶结构

烧结矿骸晶结构是指赤铁矿或磁铁矿等金属相矿物呈骨架状的自形晶，内部常被硅酸盐黏结相矿物充填其中，如图 1-4 所示。由于快速冷却，导致烧结矿中较早结晶的磁铁矿或赤铁矿未能完全结晶而保持其原始生长形态，黏结相矿物则在金属相矿物间隙中快速结晶，从而形成骸晶结构。此结构对烧结矿质量不利。在某些情况下，骸晶状赤铁矿的大量发育和结构的不均匀性，会导致烧结矿抗低温还原粉化的能力减弱。

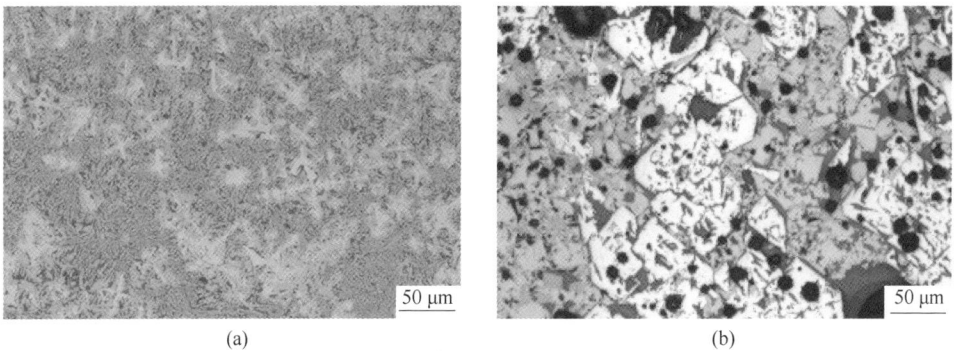

图 1-4 烧结矿骸晶结构（反射光）
（a）骸晶磁铁矿；（b）骸晶赤铁矿

1.2.5 共晶结构

共晶结构是指具有一定成分的高温熔体，由于温度下降，经过冷却、凝固、结晶而形成的两种或两种以上的致密晶体混合物的结构。共晶结构的特点多表现为两种固相在液相中同时结晶。在高碱度烧结矿中多表现为磁铁矿与硅酸二钙共晶、磁铁矿与铁酸钙共晶等，如图 1-5 所示。

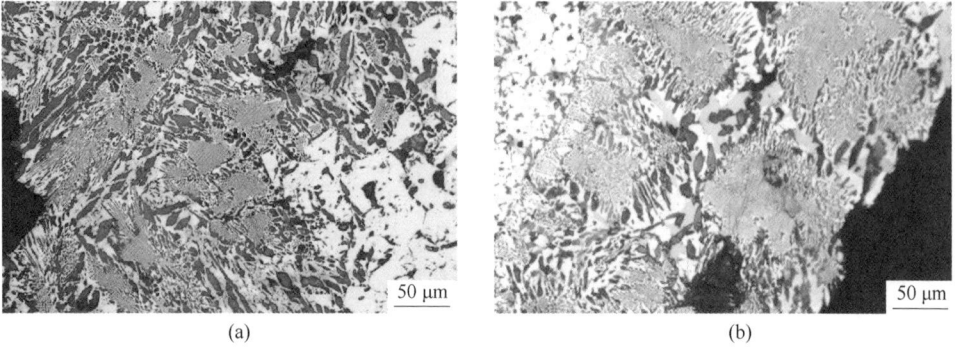

(a)　　　　　　　　　　　　　　　(b)

图 1-5　烧结矿共晶结构（反射光）

（a）磁铁矿-铁酸钙-硅酸二钙的共晶结构；（b）磁铁矿-铁酸钙共晶结构

1.2.6　粒状结构

烧结矿中首先结晶出的磁铁矿晶粒，由于冷却速度较快，多呈半自形-他形晶与黏结相矿物相互结合成粒状结构，如图 1-6 所示。这种结构对烧结矿的低温还原粉化性能和还原性能不利。高碱度烧结矿局部可见。

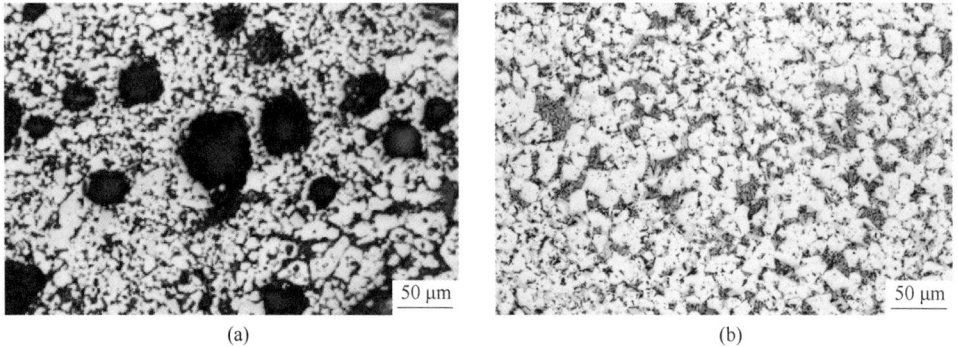

(a)　　　　　　　　　　　　　　　(b)

图 1-6　烧结矿粒状结构（反射光）

（a）赤铁矿的粒状结构；（b）磁铁矿的粒状结构

1.2.7　斑状结构

一般在烧结矿中首先结晶出自形-半自形晶的磁铁矿或赤铁矿呈斑晶状被玻璃质和极少的较细粒黏结相矿物胶结而成斑状结构，如图 1-7 所示，此结构在高碱度烧结矿中较为少见。

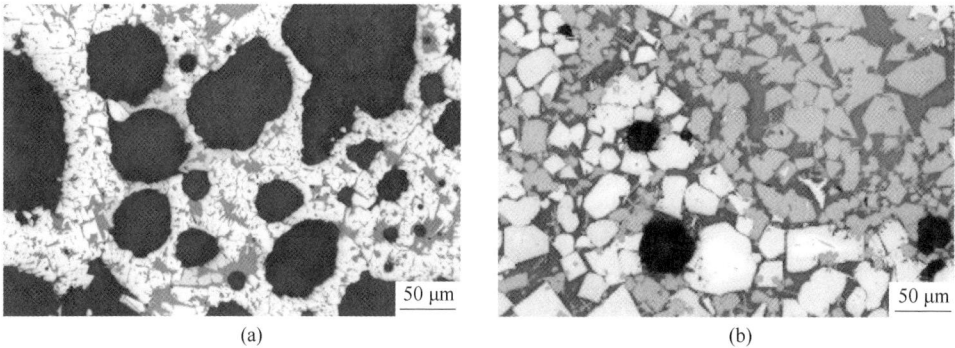

图 1-7 烧结矿斑状结构（反射光）

1.3 高碱度烧结矿质量评价指标

影响烧结矿质量的主要因素有化学成分及其稳定性、转鼓指数、粒度组成与筛分指数、落下强度、还原性、低温还原粉化性、软熔性等。其中，转鼓指数、还原性及低温还原粉化率是评价烧结矿质量的重要指标。

1.3.1 转鼓指数

转鼓指数是衡量烧结矿机械强度的一个重要指标，它反映了烧结矿在高炉中抵抗磨损和破碎的能力。其测定方法按 GB/T 24531—2009 执行。转鼓指数越高，说明烧结矿的耐磨性越好，这直接影响到烧结矿在高炉中的使用性能。高转鼓指数的烧结矿可以减少高炉中的磨损，提高炉料的透气性，从而提高高炉的生产效率和经济效益。转鼓指数与烧结矿质量品级关系见表 1-3。

表 1-3 不同铁烧结矿的技术指标

品级	物理性能/%			冶金性能/%	
	转鼓指数 (+6.3 mm)	筛分指数 (-5 mm)	抗磨指数 (-0.5 mm)	低温还原粉化指数 (RDI)$_{+3.15\ mm}$	还原度指数 RI
优质	≥78.00	≤6.00	≤6.50	≥68.00	≥70.00
普通一级	≥74.00	≤6.50	≤6.50	≥65.00	≥68.00
普通二级	≥71.00	≤8.50	≤7.50	≥60.00	≥65.00

1.3.2 还原性

还原性是指用还原气体从铁矿石中排除与铁相结合的氧的难易程度的一种量

度。其测定方法按 GB/T 13241—2017 规定执行。还原性能与烧结矿质量品级的关系见表 1-3。

1.3.3 低温还原粉化性

烧结矿低温还原粉化性能是指矿石进入高炉炉身上部在 400~600 ℃ 的低温区还原时产生粉化的程度，其测定方法按 GB/T 13242—2017 规定执行。低温还原粉化性能一般由低温还原指数（$RDI_{+3.15 mm}$）来表征，$RDI_{+3.15 mm}$ 越高，烧结矿质量越好。低温还原粉化指数与烧结矿质量品级关系见表 1-3。

2　高碱度烧结矿中主要矿物光学显微镜下特征

矿物组成和显微结构是评价高碱度烧结矿质量的重要指标，偏光显微镜下高碱度烧结矿中常见矿物的主要特征分述如下。

2.1　磁铁矿 Magnetite

【化学组成】　Fe_3O_4。由于烧结原料的化学成分不同，其中常含 Ca、Ti、V、Cr、Mg、Al 等元素。

【显微镜下特征】　磁铁矿是高碱度烧结矿中最主要的金属相矿物。多呈他形-不规则粒状（图 2-1（a）和（b）），少量呈自形-半自形（图 2-1（c）和（d））。局部可见树枝骸晶磁铁矿（图 2-1（e）和（f））。透射偏光下不透明。光片在反射光下呈灰白色略带玫瑰色调，反射率 $R=20\%$，无内反射。均质性。

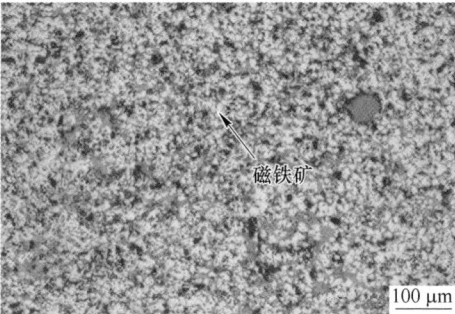

(a)

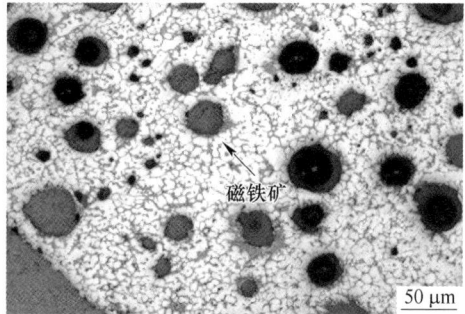

(b)

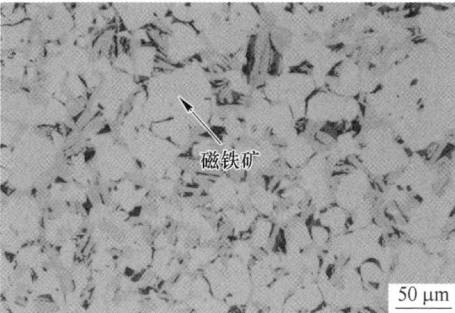

(c)

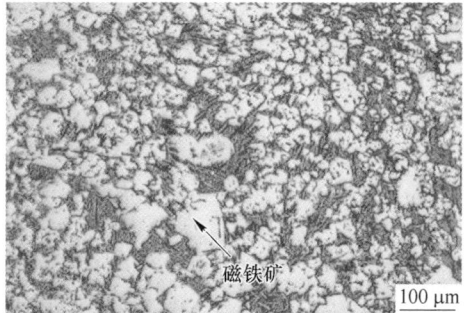

(d)

图 2-1　烧结矿中磁铁矿的显微特点（反射光）

（a）被玻璃质胶结的他形磁铁矿；（b）被玻璃质胶结的他形磁铁矿；
（c）被铁酸钙胶结的半自形-他形磁铁矿；（d）被玻璃质胶结的半自形磁铁矿；
（e）骸晶磁铁矿；（f）骸晶磁铁矿

扫一扫
查看彩图

【鉴定特征】　根据均质性、反射率及反射色即可鉴别。

2.2　赤铁矿 Hematite

【化学组成】　Fe_2O_3。由于烧结原料的化学成分不同，常含有 Ti 和 Mg。

【显微镜下特征】　赤铁矿在高碱度烧结矿中部分出现，分布不均匀。多呈粒状或不规则状，多分布在气孔周围（图 2-2（a）和（b））。局部可见菱形定向排列的骸晶赤铁矿（图 2-2（c）和（d））、磁铁矿周围的赤铁矿反应边（图 2-2（e））、集中分布未完全反应的赤铁矿（图 2-2（f））以及磁铁矿中的条形赤铁矿（图 2-2（g））。当烧结原料中含有较高 TiO_2，称为钛赤铁矿（图 2-2（h））。透射偏光下不透明。极薄的薄片可透光，呈红色。光片在反射光下呈带蓝的灰白色，反射率 $R=25\%$，深红色内反射。强非均质性。

【鉴定特征】　根据反射率，强非均质性，红色内反射即可鉴别。

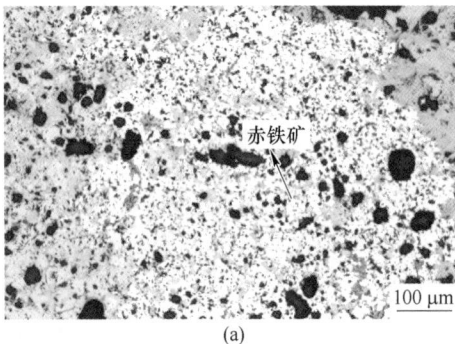

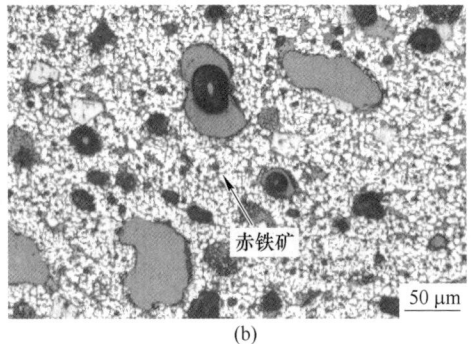

（a）　　　　　　　　　　　　　（b）

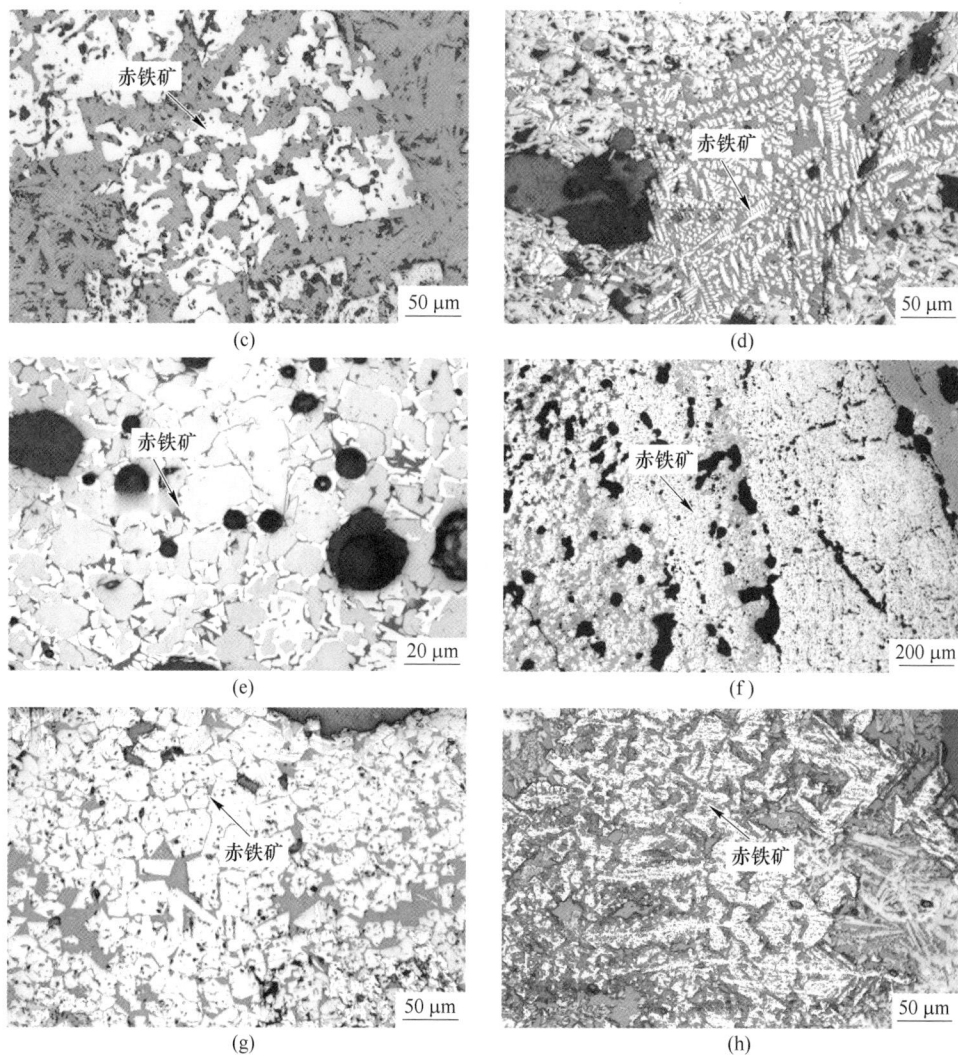

图 2-2 烧结矿中赤铁矿的显微特点（反射光）

（a）集中分布的粒状赤铁矿；（b）集中分布的半自形赤铁矿；（c）骸晶赤铁矿；
（d）骸晶赤铁矿；（e）赤铁矿反应边；（f）未反应完全的赤铁矿；
（g）条形赤铁矿；（h）钛赤铁矿

扫一扫
查看彩图

2.3 磁赤铁矿 Maghemite

【化学组成】 $\gamma\text{-}Fe_2O_3$。可含 Mg、Zn、Ni、Mn 等杂质。

【显微镜下特征】 磁赤铁矿在高碱度烧结矿中少量出现。晶形常呈条状、板状及磁铁矿的形状，也可呈很不规则的斑点状及片状生长在磁铁矿中（图 2-3）。与磁铁矿的界限往往模糊不清。透射偏光下不透明或近于不透明，极薄的薄片可透过很少的光线，可呈褐至黄色。光片在反射光下呈淡蓝灰色、粉色或棕色。反射率 $R=22\% \sim 25\%$，均质性。

【鉴定特征】　根据反射率，均质性即可鉴别。

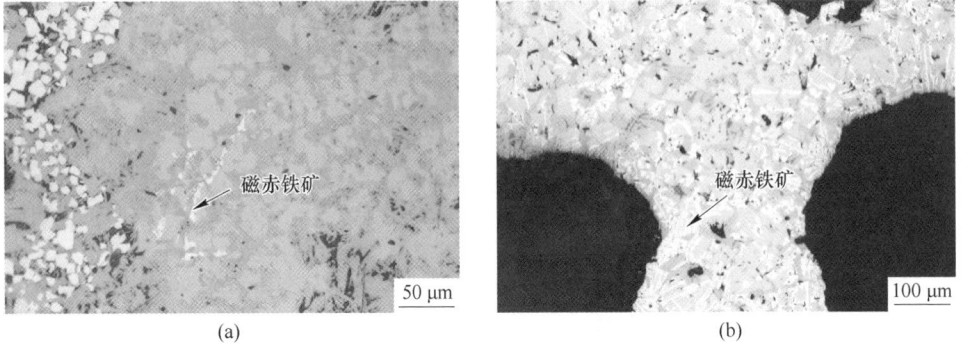

图 2-3　烧结矿中磁赤铁矿的显微特点（反射光）

（a）条形磁赤铁矿；（b）磁赤铁矿

2.4　富氏体 Wüstite

【化学组成】　Fe_xO，也可写作 FeO。可与 MnO、MgO 以及 CaO 等形成固溶体。

【显微镜下特征】　富氏体在高碱度烧结矿中少量出现。晶形常呈浑圆状或针状树枝状（图 2-4）。透射偏光下呈黑色，几乎不透明。富氏体与磁铁矿常共生

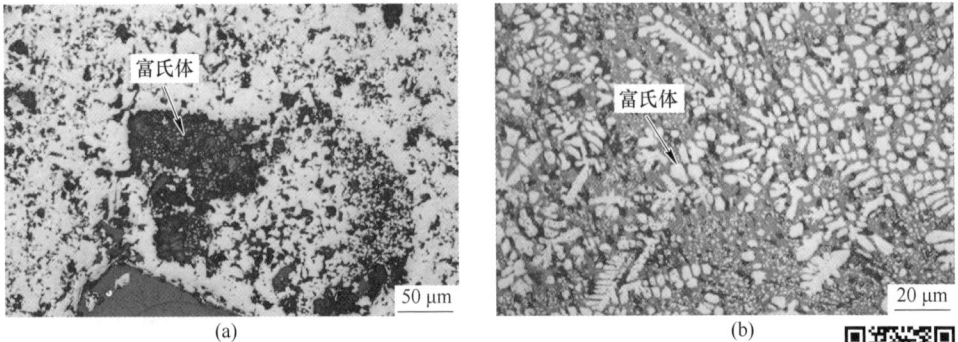

图 2-4　烧结矿中富氏体的显微特点（反射光）

扫一扫
查看彩图

在一起，在反射光下反射率与磁铁矿相似。与磁铁矿相比，富氏体的反射率略低（$R = 18\% \sim 20\%$）。

【鉴定特征】 多呈球状、树枝状，常与磁铁矿共晶。

2.5 金属硫化物 Metal Sulfides

【化学组成】 FeS。成分中常含有 Cr、Ti 及 Mn 等。

【显微镜下特征】 金属硫化物在高碱度烧结矿中微量出现。晶形常呈粒状或球粒状出现（图 2-5）。不透明。在反射光下反射率 $R = 38\%$，反射色为淡黄色，强非均质性。

【鉴定特征】 根据其反射率较高及强非均质性即可鉴别。

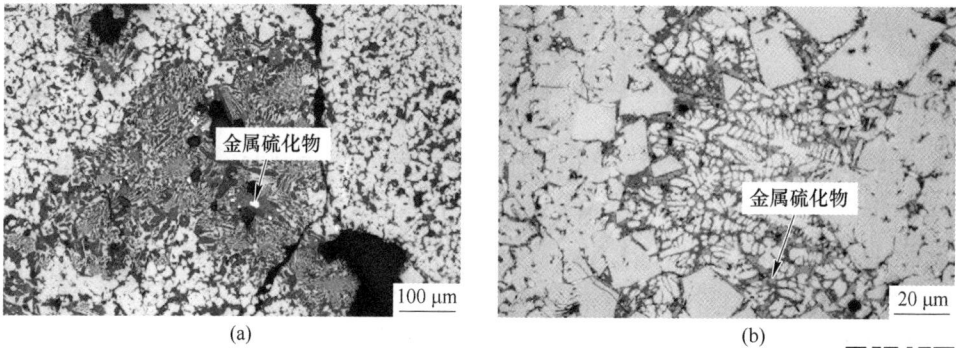

图 2-5 烧结矿中金属硫化物的显微特点（反射光）

扫一扫
查看彩图

2.6 复合铁酸钙 Sillico-ferrite of Calcium and Aluminu

铁酸钙是烧结工艺过程中生成的一种人工合成的矿物，目前尚未发现与其对应的天然矿物。铁酸钙主要是由 CaO 和 Fe_2O_3 组成。烧结过程中，不同烧结气氛可以改变铁酸钙内部铁离子的价态，存在 Fe^{3+} 和 Fe^{2+}。由于含铁原料中含有脉石矿物，当铁酸钙与含 Al^{3+}、Mg^{2+} 以及 Si^{4+} 的脉石矿物接触时，铁酸钙中的 Fe^{3+} 和 Fe^{2+} 分别被 Al^{3+} 和 Mg^{2+} 置换，Si^{4+} 固溶进入铁酸钙，进而形成复合铁酸钙。复合铁酸钙是高碱度烧结矿中主要的黏结相矿物，具有强度高、还原性好、液相线温度低等优势，它的含量、化学成分、结晶形态及晶体结构等对高碱度烧结矿质量起着关键性作用。

【化学组成】 复合铁酸钙包括 $CaO\text{-}FeO\text{-}Fe_2O_3$ 系、$Fe_2O_3\text{-}CaO\text{-}Al_2O_3$ 系、

Fe_2O_3-CaO-SiO_2 系三元铁酸钙和 CaO-Al_2O_3-SiO_2-Fe_2O_3 系四元铁酸钙，并用 "SFCA"（$xFe_2O_3 \cdot ySiO_2 \cdot zAl_2O_3 \cdot 5CaO$，其中，$x+y+z=12$）来指代。复杂的 SFCAM（$CaO$-$Al_2O_3$-$MgO$-$SiO_2$-$Fe_2O_3$）五元系铁酸钙中：$2(Fe^{3+}, Al^{3+}) = (Ca^{2+}, Fe^{2+}, Mg^{2+}) + Si^{4+}$，取代机理：$Fe^{3+}$、$Al^{3+}$ 与 Ca^{2+}、Fe^{2+}、Mg^{2+} 及 Si^{4+} 共同与形成电荷的平衡。化学成分见表 2-1。电子探针照片见图 2-6。

　　【显微镜下特征】　铁酸钙的显著特点是它以不同形貌出现在高碱度烧结矿中。常呈板状、柱状、针状，见图 2-7。薄片中为血红色。在反射光下呈略带蓝灰色调的灰色，反射率 $R = 18\% \sim 18.5\%$。透射偏光下呈血红色。

　　【鉴定特征】　薄片中为血红色。光片中根据晶形、反射率及反射色即可鉴别。

表 2-1　不同形态铁酸钙化学组成　　　　　　　($w_B/\%$)

序号	MgO	Al_2O_3	SiO_2	Fe_2O_3	CaO	合计	备注
1	1.368	8.225	9.059	67.592	14.626	100.870	针状
2	2.868	11.560	8.338	66.015	11.322	100.103	针状
3	2.127	8.833	7.627	68.172	12.81	99.569	针状
4	2.485	6.572	9.437	70.074	12.638	101.206	针状
5	1.684	7.160	7.363	70.755	12.965	99.927	柱状
6	1.749	11.627	8.242	62.124	14.942	98.684	柱状
7	1.860	10.461	8.245	63.709	16.111	100.386	柱状
8	1.756	7.454	9.677	69.15	13.781	101.818	柱状
9	1.306	7.182	8.677	69.573	14.304	101.042	他形
10	3.502	6.897	8.065	71.584	10.764	100.812	他形
11	3.793	9.893	7.870	70.074	8.764	100.394	他形
12	4.225	5.435	4.760	76.912	8.942	100.274	他形

　　注：测试条件：以氧化物的形式作为标样；电子束流：2×10^{-8} A；定量加速电压：1000 V；束斑直径 5 μm。

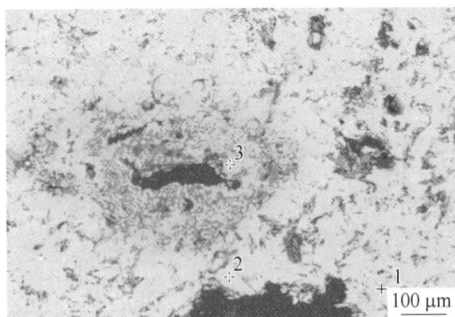

(a)

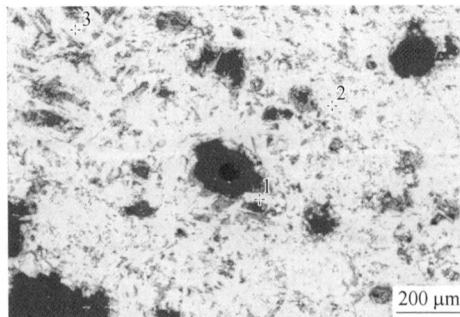

(b)

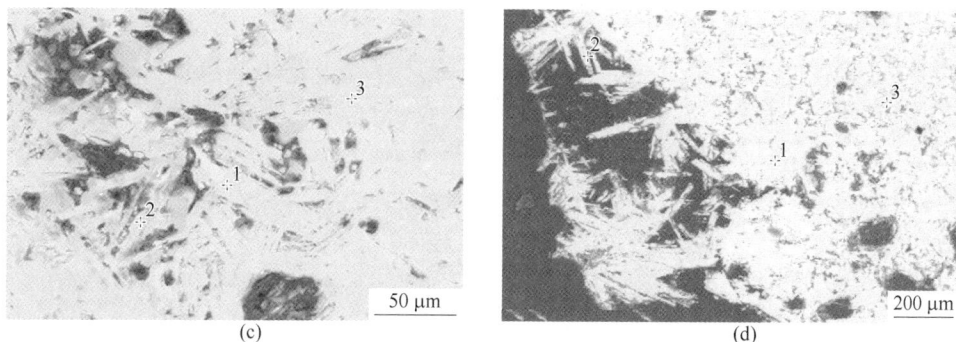

图 2-6 铁酸钙背散射电子图像

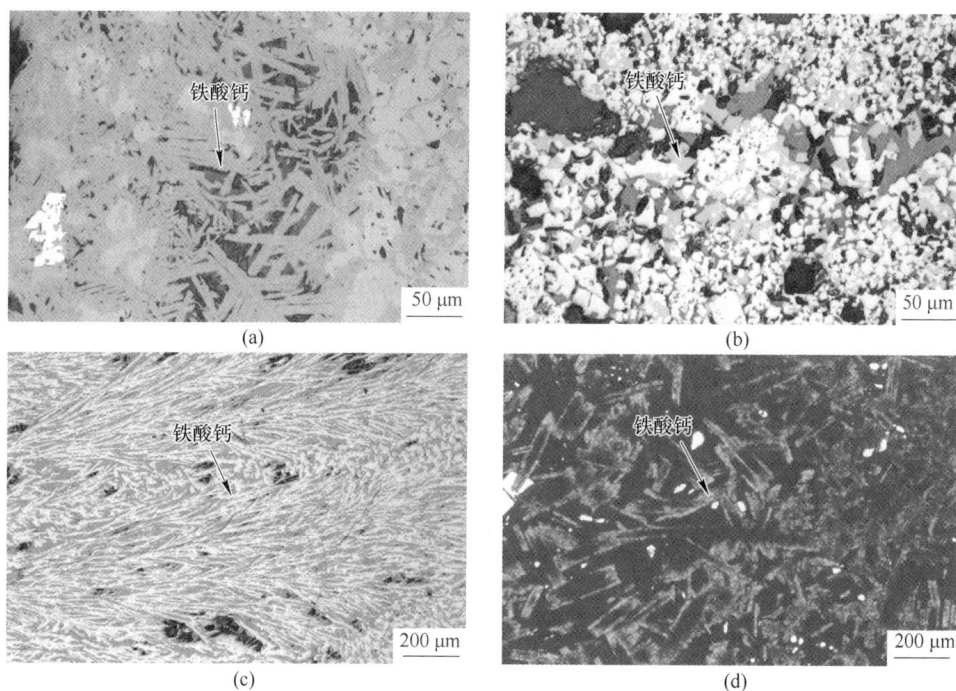

图 2-7 烧结矿中铁酸钙的显微特点

（a）柱状（针柱状）铁酸钙（反射光）；（b）板状铁酸钙（反射光）；
（c）针状（纤维状）铁酸钙（反射光）；（d）铁酸钙（透射光）

扫一扫
查看彩图

2.7 钙钛矿 Perovskite

【化学组成】 $CaTiO_3$。类质同象混合物有 Na、Ce、Fe、Nb。

【显微镜下特征】 钙钛矿主要在钒钛型高碱度烧结矿中出现。晶形常呈十字形树枝状雏晶（图 2-8）。透射偏光下呈黄色、褐色。透明度差。大颗粒的颜色常具环带分布。多色性弱。极高正突起。反射光下常呈灰白色，反射率 $R = 16\% \sim 18\%$，具有黄、褐黄、褐色内反射色。

【鉴定特征】　根据晶形，极高突起即可鉴别。

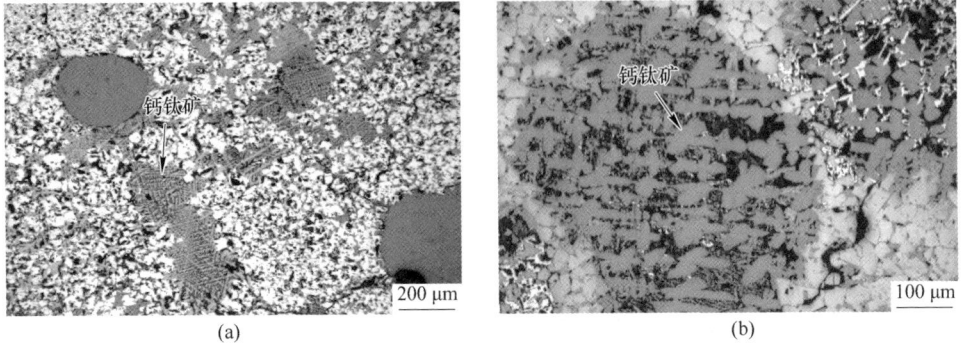

(a) 　　　　　　　　　　　　　　(b)

图 2-8　烧结矿中钙钛矿的显微特点（反射光）

（a）网格状钙钛矿；（b）十字状钙钛矿

2.8　硅酸二钙 Dicalcium Silicate

【化学组成】　$\beta\text{-}2CaO \cdot SiO_2$（$\beta\text{-}C_2S$）。通常固溶有 MgO、B_2O_3、P_2O_5、Cr_2O_3、BaO、K_2O 及 Na_2O 等。

【显微镜下特征】　硅酸二钙在高碱度烧结矿中少量出现。晶形常呈粒状、柳叶状等，其形状常随冷却条件而变化，快冷者多呈浑圆形，慢冷者多为不规则形（图 2-9）。透射偏光下呈无色或淡黄、棕黄色。高突起。正交偏光下折射率

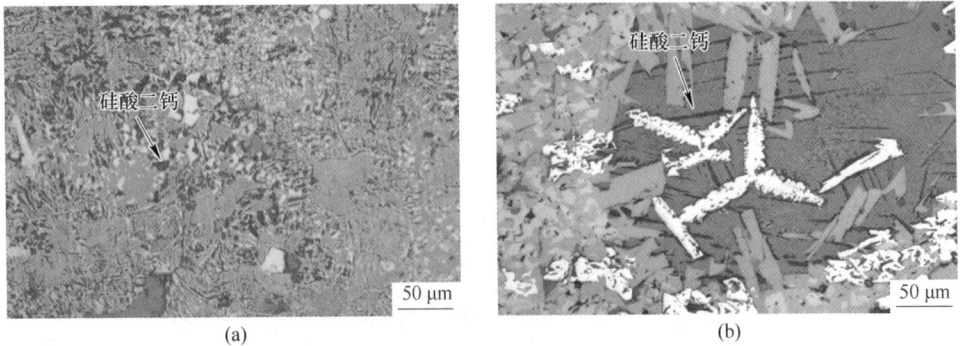

(a) 　　　　　　　　　　　　　　(b)

图 2-9　烧结矿中硅酸二钙的显微特点（反射光）

（a）粒状硅酸二钙；（b）柳叶状硅酸二钙

较强，干涉色为明亮的黄、蓝和微红色。斜消光，消光角为 13°~14°。反射光下常呈黑色。

【鉴定特征】　根据晶形、突起、反射色和干涉色即可鉴别。

2.9　镁硅钙石 Merwinite

【化学组成】　$3CaO \cdot MgO \cdot 2SiO_2$。其中 MgO 常被 FeO 或 MnO 部分取代成固溶体。

【显微镜下特征】　镁硅钙石在高碱度烧结矿中少量出现。晶形常呈柱状或长纺锤状（图 2-10）粒状倾向于菱形轮廓。透射偏光下无色透明。突起很高。正交偏光下干涉色为灰白色、最高达一级红。斜消光，消光角很小。二轴晶正光性，负延性。反射光下常呈暗灰色。

【鉴定特征】　根据其断面轮廓、很高的突起、干涉色以及常具波状消光和多组聚片双晶即可鉴别。

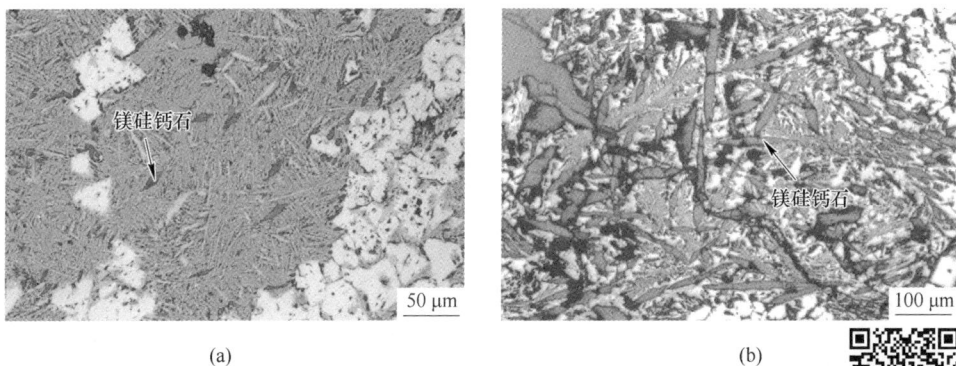

(a)　　　　　　　　　　　　　　　　　　　(b)

图 2-10　烧结矿中镁硅钙石的显微特点（反射光）

扫一扫
查看彩图

2.10　硅灰石 Wollastonite

【化学组成】　$\beta\text{-}CaSiO_3$。往往含有一定量的 Fe、Mn、Mg，并混有 Al。

【显微镜下特征】　硅灰石在高碱度烧结矿中少量出现。晶形常呈长柱状、针状、纤维状（图 2-11）。常构成放射状集合体，有时为片状、叶片状，横切面近似长方形。透射偏光下无色透明。正中突起。切面以柱状和纤维状居多。

【鉴定特征】　根据其断面轮廓、反射色即可鉴别。

(a)　　　　　　　　　　　　　　　　　(b)

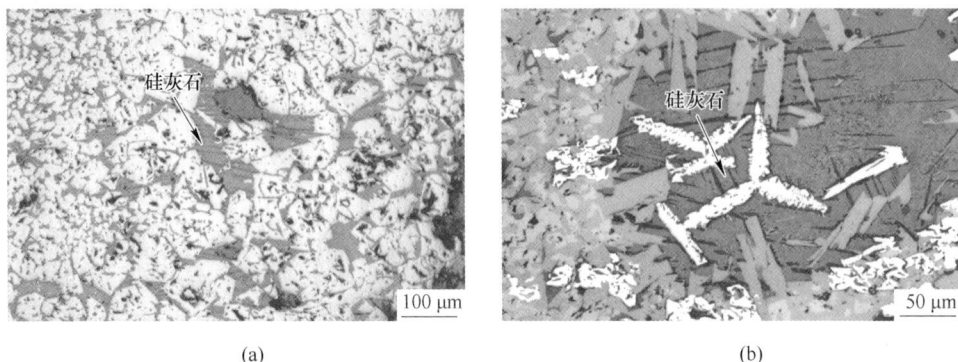

图 2-11　烧结矿中硅灰石的显微特点（反射光）

2.11　黄长石 Mellilite

扫一扫
查看彩图

【化学组成】　$Ca_2Mg[Si_2O_7]$ 或 $Ca_2Al[SiAlO_7]$。镁黄长石和铝黄长石可以形成连续的固溶体，统称为黄长石。还可固溶少量 Zn、Mn、Fe 以及 Ni、Co 等其他元素。

【显微镜下特征】　黄长石在高碱度烧结矿中少量出现。晶形常呈四方形的板状或短柱状，常具有典型的钉齿构造或编织构造（图 2-12）。透射偏光下无色透明，有时带淡黄或淡褐色。糙面和突起明显。干涉色为一级灰白色。常出现墨水蓝色的异常干涉色。平行消光，负延性。

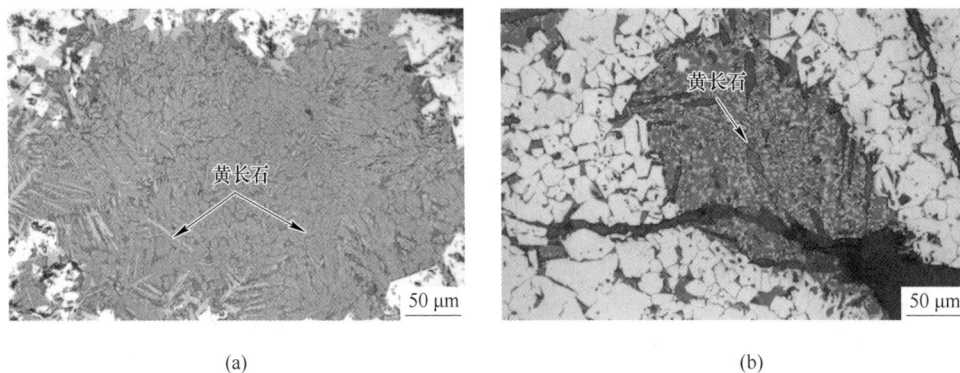

(a)　　　　　　　　　　　　　　　　　(b)

图 2-12　烧结矿中黄长石的显微特点（反射光）

【鉴定特征】　根据其典型的编织构造、异常干涉色以及光性和延性即可鉴别。

2.12　石英 Quartz

【化学组成】　SiO_2。

【显微镜下特征】　因烧结原料粒度较粗或混料不均，高碱度烧结矿中出现残余石英。晶形常呈他形粒状（图 2-13）。透射偏光下无色透明。低正突起。表面光滑，见不到任何糙面现象。正交偏光下干涉色为一级灰至灰白色；最高干涉色为一级黄白色。石英的柱状轮廓具平行消光和正延性。一轴晶，正光性。

【鉴定特征】　根据其低正突起，无解理，表面光滑，无次生矿物，一级黄白干涉色和一轴晶正光性等特征即可鉴别。

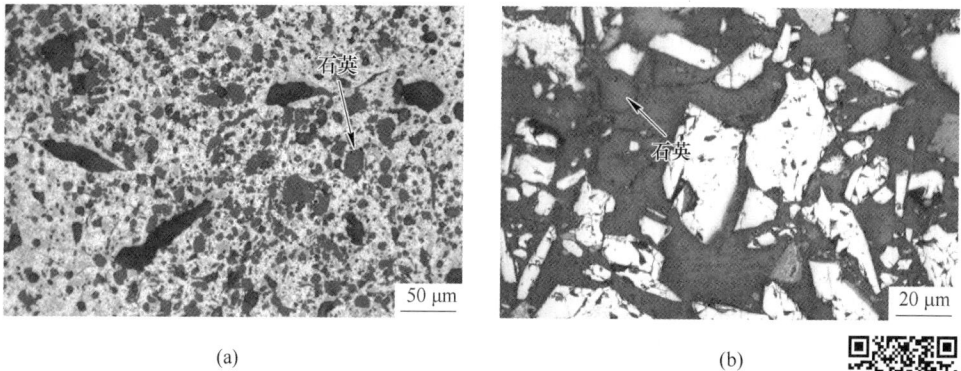

(a)

(b)

图 2-13　烧结矿中石英的显微特点（反射光）

扫一扫
查看彩图

2.13　玻璃相 Silicate Glass Phase

【化学组成】　玻璃相是指一种物质状态，并非指化学成分。凝固过程中，没有呈结晶态的都是玻璃相。

【显微镜下特征】　玻璃相在高碱度烧结矿中少量出现。无规则形状（图 2-14）。透射偏光下无色透明。正交偏光下无光性。

【鉴定特征】　根据其无规则形状、正交偏光下无光性等特征即可鉴别。

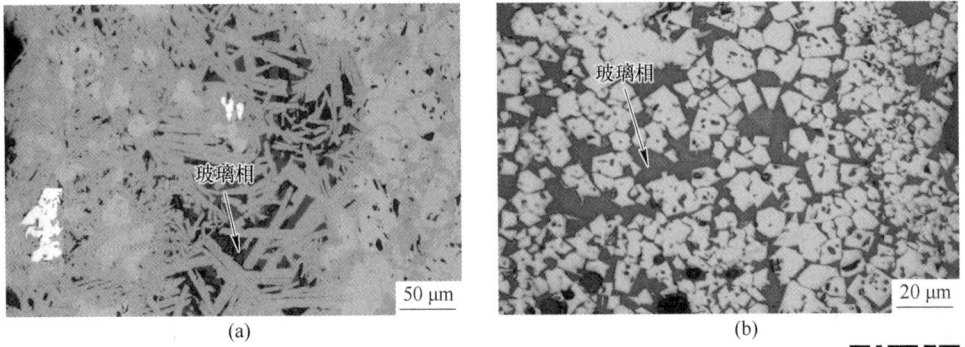

(a)

(b)

图 2-14 烧结矿中玻璃相的显微特点

（a）交织结构中的玻璃相（反射光）；（b）斑状结构中的玻璃相（透射光）

扫一扫
查看彩图

3 现场高碱度烧结矿矿相特征

3.1 外矿型高碱度烧结矿矿相特征

3.1.1 原料来源及化学成分

外矿型高碱度烧结矿取自河北省内某烧结矿厂。主要含铁原料为杨迪粉、麦克粉、JMB 粉、超特粉、PB 粉和巴西粗粉等外矿粉。现场含铁原料的化学成分见表 3-1。

表 3-1 烧结原料化学成分分析表　　　　　（w_B/%）

种类	TFe	FeO	MgO	CaO	SiO$_2$	Al$_2$O$_3$	S	P	烧损（LOI）
杨迪粉	57.21	1.29	0.10	0.085	5.62	1.37	0.030	0.076	11.07
麦克粉	59.49	0.39	0.21	0.088	5.61	2.97	0.027	0.095	5.55
JMB 粉	59.78	0.54	0.17	0.12	5.09	3.35	0.028	0.12	5.78
超特粉	56.39	0.31	0.093	0.081	6.34	3.33	0.033	0.066	8.82
PB 粉	61.05	0.23	0.15	0.073	4.47	2.48	0.032	0.099	5.56
纽曼粉	61.93	0.31	0.17	0.081	4.42	2.51	0.012	0.098	4.24
玛法第卡粉	65.5	0.77	0.1	0.032	2.02	1.26	0.013	0.079	3.23
巴西粗粉 1	62.29	0.69	0.093	0.079	5.65	1.74	0.017	0.066	3.31
巴西粗粉 2	60.92	0.39	0.11	0.093	7.38	1.93	-0.017	0.057	3.58
纽曼块	62.67	0.54	0.22	0.11	3.85	1.83	0.015	0.091	4.88

3.1.2 配矿方案及工艺条件

外矿型高碱度烧结矿烧结现场的配矿方案及烧结工艺条件见表 3-2 和表 3-3。

表 3-2 现场外矿型高碱度烧结矿配矿方案　　　　　（w_B/%）

类　型	1 号	2 号	3 号	4 号	5 号
杨迪粉	—	—	—	14	14
天发海超特粉	12				

类 型	1 号	2 号	3 号	4 号	5 号
阿诺超特粉	—	9	9	—	—
斯特拉麦克粉	26	—	—	—	—
得宝麦克粉	—	19	15.1	—	—
JMB 粉	8	—	—	—	—
纽曼粉	—	28.8	25.45	19.8	17.8
PB 粉	—	—	—	18	16
玛法第卡粉	11	—	—	6	5
巴西粗粉 1	—	4	4	—	—
巴西粗粉 2	—	—	—	3	5
纽曼块	4	—	4	2	—

表 3-3　现场外矿型高碱度烧结工艺条件

类型	料层厚度 /mm	料批 /t	混合料水分/%	推车机速 /m·min^{-1}	烧结总管负压 /kPa	冷却总管负压 /kPa	烧结废气温度 /℃	冷却废气温度 /℃	终点风箱位置 /m	终点温度 /℃	点火温度 /℃	点火负压 /kPa
1 号	850	460	7.7	119.0	-12.7	-7.5	115.5	338.2	23	496.8	1150.8	-4.3
2 号	850	460	7.8	121.8	-10.8	-4.8	143.5	449.2	21	483.7	1056.0	-3.7
3 号	850	350	8.1	99.3	-11.3	-5.1	156.3	217.5	28	390.8	1059.7	-4.4
4 号	800	720	7.7	89.3	-10.4	-9.1	138.7	270.8	29	446.3	1067.8	-3.8
5 号	800	720	7.5	104.3	-10.2	-6.8	139.0	322.8	25	476.3	1047.3	-4.0

3.1.3　烧结矿矿相特征

3.1.3.1　化学成分

选取现场不同产线的 5 种具有代表性的外矿型高碱度烧结矿进行化学成分分析，见表 3-4。现场外矿型高碱度烧结矿 FeO 含量较高，均在 9% 左右，可能是复杂的配料结构导致；MgO 和 Al_2O_3 含量较高，主要是由于外矿粉中含有较高的 Al_2O_3，会导致烧结矿强度较差，低温还原粉化加剧，因此需要添加镁质熔剂改善。

表 3-4 外矿型高碱度烧结矿的化学成分 ($w_B/\%$)

类型	TFe	FeO	MgO	CaO	SiO$_2$	Al$_2$O$_3$	MnO	TiO$_2$	K$_2$O	Na$_2$O	碱度
1 号	55.85	9.4	2.72	10.56	5.43	2.42	0.18	0.13	0.03	0.056	1.94
2 号	55.72	8.76	2.61	10.55	5.37	2.39	0.26	0.11	0.031	0.057	1.96
3 号	56.01	9.01	2.54	10.45	5.19	2.21	0.24	0.097	0.036	0.059	2.01
4 号	56.15	8.86	2.31	10.44	5.32	2.16	0.13	0.1	0.034	0.055	1.96
5 号	55.98	9.19	2.43	10.67	5.45	2.09	0.15	0.1	0.036	0.058	1.96

3.1.3.2 矿物组成

将现场 5 种具有代表性的外矿型烧结矿试样制成光薄片，使用德国蔡司透/反两用 Axioskop 40A pol 研究型偏光显微镜，运用线测法对现场外矿型烧结矿的矿物组成进行了定量分析，结果见表 3-5。

表 3-5 外矿型高碱度烧结矿的矿物组成及体积百分含量 （%）

类型	磁铁矿	赤铁矿	铁酸钙	硅酸二钙	玻璃质	残余 CaO	碱度	气孔率
1 号	39.5	10.5	42.5	4.0	3.5	微量	1.94	27.5
2 号	41.0	14.0	37.5	5.0	2.5	微量	1.96	22.5
3 号	33.5	12.5	50.0	4.0	微量	—	2.01	18.5
4 号	41.5	13.5	38.5	4.0	2.5	微量	1.96	17.5
5 号	42.5	14.5	30.5	9.0	3.5	微量	1.96	12.5

现场外矿型高碱度烧结矿的矿物组成简单。金属相以磁铁矿和赤铁矿为主，黏结相以铁酸钙为主，含少量硅酸二钙和硅酸盐玻璃相。磁铁矿含量明显高于赤铁矿的含量，主要是因为烧结矿 MgO 含量较高，MgO 固溶进入磁铁矿的晶格，可以提高磁铁矿的稳定性，阻止磁铁矿被氧化为赤铁矿。外矿型高碱度烧结矿中铁酸钙含量较高，主要呈他形、板柱状、长柱状、针状，随着碱度的提高，烧结矿中铁酸钙含量增加，尤其是针状铁酸钙含量增加显著，见图 3-1。

3.1.3.3 显微结构

现场外矿型高碱度烧结矿的整体结构较均匀。磁铁矿多呈半自形、他形，粒度较细，为 0.01~0.17 mm，多被铁酸钙胶结形成交织熔蚀结构或熔蚀结构，局部被玻璃相胶结形成粒状-斑状结构。赤铁矿主要分布在孔隙周围或样品边缘，局部可见集中分布的原生粒状赤铁矿和呈菱形定向排列的次生骸晶赤铁矿。铁酸钙为主要黏结相，随着烧结矿碱度增加，形态由他形逐渐过渡为针状，当碱度为 2.01 时，存在大量集中分布的针状铁酸钙，局部可见铁酸钙与硅酸二钙构成的共晶结构。气孔多为规则状小气孔，裂隙较为发育。显微结构照片见图 3-2。

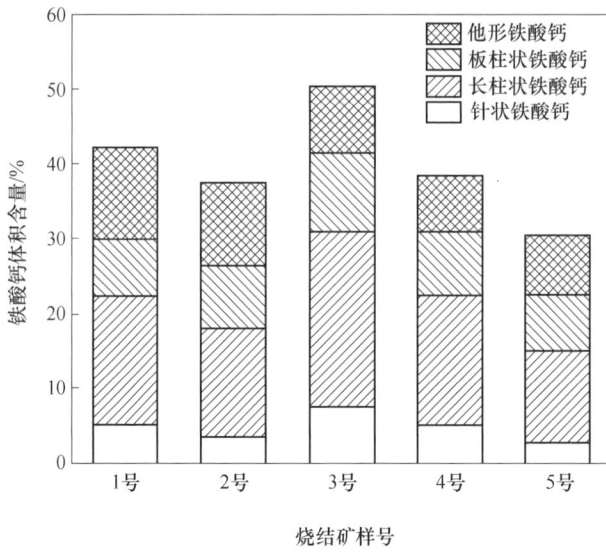

图 3-1 　外矿型高碱度烧结矿中不同形态铁酸钙的含量

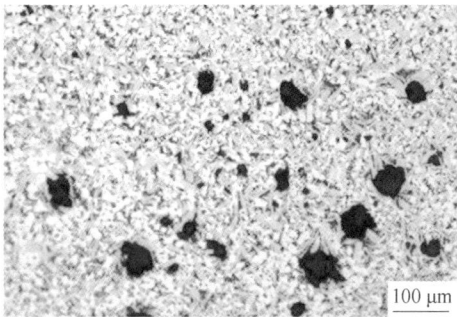

(a)

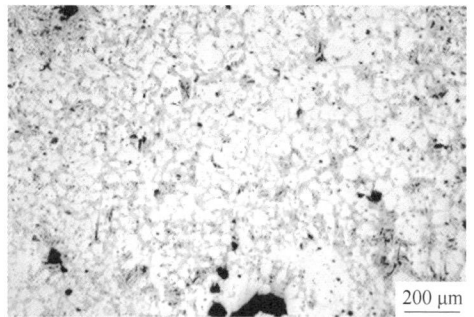

(b)

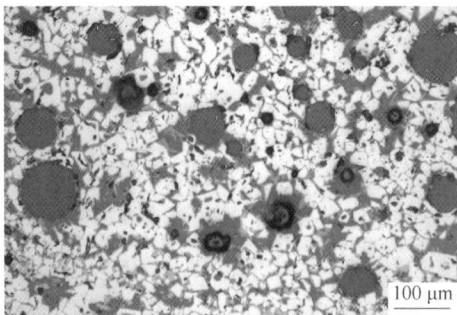

(c)

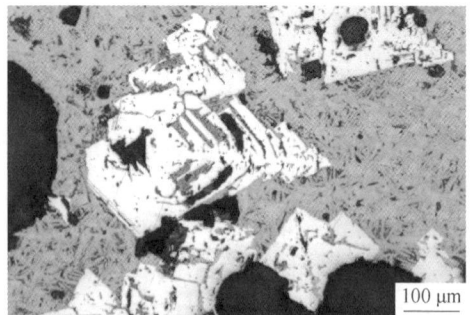

(d)

图 3-2 现场外矿型高碱度烧结矿的显微结构（反射光）

（a）交织熔蚀结构；（b）熔蚀结构；（c）粒状-斑状结构；（d）呈菱形定向排列的骸晶赤铁矿；

（e）集中分布的针状铁酸钙；（f）铁酸钙和硅酸二钙的共晶结构

3.1.4 矿相特征与冶金性能的关系

对现场 5 种具有代表性的外矿型高碱度烧结矿进行了转鼓指数和低温还原粉化指数 $RDI_{+3.15\,mm}$ 测定，结果见表 3-6。

表 3-6 外矿型高碱度烧结矿的冶金性能 （%）

类型	转鼓指数	低温还原粉化指数 $RDI_{+3.15\,mm}$
1 号	74.0	86.01
2 号	75.8	79.46
3 号	77.0	86.16
4 号	77.4	83.2
5 号	78.4	76.28

随着烧结矿中 Al_2O_3 含量的降低，烧结矿的转鼓指数降低（图 3-3（a））。烧结矿中 Al_2O_3 含量与其孔洞的形成有直接的关系，Al_2O_3 含量的增加可以提高烧结矿液相的黏度，降低其流动性，促进烧结矿形成多孔结构，进而提高烧结矿的气孔率。烧结矿的气孔率变高，转鼓指数降低，使其变得易破碎（图 3-3（b））。此外，气孔形态也是导致烧结矿转鼓指数降低的关键因素。烧结矿中主要为不规则大气孔时，整体矿相结构疏松，转鼓指数低（图 3-4（a））；烧结矿中以规则状小气孔为主时，整体矿相结构致密，转鼓指数高（图 3-4（b））。

赤铁矿含量的变化趋势与烧结矿低温还原粉化指数 $RDI_{+3.15\,mm}$ 的变化趋势相反，即赤铁矿含量增加时，$RDI_{+3.15\,mm}$ 减小；反之，$RDI_{+3.15\,mm}$ 增大（图 3-5（a））。而针柱状铁酸钙的含量变化趋势与烧结矿低温还原粉化率 $RDI_{+3.15\,mm}$ 的变

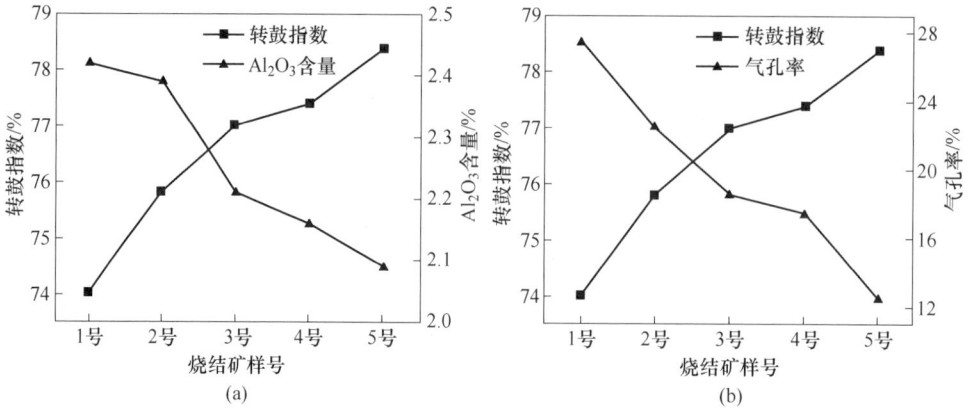

图 3-3　外矿型高碱度烧结矿转鼓指数与 Al_2O_3 含量和气孔率之间的关系

（a）转鼓指数与 Al_2O_3 含量的关系；（b）转鼓指数与气孔率的关系

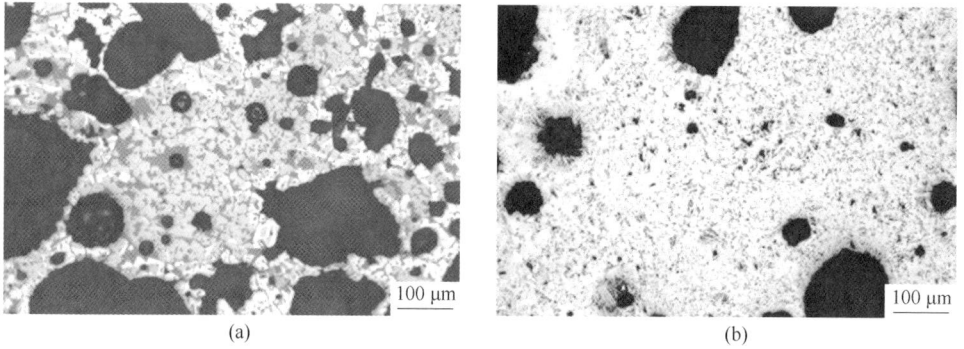

图 3-4　外矿型高碱度烧结矿气孔的比较（反射光）

（a）不规则状大气孔；（b）规则状小气孔

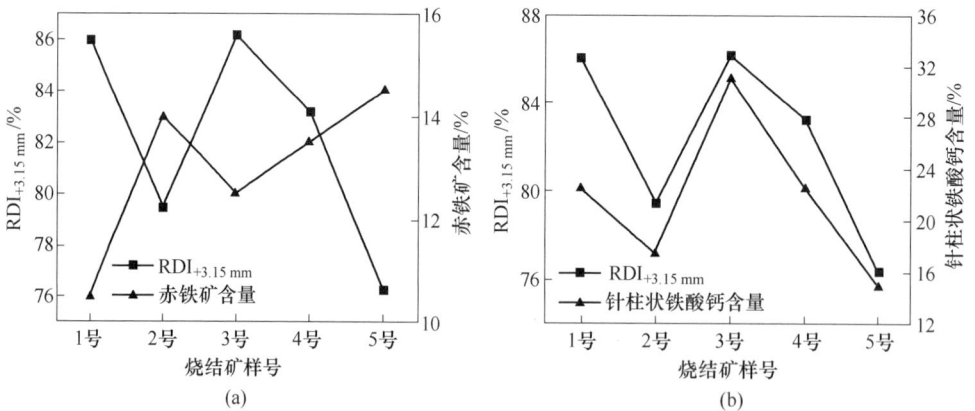

图 3-5　外矿型高碱度烧结矿 $RDI_{+3.15\ mm}$ 与矿物含量之间的关系

（a）烧结矿 $RDI_{+3.15\ mm}$ 与赤铁矿含量之间的关系；（b）烧结矿 $RDI_{+3.15\ mm}$ 与针柱状铁酸钙含量之间的关系

化趋势相同，即针柱状铁酸钙含量增加时，$RDI_{+3.15\,mm}$ 增大；反之，$RDI_{+3.15\,mm}$ 减小（图 3-5（b））。

赤铁矿含量，尤其是次生骸晶赤铁矿含量是恶化烧结矿低温还原粉化的最主要原因。次生骸晶赤铁矿多分布于孔隙边缘，在还原过程中会产生极大的应力，促使了烧结矿的粉化。当铁酸钙总含量增多，尤其是抗压强度和断裂韧性良好的针柱状铁酸钙增多时，赤铁矿被还原成磁铁矿的过程中所产生的应力可以得到均匀释放，减少了烧结矿的破碎，改善了烧结矿的低温还原粉化。

3.2　磁铁矿型高碱度烧结矿矿相特征

3.2.1　烧结矿来源及化学成分

两种典型的现场磁铁矿型高碱度烧结矿取自河北省内某烧结矿厂，FeO、Al_2O_3、MgO 含量与外矿型高碱度烧结矿相比均较低，TiO_2 含量较高（表 3-7）。

表 3-7　磁铁矿型高碱度烧结矿化学成分分析表　　　　（w_B/%）

类型	序号	TFe	FeO	SiO$_2$	CaO	MgO	Al$_2$O$_3$	TiO$_2$	二元碱度
磁铁矿型	1 号	56.7	8.5	4.87	10.1	1.91	—	0.46	2.07
	2 号	56.79	8.77	5.41	9.93	2.09	1.8	0.1	1.84

3.2.2　烧结矿矿相特征

3.2.2.1　矿物组成

对两种烧结矿试样分别制成光薄片，运用 Axioskop 40A pol 透/反两用研究型偏光显微镜对现场烧结矿的矿物种类及显微结构特征进行系统分析鉴定，并采用目估法对烧结矿中主要矿物含量进行了测定，分析结果见表 3-8。

表 3-8　磁铁矿型高碱度烧结矿的矿物组成及体积百分含量　　　　（%）

序号	赤铁矿		磁铁矿	铁酸钙		硅酸二钙	玻璃质	气孔率	
	骸晶	粒状		针状	板柱状			微气孔	大气孔
1 号	—	8~10	35~40	少量	45~50	5~7	少量	8~10	3~5
2 号	1~2	15~17	30~35	35~40	5~7	3~5	1~3	3~5	25~35

3.2.2.2　显微结构

现场磁铁矿型高碱度烧结矿金属相主要为磁铁矿、赤铁矿，黏结相主要为铁酸钙、硅酸二钙及玻璃质。较外矿型高碱度烧结矿，磁铁矿型高碱度烧结矿矿相结构更加均匀，主要以交织熔蚀结构为主。磁铁矿主要呈他形被针柱状铁酸钙胶结呈交织-熔蚀结构，局部可见粒状磁铁矿被玻璃相胶结形成的粒状结构；赤铁矿多呈半自形-他形粒状，局部可见少量呈菱形排列的次生骸晶状赤铁矿；铁酸钙主要呈针柱状，随着 Al_2O_3 含量的提高，铁酸钙形态转变为针状，局部可见集中分布的针状铁酸钙和微量金属硫化物。显微结构照片见图 3-6。

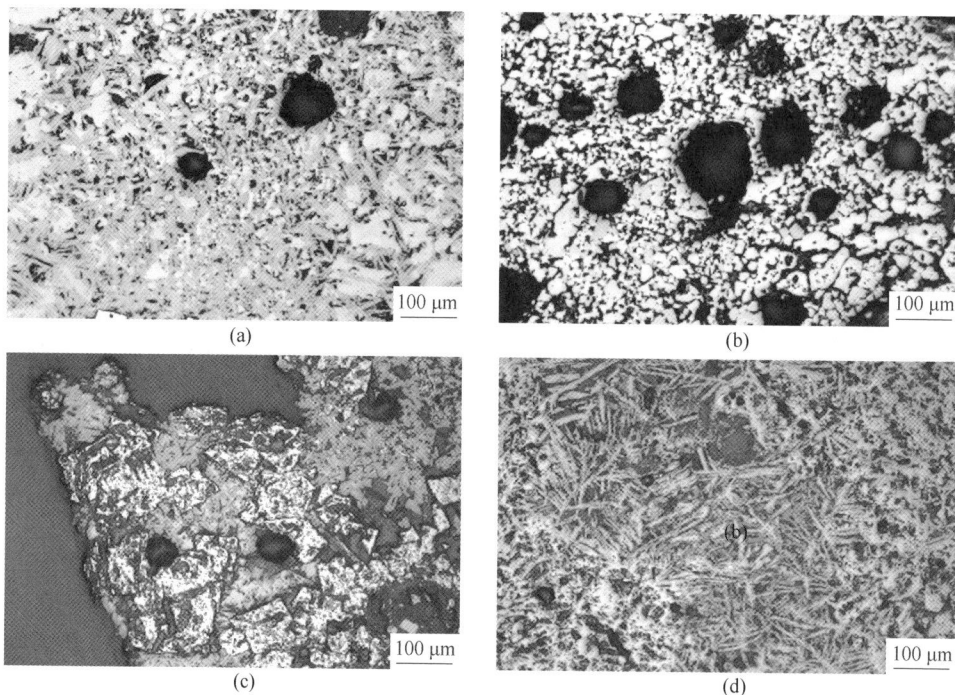

图 3-6 磁铁矿型高碱度烧结矿的显微结构（反射光）

（a）交织熔蚀结构；（b）粒状结构；（c）呈菱形定向排列的骸晶赤铁矿；（d）集中分布的针状铁酸钙

3.2.3 矿相特征与冶金性能的关系

对现场 2 种磁铁矿型高碱度烧结矿进行了还原性、转鼓指数和低温还原粉化指数测定（表 3-9）。

表 3-9 磁铁矿型高碱度烧结矿冶金性能　　　（%）

序号	转鼓指数	还原性	低温还原粉化指数 $RDI_{+3.15\ mm}$	CaO/SiO_2
1 号	78.30	69.95	79.70	2.07
2 号	79.01	84.60	54.80	1.84

由表 3-9 可以看出，现场两种磁铁矿型高碱度烧结矿转鼓指数基本一致，均以典型的交织-熔蚀结构为主，主要矿物均为磁铁矿和铁酸钙；二者还原性有明

显差距，气孔率、赤铁矿含量相对较高，气孔形态多呈薄壁大气孔，还原性越好；此外，两种烧结矿的低温还原粉化指数 $RDI_{+3.15\,mm}$ 差别较大，次生骸晶赤铁矿的大量出现是恶化烧结矿低温还原粉化指数的最主要原因。

3.3 钒钛型高碱度烧结矿矿相特征

3.3.1 原料来源及化学成分

现场钒钛型高碱度烧结矿取自承德钢铁有限公司，FeO、MgO 和 Al_2O_3 含量相对较低，TiO_2 含量相对较高，见表 3-10。

表 3-10　钒钛型高碱度烧结矿化学成分　　　　($w_B/\%$)

类型	TFe	FeO	SiO_2	CaO	MgO	Al_2O_3	TiO_2	二元碱度
承钢烧结矿	57.63	5.95	5.22	11.28	1.68	1.78	1.71	2.14

3.3.2 烧结矿矿相特征

选取代表性试样，制成光薄片，运用德国蔡司 Axioskop 40A pol 透/反两用研究型偏光显微镜对矿物组成、含量及显微结构进行鉴定分析，结果见表 3-11。

表 3-11　钒钛型高碱度烧结矿矿物组成及体积百分含量　　(%)

类型	钛赤铁矿	钛磁铁矿	硫化物	铁酸钙	硅酸二钙	玻璃质	钙钛矿	气孔率
现场	30~35	25~30	微量	25~30	1~3	5~10	3~5	20~25

现场钒钛型高碱度烧结矿的显微结构不均匀，主要为熔蚀结构，部分可见交织-熔蚀结构，局部可见粒状结构。钛磁铁矿主要呈他形晶或半自形晶被铁酸钙胶结呈交织-熔蚀结构，粒度一般为 0.02~0.14 mm；钛赤铁矿多呈他形晶和半自形晶，分布不均匀，他形钛赤铁矿多数呈细小的颗粒状，结晶粒度大小不一，为 0.005~0.13 mm，局部呈菱形定向排列的次生骸晶赤铁矿。铁酸钙为主要黏结相矿物，多呈针状胶结钛磁铁矿和钛赤铁矿；钙钛矿多分布于玻璃相中，呈十字形和柱状，部分以细小颗粒状弥散在磁铁矿中，粒度一般为 0.01~0.05 mm。气孔分布不均匀，大小不一，且形态不规则，局部可见贯穿气孔的裂隙（图3-7）。

3.3.3 矿相特征与低温还原粉化指数 $RDI_{+3.15\,mm}$ 的关系

采用 GB/T 13242—2017，选取具有代表性的现场钒钛型高碱度烧结矿试样进行了低温还原粉化性测试，结果为 $RDI_{+3.15\,mm} = 36.00\%$，其低温还原粉化率远低于普通烧结矿（80% 左右）。

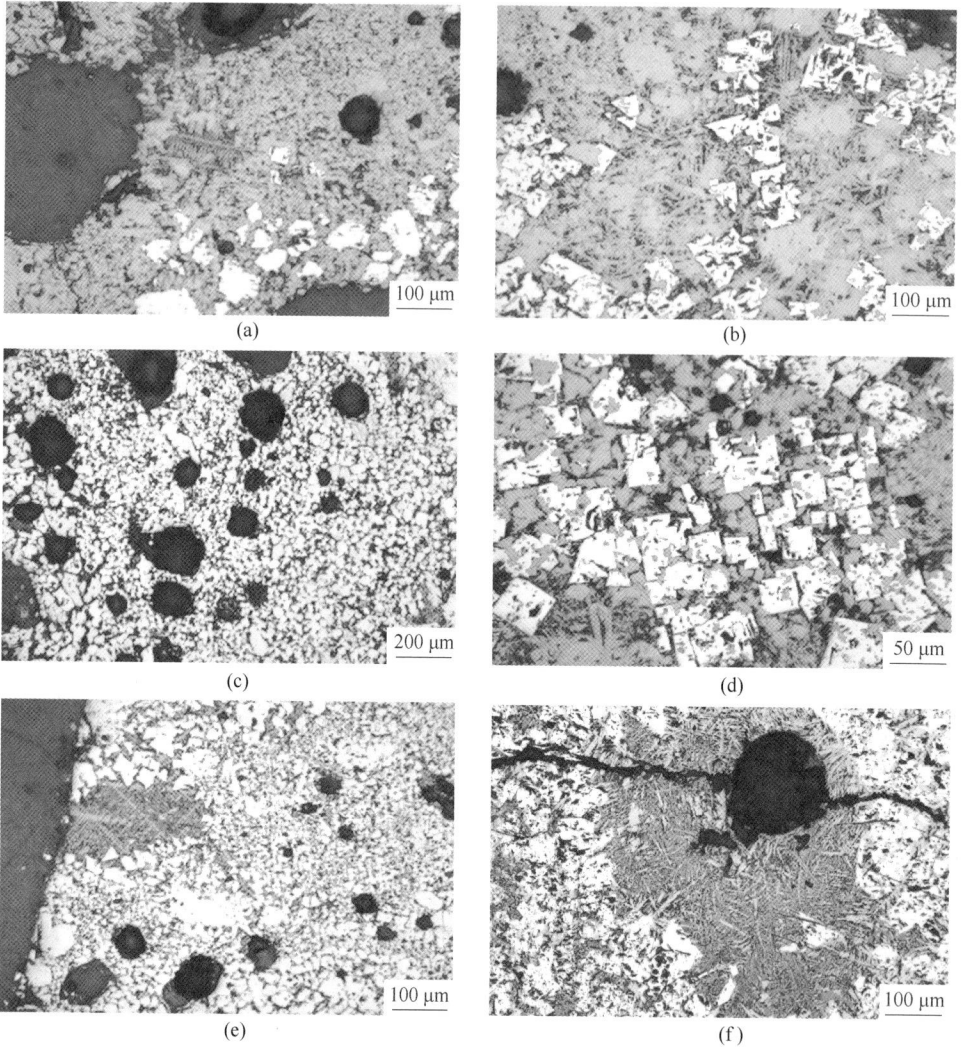

图 3-7 钒钛型高碱度烧结矿的显微结构 (反射光)
(a) 熔蚀结构; (b) 交织-熔蚀结构; (c) 粒状结构; (d) 菱形定向排列的骸晶赤铁矿;
(e) 局部可见的十字形钙钛矿; (f) 气孔和裂隙

　　钒钛型高碱度烧结矿矿相结构复杂, 显微结构很不均匀, 矿物粒度大小不一; 烧结矿原料中 TiO_2 的存在, 使烧结过程中 TiO_2 和 CaO 反应生成钙钛矿, 和玻璃质共同胶结次生骸晶赤铁矿, 在还原过程中, 由于还原时 Fe_2O_3 向 Fe_3O_4 转变产生发生了晶格的变化, 从三方晶系六方晶格转变为等轴晶系立方晶格, 体积膨胀了 25%, 产生了极大的内应力, 导致烧结矿在机械力作用下使裂隙发育而粉化, 从而致使烧结矿低温还原粉化指数降低。

4 含铁原料对烧结矿矿相结构及冶金性能的影响

4.1 印粉配比对烧结矿矿相结构及冶金性能的影响

4.1.1 原料来源及化学成分

印粉取自河北省内某烧结矿厂,属于高铁低硅型铁矿粉,含水量较低,CaO和 MgO 的含量较低,分别为 0.64% 和 0.68%。印粉化学成分见表 4-1。

表 4-1　印粉的化学成分　　　　　　　　　　　　　　（w_B/%）

名称	TFe	SiO_2	CaO	MgO	H_2O	烧损
印粉	64.23	3.84	0.64	0.68	6.6	3.06

4.1.2 原料矿物成分

使用德国蔡司 Axioskop 40A Pol 透/反两用研究型偏光显微镜观察发现,印粉中的主要矿物是磁赤铁矿、赤铁矿、磁铁矿,少量为磁黄铁矿、绿泥石、石英、角闪石等结果见表 4-2。

表 4-2　印粉的矿物组成及体积百分含量　　　　　　　　　　（%）

磁铁矿	赤铁矿	褐铁矿	磁赤铁矿	磁黄铁矿	绿泥石	石英	角闪石	氧化钙
10~12	20~25	7~10	50~55	少量	2~3	1~2	2~3	少量

4.1.3 原料粒度特点

印粉属于细粒铁矿粉,粒度 -0.074 mm 占 65.90%,粒度组成见表 4-3。

表 4-3　印粉的粒度组成　　　　　　　　　　　　　　　　（%）

种类	+3 mm	0.42~3 mm	0.074~0.42 mm	-0.074 mm
印粉	—	7.28	26.82	65.90

4.1.4　配矿方案

结合唐山建源公司现场烧结配矿方案，固定碱度 CaO/SiO$_2$ 为 1.8，改变印粉配加量，探讨印粉对烧结矿矿相特征及对冶金性能的影响。具体配矿方案见表 4-4。

表 4-4　印粉烧结矿的配矿方案　　　　　　　　　　　（w_B/%）

样号	铁精粉	印粉	槽返	杂料	白灰	白云石粉	焦粉	CaO/SiO$_2$
1 号	62.32	10	15	4	8.17	4.47	5.14	1.8
2 号	52.66	20	15	4	7.65	4.81	5.14	1.8
3 号	43.00	30	15	4	7.12	5.15	5.14	1.8
4 号	33.34	40	15	4	6.59	5.48	5.14	1.8
5 号	28.68	50	15	4	6.06	5.82	5.14	1.8
6 号	14.02	60	15	4	5.53	6.16	5.14	1.8
7 号	—	74.52	15	4	4.76	6.66	5.14	1.8

注：7 号样品，印粉配加 74.52%时，占烧结含铁原料的 100%。

4.1.5　印粉对烧结矿矿相特征的影响

4.1.5.1　印粉对烧结矿化学成分的影响

随着印粉含量增加，烧结矿 TFe 含量变化较小，当烧结含铁原料全部为印粉时，即印粉配比占 74.52%时，TFe 含量最高，为 58.35%；FeO 含量变化较大，整体呈现先增大后减少的趋势，当配加印粉含量为 20%时，烧结矿中 FeO 含量最高，为 19.01%，当烧结含铁原料全部为印粉时，烧结矿中 FeO 含量最低，为 13.27%；随着印粉含量增加，MgO 和 Al$_2$O$_3$ 的含量整体均呈现增加的趋势。印粉烧结矿的化学成分见表 4-5。

表 4-5　印粉烧结矿的化学成分　　　　　　　　　　　（w_B/%）

样号	TFe	FeO	CaO	SiO$_2$	MgO	Al$_2$O$_3$	TiO$_2$	R_2(CaO/SiO$_2$)
1 号	56.89	16.68	11.98	6.62	3.30	1.24	0.31	1.81
2 号	57.12	19.01	10.84	6.02	3.03	1.02	0.36	1.80
3 号	57.64	16.50	10.03	5.51	3.16	1.60	0.28	1.82
4 号	58.14	15.16	9.85	5.50	3.45	1.35	0.24	1.79
5 号	57.26	14.84	8.08	4.49	3.12	1.54	0.34	1.80
6 号	57.98	13.97	10.01	5.53	3.36	1.47	0.30	1.81
7 号	58.35	13.27	10.06	5.59	3.70	1.61	0.35	1.80

4.1.5.2　印粉对烧结矿矿物组成的影响

配加不同比例印粉的烧结矿矿物组成简单。金属相以磁铁矿为主，赤铁矿含量较低；黏结相以铁酸钙为主，但印粉配加量为30%和40%时，黏结相以硅酸二钙和玻璃相为主，局部可见钙镁橄榄石、硅灰石以及残余氧化钙。印粉烧结矿的矿物组成及体积百分含量见表4-6。

表4-6　印粉烧结矿的矿物组成及体积百分含量　　　　　　（%）

样号	磁铁矿	赤铁矿	铁酸钙	硅酸二钙	玻璃质	钙镁橄榄石	硅灰石	残余氧化钙
1号	40~45	少量	30~35	10~15	5~7	3~5	2~3	—
2号	50~55	3~5	25~30	12~15	10~12	1~2	—	1~2
3号	65~70	1~2	1~2	15~20	10~12	1~2	—	少量
4号	65~70	少量	5~7	15~20	7~10	少量	少量	微量
5号	45~50	2~3	25~30	7~10	12~15	—	—	—
6号	40~45	5~7	35~40	5~7	5~7	微量	微量	—
7号	35~40	5~7	40~45	5~7	2~3	1~2	—	—

随着印粉配入量的提高，磁铁矿含量先增加后减少，赤铁矿含量先增加后降低再增加，铁酸钙的含量呈现先降低后增加的趋势，硅酸二钙的含量随着印粉的配加先增高后降低，玻璃质含量先增加后降低。当配加印粉含量为40%时，磁铁矿的含量最高，赤铁矿的含量最低；当配加100%印粉时，铁酸钙的含量最高，玻璃质含量最低。

4.1.5.3　印粉对烧结矿显微结构的影响

配加不同比例印粉的烧结矿整体结构均欠均匀。磁铁矿为主要金属相矿物，粒径为0.02~0.2mm，主要呈他形被铁酸钙等胶结形成熔蚀结构，部分呈自形、半自形被玻璃质胶结形成斑状结构；赤铁矿粒径较细，呈他形分布在气孔周围，局部可见次生骸晶赤铁矿。铁酸钙为主要黏结相，多呈板柱状，少量呈针状。硅酸二钙多呈细小粒状、柳叶状，局部见硅酸二钙与玻璃质的共晶结构。钙镁橄榄石主要呈纺锤状，部分与玻璃质共生。硅灰石主要呈柱状。

随着烧结原料中印粉含量的增加，烧结矿的结构由交织-熔蚀结构过渡到斑状结构再过渡到交织熔蚀。烧结矿中结晶完好的磁铁矿含量先升高再降低；赤铁矿含量增加，当印粉添加量为100%时，出现大量次生骸晶状赤铁矿。随着印粉的增加，烧结矿中针状铁酸钙先减少后增加，当印粉添加量为100%时，可见大量集中分布的针状铁酸钙。硅酸二钙、玻璃质含量先增加后减少，硅酸二钙分布较均匀，钙镁橄榄石含量降低。气孔率先减少后增加。配加不同含量印粉烧结矿显微结构见图4-1。

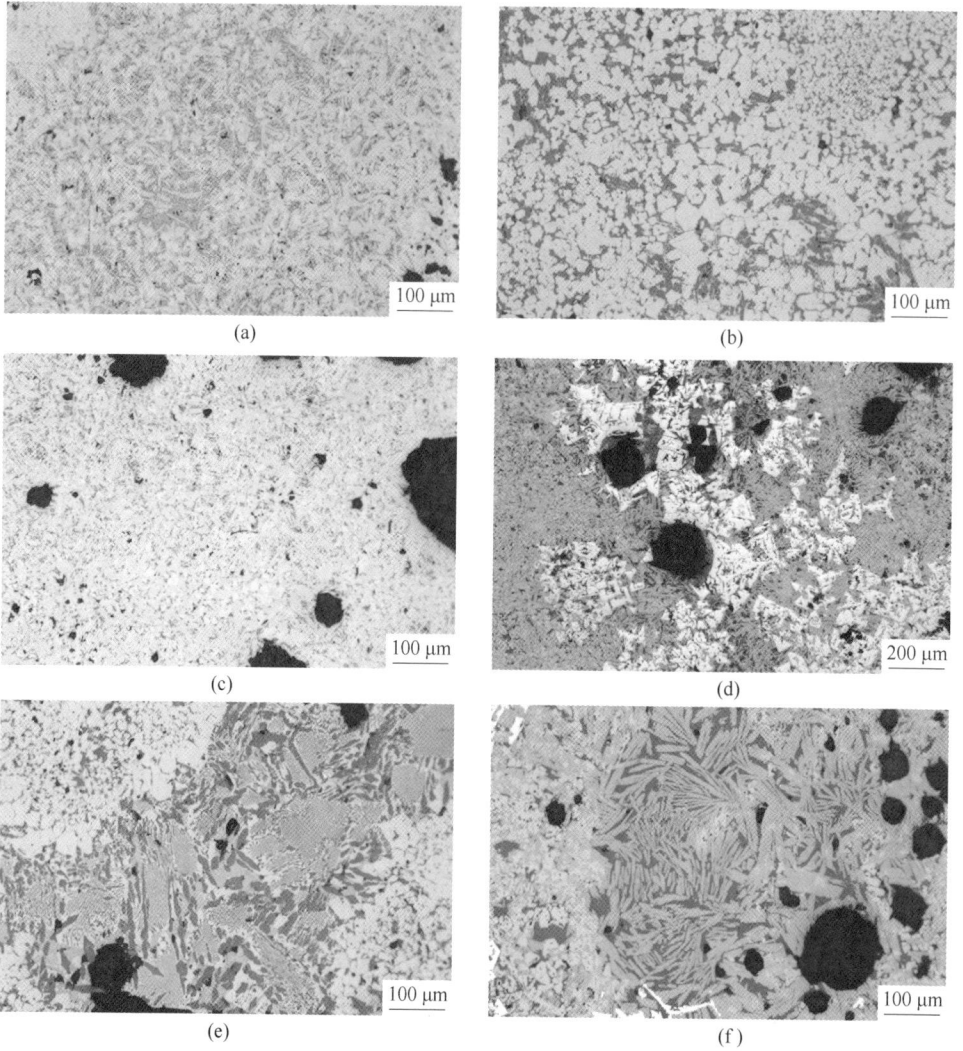

图 4-1　配加不同印粉含量烧结矿的显微结构（反射光）

（a）印粉含量 20%，交织熔蚀结构；（b）印粉含量 40%，斑状结构；（c）印粉含量 50%，
交织熔蚀结构；（d）印粉含量 100%，集中分布的次生骸晶赤铁矿；（e）印粉含量 10%，
集中分布的镁硅钙石；（f）印粉含量 100%，集中出现的针状铁酸钙

4.1.6　不同印粉配比烧结矿矿相特征与冶金性能的关系

　　随着印粉配加量的增加，烧结矿的产质量具有显著的变化，烧结矿的成品率明显下降，成品率由 79.85% 降低到 71.79%；烧结矿的转鼓指数随着印粉的配加，呈现出先减小后增大的趋势，但整体转鼓指数呈现减小的趋势；烧结矿的抗

磨指数随着印粉的配加均得到了改善。配加不同比例印粉烧结矿的产质量和物理性能见表4-7。

表4-7 配加不同比例印粉烧结矿的产质量 （%）

样号	成品率	转鼓指数 （>6.3 mm）	抗磨指数 （<0.5 mm）
1 号	79.85	57.47	5.74
2 号	76.87	53.47	5.57
3 号	74.30	51.97	5.53
4 号	73.72	50.24	5.19
5 号	72.94	55.47	6.07
6 号	71.95	56.91	6.21
7 号	71.79	54.27	6.07

采用 GB/T 13242—2017，对配加不同比例印粉的烧结矿样品进行了还原性和低温还原粉化性能测试，测试结果见表4-8。随着烧结原料中印粉配加量的增加，烧结矿还原性能升高，低温还原粉化指数（$RDI_{+3.15\ mm}$）降低。这主要是因为随着印粉的增加，烧结矿中气孔率增加，薄壁大气孔含量增加，有助于烧结矿中矿物还原；其次，还原性能较好的赤铁矿和铁酸钙含量增加，引起烧结矿的还原性能提高。而随着印粉含量的增加，赤铁矿尤其是骸晶状赤铁矿含量的增加及裂隙裂纹的发育引起烧结矿的低温还原粉化性能恶化。

表4-8 印粉烧结矿的冶金性能 （%）

样号	RI	$RDI_{+6.3\ mm}$	$RDI_{+3.15\ mm}$	$RDI_{-0.5\ mm}$
1 号	79.8	73.6	88.1	3.4
2 号	82.5	65.6	84.3	3.9
5 号	85.9	59.8	80.4	4.5
7 号	87.3	41.5	74.9	6.5

印粉属于磁赤铁矿型外矿粉，粒度较细，印粉与国内铁精粉配合使用可以显著改善烧结矿的还原性，增加烧结矿的抗磨指数，但是过多的配加印粉会导致烧结矿的成品率和转鼓指数显著降低，并进一步恶化烧结矿的低温还原粉化性能。当印粉的添加量为20%和50%时，烧结矿的还原性和低温还原粉化性均在80%以上，属于优质烧结矿，因此国内铁精粉配加印粉的适宜配加量为20%或50%，在考虑成本的前提下，可以适当提高印粉的配加量，印粉的配加量在50%为宜。

4.2　澳粉配比对烧结矿矿相结构及冶金性能的影响

4.2.1　原料来源及化学成分

澳粉取自河北省内某烧结矿厂，属于高铁低硅高铝型铁矿粉，CaO 和 MgO 的含量较低，均为 0.2%。澳粉化学成分见表 4-9。

表 4-9　澳粉的化学成分　　　　　　　　　　　　　　　(w_B/%)

名称	TFe	SiO_2	CaO	MgO	S	Al_2O_3	烧损
澳粉	63.8	3.22	0.2	0.2	0.004	2.07	2.62

4.2.2　原料矿物成分

澳粉中的主要矿物为赤铁矿、褐铁矿，少量的磁铁矿、石英、角闪石、绿泥石等。澳粉矿物组成及百分含量见表 4-10。

表 4-10　澳粉的矿物组成及体积百分含量　　　　　　　　　　(%)

磁铁矿	赤铁矿	褐铁矿	石英	角闪石	绿泥石
3~5	70~75	15~20	1~2	1~2	微量

4.2.3　原料粒度特点

澳粉粒级属于粗粒级铁矿粉，0.42~3 mm 颗粒占 59.8%。澳粉的粒度组成见表 4-11。

表 4-11　澳粉的粒度组成　　　　　　　　　　　　　　　　(%)

种类	+3 mm	0.42~3 mm	0.074~0.42 mm	-0.074 mm
澳粉	5.4	59.8	23.4	1.12

4.2.4　配矿方案

根据唐山钢铁集团有限公司烧结配矿方案，固定碱度 CaO/SiO_2 为 1.8，改变澳粉配加量，探讨澳粉对烧结矿矿相特征及对冶金性能的影响。具体配矿方案见表 4-12。

表 4-12　澳粉烧结矿的配矿方案　　　　　　　　　　　　(w_B/%)

样号	铁精粉	澳粉	巴西特粉	巴西精粉	吉拉斯粉	钢渣	白云石	石灰石	白灰	焦粉
1 号	47.2	10	12	6	8	4	5	8.60	5.71	5.2

续表 4-12

样号	铁精粉	澳粉	巴西特粉	巴西精粉	吉拉斯粉	钢渣	白云石	石灰石	白灰	焦粉
2 号	37.74	20	12	6	8	4	5	2.88	9.14	5.2
3 号	29.08	30	12	6	8	4	7	10.33	1.77	5.2
4 号	19.63	40	12	6	8	4	7	4.60	5.20	5.2
5 号	10.57	50	12	6	8	4	8	5.47	3.23	5.2

4.2.5 澳粉对烧结矿矿相特征的影响

4.2.5.1 澳粉对烧结矿化学成分的影响

随着澳粉配比的增加，烧结矿中 TFe 和 FeO 含量增加，当配加澳粉配加为 50% 时，TFe 和 FeO 含量最高，分别为 59.78% 和 9.78%。澳粉烧结矿的化学成分见表 4-13。

表 4-13　澳粉烧结矿的化学成分　　　　　　($w_B/\%$)

样号	TFe	FeO	CaO	SiO$_2$	MgO	Al$_2$O$_3$
1 号	56.9	7.12	11	6.11	3.24	2.14
2 号	57.14	7.49	10.86	6.03	3.16	2.16
3 号	57.98	8.35	10.71	5.95	3.10	2.19
4 号	58.7	9.14	10.56	5.86	3.05	2.21
5 号	59.78	9.78	10.41	5.78	3.02	2.23

4.2.5.2 澳粉对烧结矿矿物组成的影响

配加不同比例澳粉的烧结矿矿物组成简单。金属相以磁铁矿和赤铁矿为主；黏结相以铁酸钙为主，部分为硅酸二钙和玻璃质，局部可见钙镁橄榄石、硅灰石。

随着澳粉配入量的提高，磁铁矿含量降低，赤铁矿含量升高，铁酸钙的含量呈现增加的趋势，硅酸二钙和玻璃质的含量降低。当配加澳粉含量为 50% 时，赤铁矿的含量最高；当配加澳粉含量为 40% 和 50% 时，铁酸钙的含量均最高。澳粉烧结矿的矿物组成及体积百分含量见表 4-14。

表 4-14　澳粉烧结矿的矿物组成及体积百分含量　　　　　　(%)

样号	磁铁矿	赤铁矿	铁酸钙	硅酸二钙	玻璃质	钙镁橄榄石	硅灰石
1 号	40~45	2~3	25~30	12~15	7~10	2~3	1~2
2 号	40~45	3~5	30~35	7~10	5~7	1~2	—
3 号	35~40	5~7	35~40	5~7	5~7	1~2	少量

样号	磁铁矿	赤铁矿	铁酸钙	硅酸二钙	玻璃质	钙镁橄榄石	硅灰石
4 号	35~40	7~10	40~45	3~5	3~5	—	—
5 号	35~40	10~12	40~45	3~5	3~5	少量	—

4.2.5.3　澳粉对烧结矿显微结构的影响

配加不同比例澳粉的烧结矿整体结构均很均匀。磁铁矿为主要金属相矿物，粒径为 0.01~0.3 mm，主要呈他形被铁酸钙等胶结形成交织结构或熔蚀结构，部分呈自形、半自形被玻璃质胶结形成斑状结构；赤铁矿粒径较细，呈他形分布在气孔周围，局部可见次生骸晶赤铁矿，粒径 0.01~0.2 mm。铁酸钙多呈板状，少量呈针状；硅酸二钙多呈细小粒状、柳叶状，局部见硅酸二钙与玻璃质的共晶结构；钙镁橄榄石主要呈纺锤状，部分与玻璃质共生。

随着烧结原料中澳粉含量的增加，烧结矿的结构由熔蚀结构和斑状结构向交织-熔蚀结构过渡。烧结矿中结晶完好的磁铁矿含量有所降低，他形细粒磁铁矿的含量有所增加；赤铁矿含量增加，并出现骸晶状赤铁矿。烧结原料中澳矿含量较低时，黏结相中铁酸钙主要呈板状，随着澳粉含量的增加，烧结矿中铁酸钙的形态由板状转变为针状，且分布更加均匀，胶结他形细粒磁铁矿形成典型的交织-熔蚀结构。气孔率有所增加，且随着澳矿的增加，气孔多被裂隙贯通。配加不同含量澳粉烧结矿显微结构见图 4-2。

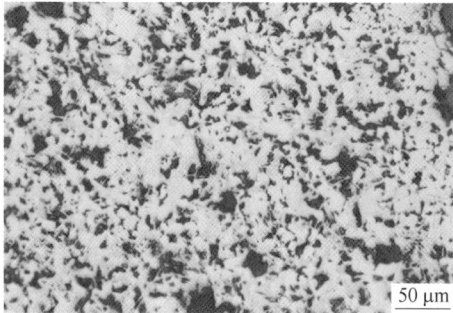

(a)

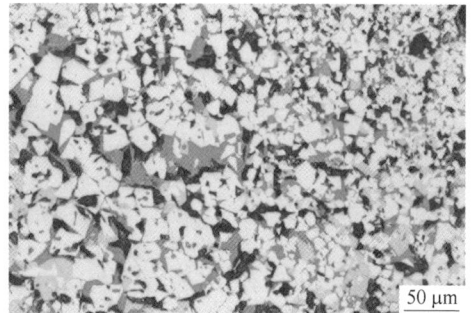

(b)

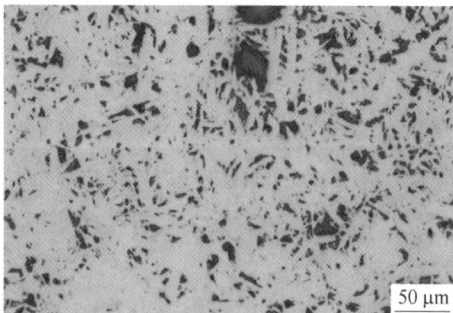

(c)

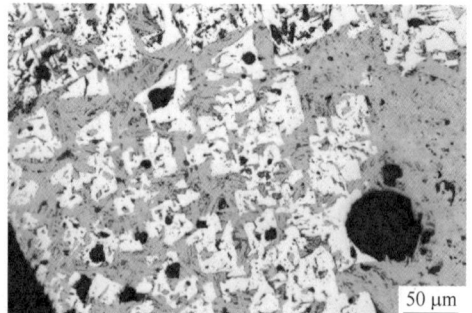

(d)

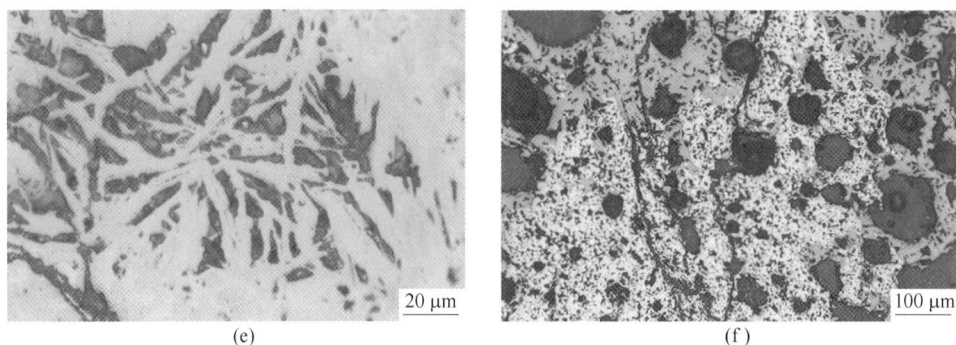

图 4-2　配加不同澳粉含量烧结矿的显微结构（反射光）

（a）澳粉含量 10%，熔蚀结构；（b）澳粉含量 10%，斑状结构；（c）澳粉含量 30%，
交织熔蚀结构；（d）澳粉含量 40%，集中分布的次生骸晶赤铁矿；（e）澳粉含量 50%，
集中分布的针状铁酸钙；（f）澳粉含量 50%，贯穿气孔的裂隙

4.2.6　不同澳粉配比烧结矿矿相结构与冶金性能的关系

随着澳粉配加量的增加，烧结矿的产质量具有显著的变化。烧结矿的成品率明显下降，成品率由 90.18% 降低到 78.25%；烧结矿的转鼓指数随着澳粉的配加，呈现出先增大的趋势；烧结矿的抗磨指数随着澳粉的配加得到了改善。配加不同比例澳粉烧结矿的产质量和物理性能见表 4-15。

表 4-15　澳粉烧结矿的产质量　　　　　　　　（%）

样号	成品率	转鼓指数（>6.3 mm）	抗磨指数（<0.5 mm）
1 号	90.18	48.23	6.25
2 号	83.42	50.14	6.17
3 号	82.13	53.38	6.98
4 号	80.78	56.36	7.27
5 号	78.25	58.92	7.89

采用 GB/T 13242—2017，对配加不同比例澳粉的烧结矿样品进行了还原性和低温还原粉化性能测试，结果见表 4-16。

表 4-16　澳粉烧结矿的冶金性能　　　　　　　　（%）

样号	RI	$RDI_{+6.3\ mm}$	$RDI_{+3.15\ mm}$	$RDI_{-0.5\ mm}$
1 号	78.6	61.2	75.6	7.8
3 号	84.6	49.8	73.7	12.4
5 号	89.9	40.7	64.8	18.3

　　随着烧结原料中澳粉含量的增加，烧结矿的还原性能增加。矿相结构分析表明，随着澳粉含量的增加，烧结矿气孔率以及还原性能良好的赤铁矿、铁酸钙含量增加；赤铁矿与磁铁矿的粒度随澳粉含量的增加而减小，能够与还原性气体充分接触。烧结矿低温还原粉化指数 $RDI_{+3.15\,mm}$ 随着烧结原料中澳粉含量的增加而降低。主要由于澳粉含量较高时，出现大量次生骸晶状赤铁矿。在考虑成本的前提下，可以适当提高澳粉的配加量，澳矿配加量为30%为宜。

4.3　纽曼粉配比对烧结矿矿相结构及冶金性能的影响

4.3.1　原料来源及配矿方案

4.3.1.1　原料及化学成分

　　含铁原料取自河北省内某烧结厂，均为国外高铝铁矿粉，化学成分见表4-17。

表 4-17　含铁原料化学成分分析表　　　　　　　　　　$(w_B/\%)$

品种	TFe	SiO$_2$	CaO	MgO	Al$_2$O$_3$	TiO$_2$	P	S
纽曼粉	61.83	4.21	0.10	0.31	2.34	0.02	0.09	0.02
超特粉	56.34	6.06	0.10	0.09	3.09	0.10	0.06	0.03
JMB 粉	60.16	6.24	0.10	0.17	2.960	0.09	0.13	0.04
巴西粗粉	57.77	5.65	0.10	0.09	2.02	0.03	0.06	0.02

4.3.1.2　配矿方案

　　结合现场烧结配矿方案，固定碱度 CaO/SiO_2 为2.0，改变纽曼粉配加量，探讨纽曼粉对烧结矿矿相特征及对冶金性能的影响。具体配矿方案见表4-18。

表 4-18　不同配比含铁原料配矿方案　　　　　　　　　　$(w_B/\%)$

样号	JMB 粉	纽曼粉	超特粉	巴西粗粉	熔剂	合计	碱度
1 号	0	5	40	40	15	100	2.0
2 号	10	15	30	30	15	100	2.0
3 号	20	25	20	20	15	100	2.0
4 号	30	35	10	10	15	100	2.0
5 号	40	45	0	0	15	100	2.0

4.3.2　含铁原料矿物学特性及烧结基础性能

4.3.2.1　矿物组成

将现场采集的含铁原料制成光薄片，使用德国蔡司透/反两用 Axioskop 40A pol 研究型偏光显微镜对不同含铁原料的矿物组成进行了分析，见表4-19。

表 4-19　含铁原料矿物组成及体积百分含量　　　　　（%）

种类	磁铁矿	赤铁矿	磁赤铁矿	褐铁矿	石英	长石	黑云母	类型
纽曼粉	5~10	60~65	4~5	10~15	5~10	少量	4~5	赤铁矿型
超特粉	4~5	35~40	少量	45~50	4~5	4~5	少量	褐铁矿型
JMB 粉	15~20	25~30	4~5	40~45	4~5	2~3	1~2	褐铁矿型
巴西粗粉	5~10	50~55	2~3	30~35	2~3	2~3	微量	赤铁矿型

4.3.2.2　显微特征

A　纽曼粉

纽曼粉中主要含铁矿物为赤铁矿，多呈半自形-他形晶，粒径为 0.4~0.6 mm；磁铁矿含量较少，多呈半自形-他形晶分布在赤铁矿或脉石矿物周围；局部可见集中出现的褐铁矿，粒径为 0.1~0.2 mm。脉石矿物以石英为主，大多呈不规则状嵌布在赤铁矿颗粒内部。纽曼粉显微结构特点见图4-3。

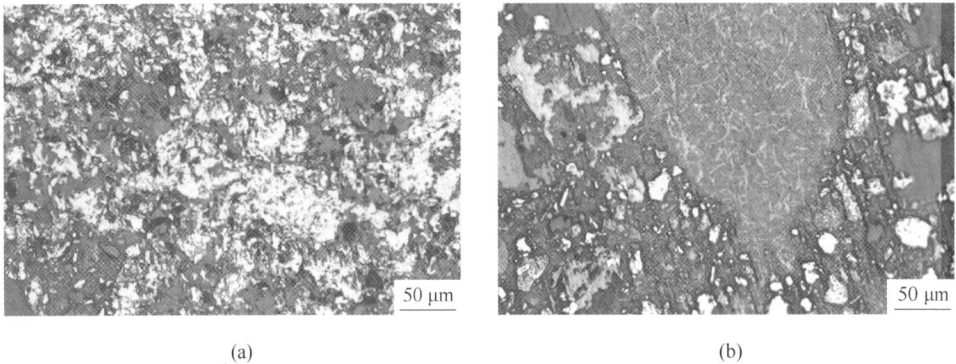

(a)　　　　　　　　　　　　　　　(b)

图 4-3　纽曼粉的显微镜下特点（反射光）
(a) 纽曼粉中的赤铁矿；(b) 纽曼粉中的褐铁矿

B　超特粉

超特粉中主要含铁矿物为褐铁矿和赤铁矿。其中，褐铁矿多呈自形-半自形，赤铁矿多呈不规则粒状，被磁赤铁矿包围。脉石矿物以石英为主，局部可见少量黑云母，呈细长条状。超特粉显微结构特点见图4-4。

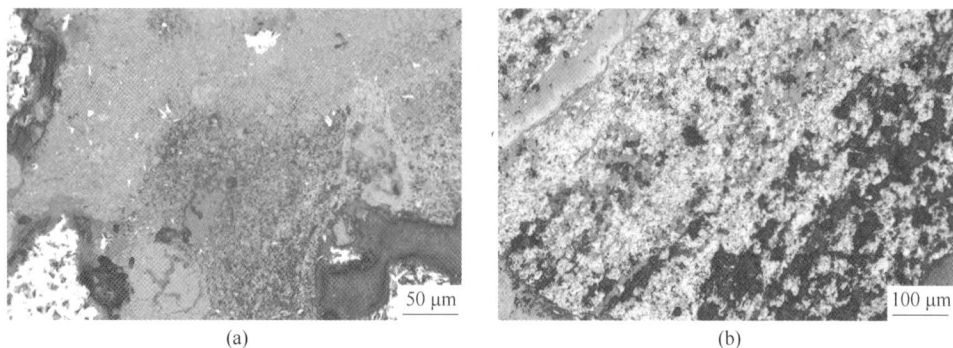

图 4-4　超特粉的显微镜下特点（反射光）

（a）超特粉中的褐铁矿；（b）超特粉中的磁赤铁矿和赤铁矿

C　JMB 粉

JMB 粉中主要含铁矿物为褐铁矿，多呈半自形或他形，粒度一般为 0.04 ~ 0.16 mm；赤铁矿多呈半自形，与磁铁矿、褐铁矿同时出现，粒径一般为 0.02 ~ 0.10 mm。脉石矿物以石英为主，多呈他形，部分呈条状。JMB 粉显微结构特点见图 4-5。

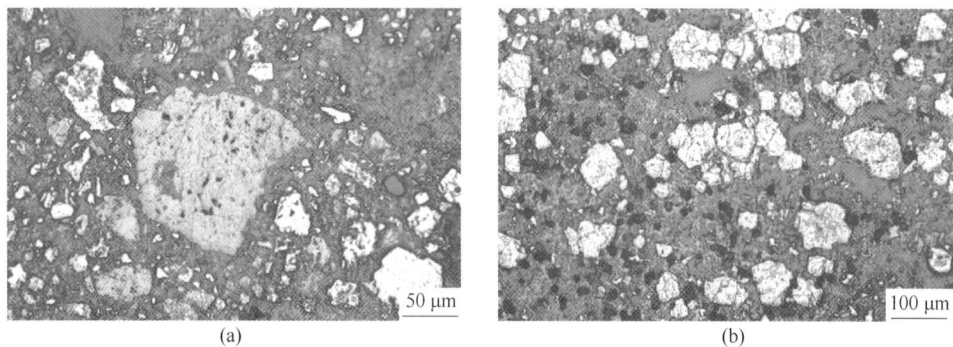

图 4-5　JMB 粉的显微镜下特点（反射光）

（a）JMB 粉中的褐铁矿；（b）JBM 粉中的赤铁矿

D　巴西粗粉

巴西粗粉是赤铁矿型含铁原料，赤铁矿多呈自形-半自形，分布均匀，粒径一般为 0.1 ~ 0.7 mm；磁铁矿的含量相对较少，多包裹在细粒级赤铁矿周围，粒径一般为 0.02 ~ 0.10 mm，分布相对均匀；褐铁矿多与赤铁矿紧密相连，小颗粒粒径一般为 0.01 ~ 0.04 mm，大颗粒粒径一般为 0.05 ~ 0.08 mm。脉石矿物以石英为主，粒径大小为 0.01 ~ 0.1 mm，多与含铁矿物呈规则状毗连分布，少量长石多呈他形零散分布，粒径 0.08 ~ 0.12 mm（图 4-6）。

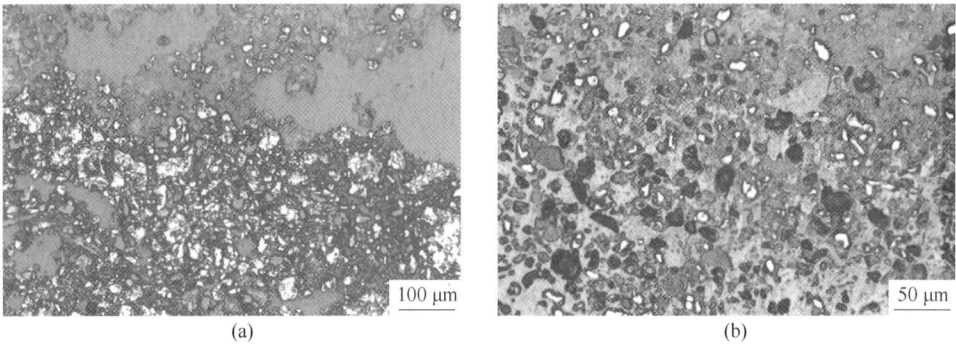

图 4-6 巴西粗粉的显微镜下特点（反射光）
（a）巴西粗粉中的赤铁矿；（b）巴西粗粉中的褐铁矿

4.3.2.3 粒度分布特点

分别取 1000 g 上述四种铁矿粉，采用不同粒径的标准筛，筛分出 -0.074 mm、0.074~0.42 mm、0.42~3 mm，+3 mm 四个粒级，粒度组成见表 4-20。

表 4-20 含铁原料粒度组成 （%）

种类	+3 mm	0.42~3 mm	0.074~0.42 mm	-0.074 mm
纽曼粉	28.65	39.63	26.82	4.90
超特粉	52.45	42.36	4.20	1.00
JMB 粉	31.74	24.98	38.53	4.75
巴西粗粉	25.54	20.60	50.05	3.81

由表 4-20 可知，纽曼粉粒级分布最均匀，粒度组成较理想，利于提高烧结矿质量；超特粉总体粒度较粗，细粒级 -0.074 mm 占比极小，大约为 1.0%，不利于制粒，但配加该铁矿粉会改善其料层的透气性；JMB 粉粒度组成较为均匀，对制粒影响较小；巴西粗粉中间粒级 0.42~3 mm 和 0.074~0.42 mm 占比较大。

4.3.2.4 烧结基础性能

分别对 JMB 粉、超特粉、纽曼粉及巴西粗粉 4 种典型外矿粉的同化性能、液相流动性能、黏结相强度以及连晶特性测试，结果如下。

A 同化性能

同化性能是指含铁原料与熔剂 CaO 充分混合，在烧结的过程中发生反应能力，本次试验用最低同化温度表示不同配比含铁原料液相生成的难易程度。四种含铁原料最低同化温度的测定结果如图 4-7 所示。

四种含铁原料的同化性温度有明显的差别，同化温度越高，表示同化能力相对越弱。测定的含铁原料同化性能强弱依次为超特粉>JMB 粉>纽曼粉>巴西粗粉。在烧结厂实际的生产中，同化温度较高的含铁原料适宜选择同化温度相对较低的含铁原料来搭配使用，以实现混匀含铁原料拥有较好的同化性能，即超特粉、JMB 粉同化温度相对较低，可以考虑与纽曼粉和巴西粗粉搭配使用。

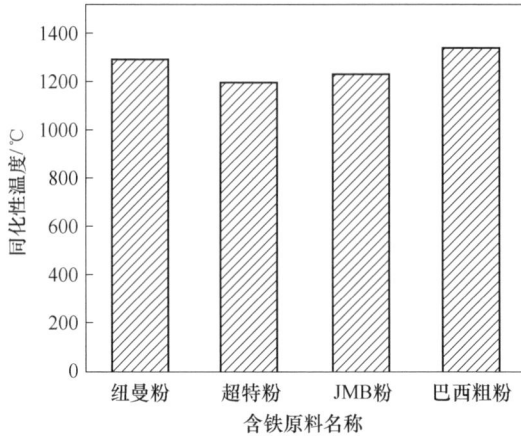

图 4-7   不同类型铁矿粉的最低同化温度

B　液相流动性能

液相流动性能是含铁原料中铁矿粉达到特定温度下后，测定的生成液相的能力，本次试验温度为 1280 ℃，碱度 CaO/SiO_2 为 3.0，测定结果如图 4-8 所示。

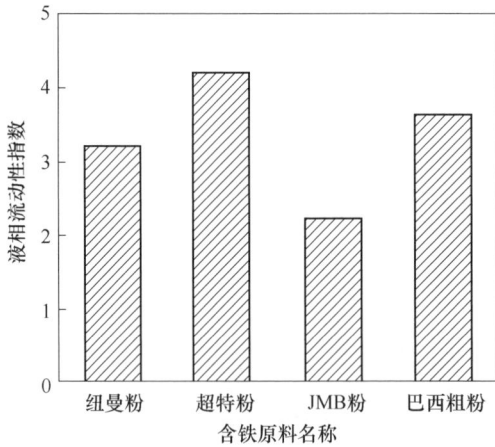

图 4-8   不同类型铁矿粉的液相流动指数

含铁原料的液相流动性指数差别较明显，大小为超特粉>巴西粗粉>纽曼粉>JMB 粉。超特粉的同化性温度较低且 SiO_2 含量相对较高，易于生成硅酸盐液相；JMB 粉中的 SiO_2 含量相对较低，难以生成硅酸盐液相。含铁原料液相流动性能是影响烧结矿转鼓指数的因素，在实烧结厂生产实践中，要充分考虑含铁原料的液相流动性能，不宜配加太多 JMB 粉，或者多与超特粉搭配使用。

C 黏结相强度

黏结相强度是指含铁原料在烧结生产时生成的液相对金属相的固结能力。本次试验温度为 1280 ℃，碱度 CaO/SiO_2 为 2.0，图 4-9 为含铁原料的黏结相强度测定结果。

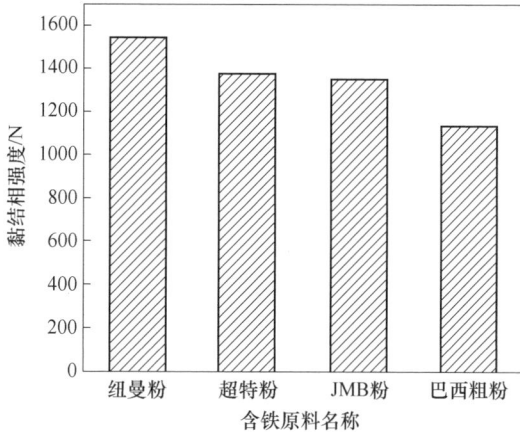

图 4-9 不同类型铁矿粉的黏结相强度

四种含铁原料的黏结相强度高低排序为纽曼粉>超特粉>JMB 粉>巴西粗粉。其中，JMB 粉和巴西粗粉的黏结相强度较差。因此，在四种含铁原料配矿过程中，适当增加纽曼粉的配加有利于提高烧结矿强度。

D 连晶特性

连晶特性是通过测定烧结后圆柱体试样的抗压强度，评价含铁原料的连晶固结能力的指标。本次试验将四种含铁原料分别制成圆柱体进行烧结，温度为 1280 ℃，恒温时间 5 min，测定结果如图 4-10 所示。

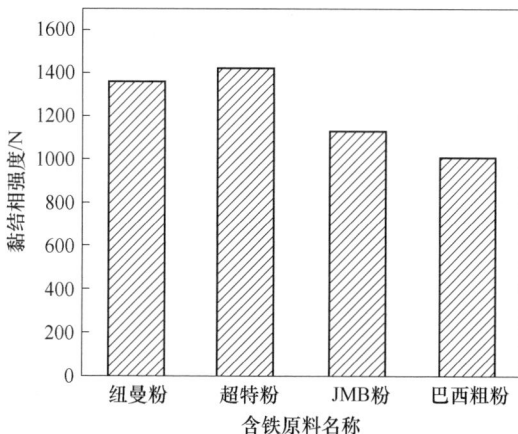

图 4-10 不同类型铁矿粉的连晶性能

含铁原料连晶特性优劣顺序为超特粉>纽曼粉>JMB粉>巴西粗粉。超特粉属于褐铁矿粉，结晶水分解后赤铁矿呈网状结构，新生成的赤铁矿活性相对较好，易于矿粉产生连晶；而JMB粉虽然也属于褐铁矿粉，但由于其粒度组成相对较细，不利于矿粉颗粒内部产生连晶。连晶特性是影响烧结矿转鼓指数的重要因素，所以在优化配矿过程中，适当增加超特粉及纽曼粉配比有利于烧结矿的转鼓指数提高。

4.3.3　纽曼粉对烧结矿矿相特征的影响

4.3.3.1　纽曼粉对烧结矿化学成分的影响

不同纽曼粉配比烧结矿样品均具有较高的含铁品位。随着纽曼粉含量的增加，TFe的含量减少；MgO含量略有增加；Al_2O_3含量变化显著，从1.81%增加到2.81%；CaO和SiO_2的含量增加，微量元素的变化不大。不同纽曼粉配比烧结矿化学成分分析结果见表4-21。

表4-21　不同纽曼粉配比烧结矿化学成分　　　　　　(w_B/%)

样号	水分	TFe	FeO	MgO	CaO	SiO_2	Al_2O_3	S	P	Zn	MnO	K_2O	Na_2O	R_2
1号	6.260	59.030	0.470	1.320	9.170	4.520	1.810	0.016	0.062	0.040	0.400	0.036	0.039	2.0
2号	6.310	59.780	0.450	1.470	9.170	4.660	2.070	0.017	0.056	0.040	0.370	0.031	0.037	2.0
3号	6.3500	59.520	0.440	1.580	9.360	4.790	2.310	0.018	0.051	0.041	0.359	0.027	0.035	2.0
4号	6.400	59.270	0.420	1.690	9.560	4.930	2.560	0.019	0.046	0.041	0.340	0.0229	0.033	2.0
5号	6.440	59.022	0.410	1.670	9.740	5.070	2.810	0.020	0.041	0.042	0.310	0.018	0.031	2.0

4.3.3.2　纽曼粉对烧结矿矿物组成的影响

配加不同比例纽曼粉的烧结矿矿物组成相对简单。金属相矿物以磁铁矿为主，其次为赤铁矿；黏结相以铁酸钙为主，呈不同形态，分别为针状、板柱状以及他形，含少量硅酸二钙和硅酸盐玻璃相，局部存在残余CaO。烧结矿的矿物组成及体积百分含量见表4-22。

表4-22　不同配比含铁原料的烧结矿矿物组成及体积百分含量　　　（%）

样号	磁铁矿	赤铁矿	铁酸钙				硅酸二钙	玻璃质	残余CaO /v%	R_2
			针状	板柱状	他形	合计				
1号	41.5	17.5	16.5	16.5	7.0	29.5	6.5	3.0	1.0	1.90
2号	37.8	16.0	15.0	7.5	13.5	36.0	4.5	3.3	1.2	1.90
3号	35.9	12.0	14.5	19.5	10.0	44.0	4.5	3.4	1.1	1.88
4号	31.7	9.0	19.0	20.5	8.5	48.0	5.5	3.2	1.3	1.88
5号	27.7	11.0	8.0	25.0	16.5	53.5	5.5	3.7	1.3	1.87

随着纽曼粉含量在含铁原料中占比从0%增加到45%，烧结矿中磁铁矿、赤铁矿含量均显著减少，铁酸钙含量显著上升，但针状铁酸钙的占比减小，板柱状铁酸钙占比显著增加。当纽曼粉配加到35%后，赤铁矿含量开始略微上升，含量由9%增加到11%。

4.3.3.3 纽曼粉对烧结矿显微结构的影响

纽曼粉含量为5%时，烧结矿显微结构不均匀，整体以交织-熔蚀结构为主，部分可见斑状结构。金属相主要为半自形-他形磁铁矿，分布不均匀，粒度为0.03~0.15 mm，被针状铁酸钙胶结形成交织-熔蚀结构；赤铁矿多呈自形、半自形，粒度为0.03~0.18 mm，被铁酸钙胶结形成熔蚀结构。铁酸钙主要呈针柱状；硅酸盐矿物的整体含量较少，分布较为均匀，多以麦粒状分布（图4-11）。

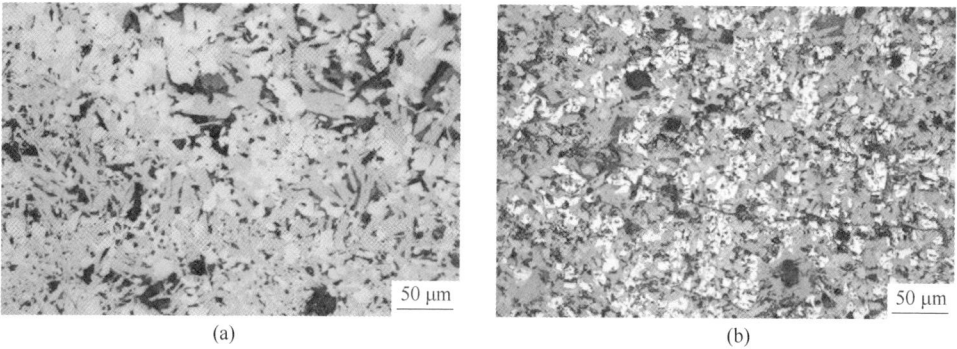

图4-11 纽曼粉含量5%时烧结矿的显微结构（反射光）
（a）交织-熔蚀结构；（b）熔蚀结构

纽曼粉含量为15%时，烧结矿显微结构更加均匀，整体以交织-熔蚀结构为主。金属相磁铁矿多为半自形和他形，粒度为0.02~0.16 mm，主要被铁酸钙胶结形成交织熔蚀-熔蚀结构；赤铁矿多呈自形、半自形，集中分布在气孔和样品边缘，粒度为0.02~0.14 mm，局部可见次生骸晶赤铁矿。铁酸多呈针状、柱状，局部可见针状铁酸钙集中分布（图4-12）。

纽曼粉含量为25%时，烧结矿的矿相结构继续向均匀化发展，整体以熔蚀结构为主。磁铁矿多呈半自形晶，粒径为0.10~0.15 mm，被他形铁酸钙胶结形成熔蚀结构；赤铁矿含量较少，多呈他形粒状。铁酸钙以他形、板柱状为主（图4-13）。

纽曼粉含量为35%时，烧结矿显微结构更加均匀，整体以交织-熔蚀结构为主。金属相以他形磁铁矿为主，多被针状铁酸钙胶结形成交织-熔蚀结构；赤铁矿含量极低，呈他形粒状零星分布。铁酸钙多呈针状，短柱状含量相对较少，局部可见集中分布的针状铁酸钙（图4-14）。

纽曼粉含量为45%时，烧结矿的显微结构不均匀。磁铁矿多呈半自形晶或自

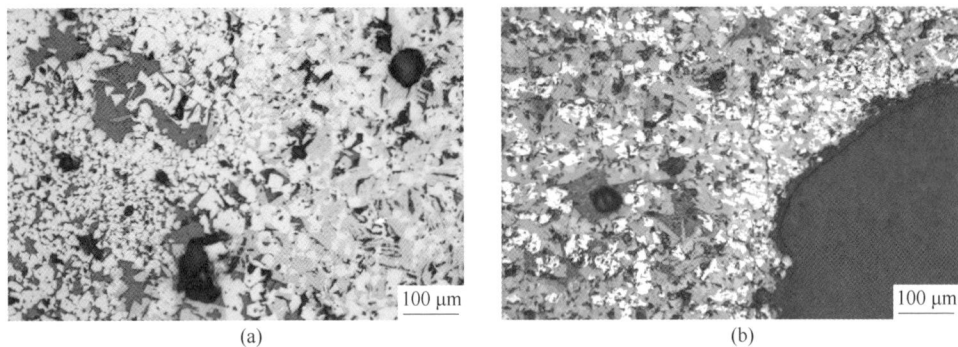

图 4-12　纽曼粉含量 15% 时烧结矿的显微结构（反射光）

（a）交织熔蚀结构；（b）气孔周围集中出现的赤铁矿

图 4-13　纽曼粉含量 25% 时烧结矿的显微结构（反射光）

（a）交织熔蚀结构；（b）集中出现的少量赤铁矿

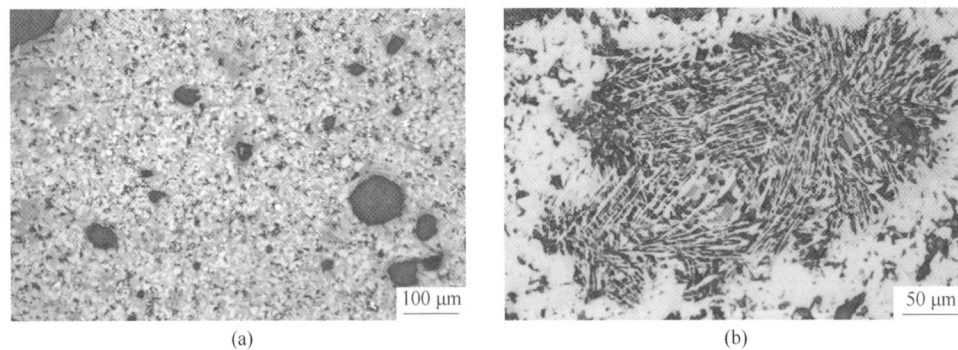

图 4-14　纽曼粉含量 35% 时烧结矿的显微结构（反射光）

（a）熔蚀结构；（b）集中出现的针状铁酸钙

形晶，主要与铁酸钙构成熔蚀结构，粒度一般为 0.10~0.5 mm；赤铁矿主要呈他形-半自形晶，多出现在气孔及裂隙周围，粒度一般为 0.02~0.5 mm，局部可见呈菱形定向排列的次生骸晶赤铁矿。黏结相主要为板柱状或者他形铁酸钙（图4-15）。

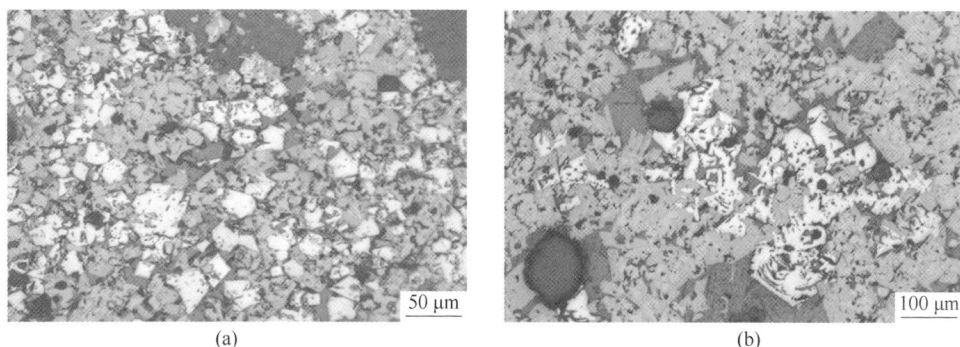

图 4-15 纽曼粉含量45%时烧结矿的显微结构（反射光）
（a）熔蚀结构；（b）集中出现的骸晶赤铁矿

随着混合铁矿粉中纽曼粉含量从0%增加到35%，烧结矿整体结构更加均匀，当纽曼粉含量为45%时，烧结矿整体结构均匀程度变差。磁铁矿粒度随着纽曼粉的增加逐渐减小，赤铁矿粒径逐渐增大，当纽曼粉含量为45%时，出现定向排列的次生骸晶赤铁矿。铁酸钙形态随纽曼粉配比增加变化显著，首先由针状转变为他形，当纽曼粉含量为35%时，又转变为针状，当纽曼粉含量为45%时再次转变为他形。气孔率先增多后略有降低，气孔的分布从开始的相对较为松散变得越来越均匀，形态从较发育的不规则状的大气孔向浑圆规则状小气孔转化，局部有裂隙贯穿气孔现象。当纽曼粉在烧结配料中占比为35%时，烧结矿的显微结构相对较好，气孔呈规则状，且骸晶赤铁矿含量相对较少，针状铁酸钙含量相对较高。

4.3.4 不同纽曼粉配比烧结矿矿相结构与冶金性能的关系

含铁原料低温还原粉化指数和还原指数测试数据见表4-23。

表 4-23 不同配比含铁原料的烧结矿冶金性能 （%）

样号	RI	$RDI_{-0.5\ mm}$	$RDI_{+3.15\ mm}$	$RDI_{+6.3\ mm}$
1号	74.33	4.73	71.38	56.28
2号	72.57	4.93	73.79	57.87
3号	72.51	4.93	72.79	57.87
4号	72.82	4.11	74.35	58.05
5号	73.42	3.82	68.32	49.25

4.3.4.1　不同纽曼粉配比烧结矿矿相结构与 $RDI_{+3.15\,mm}$ 的关系

随着纽曼粉含量从 5% 增加到 45%，烧结矿 $RDI_{+3.15\,mm}$ 指数先上升，后略有降低，烧结矿中赤铁矿含量先减少后增加，针柱铁酸钙含量先增加后减少（图4-16）。

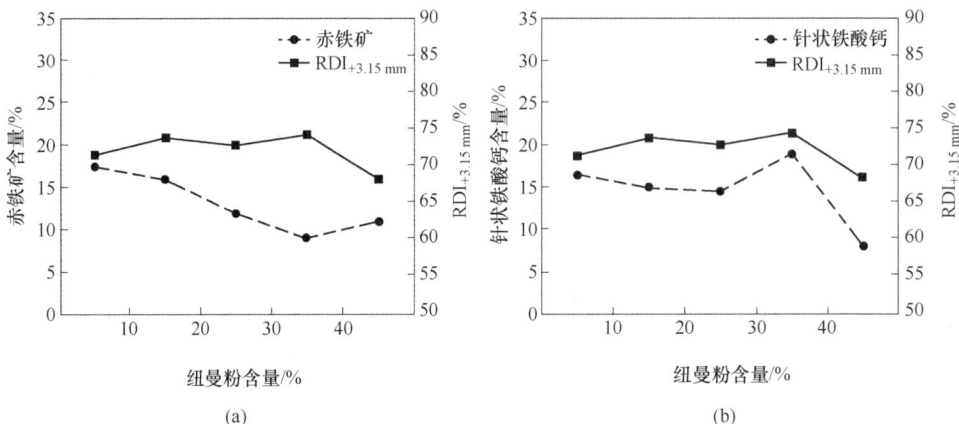

图 4-16　矿物含量与 $RDI_{+3.15\,mm}$ 之间的关系

（a）赤铁矿含量与 $RDI_{+3.15\,mm}$ 之间的关系；（b）针状铁酸钙含量与 $RDI_{+3.15\,mm}$ 之间的关系

结合混合铁矿粉型高碱度烧结矿的原料化学成分和矿相结构分析得到：（1）纽曼粉属于高铝铁矿粉，随着原料中纽曼粉含量的升高，烧结矿化学成分中 Al_2O_3 含量提高。Al_2O_3 含量的增加导致玻璃相的断裂韧性降低，从而增加了烧结矿在低温还原过程中的粉化。（2）烧结矿中针状铁酸钙含量的降低以及板柱状及他形铁酸钙含量的增加，导致烧结矿的强度变差，容易在高炉还原气氛中碎裂。（3）骸晶赤铁矿含量的增加会进一步导致烧结矿低温还原粉化性能的恶化，这是由于骸晶赤铁矿在低温还原时，由三方晶系转变为六方晶系，晶格的形变产生极大的内应力，导致烧结矿的破裂和粉化，当纽曼粉配加 35% 以后，又由于骸晶状赤铁矿发育，从而使烧结矿 $RDI_{+3.15\,mm}$ 降低。

4.3.4.2　不同纽曼粉配比烧结矿矿相结构与 RI 的关系

随着纽曼粉含量从 5% 到 45% 增加，烧结矿 RI 指数先降低后略有增加。矿相结构研究表明，烧结矿中气孔率的变化规律不明显，气孔形态变化显著。气孔向不规则状发育且其直径相对变大，形成的薄壁结构较多，外界气体进入，加快了赤铁矿还原，从而提高了烧结矿的还原性；此外，赤铁矿具有较好的还原性，随着纽曼粉含量的增加，赤铁矿的含量先减少后增加，与还原性的变化规律一致（图 4-17）。

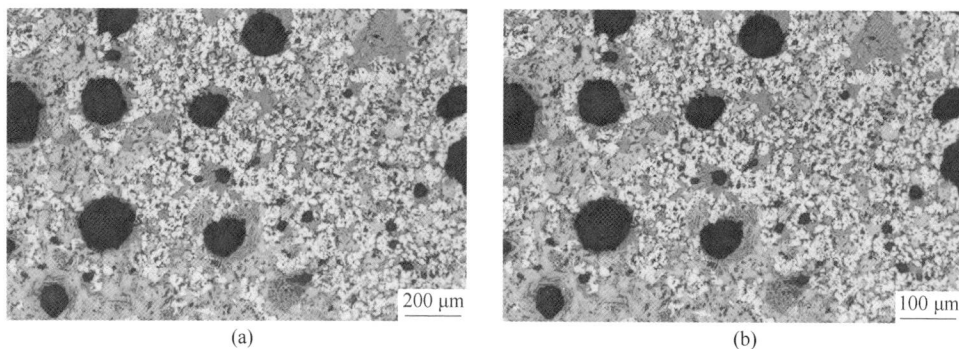

图 4-17 不同纽曼粉含量烧结矿气孔形态比较（反射光）

（a）纽曼粉含量 5% 时，不规则大气孔；（b）纽曼粉含量 45% 时，规则状小气孔

4.4 烧结含铁原料粒度对烧结矿矿相结构及冶金性能的影响

4.4.1 原料来源及化学成分

含铁原料取自河北省内某烧结厂，含铁原料化学成分见表 4-24。

表 4-24 常见含铁原料化学成分分析表 （w_B/%）

品种	TFe	SiO_2	CaO	MgO	Al_2O_3	TiO_2	P	S
巴西混合粉	65.62	2.65	1.15	2.29	0.49	0.05	0.03	0.34
PB 粉	62.00	3.55	0.08	0.18	2.30	0.11	0.03	0.03
杨迪粉	57.00	6.50	0.07	0.18	1.65	0.10	0.08	0.03
南非精粉	63.50	1.60	2.50	2.50	1.30	1.80	0.06	0.03

4.4.2 含铁原料矿物学特性及烧结基础性能

4.4.2.1 矿物学特性

A 矿物组成

将现场采集的含铁原料制成光薄片，使用德国蔡司透/反两用 Axioskop 40A pol 研究型偏光显微镜对不同含铁原料的矿物组成进行了分析，见表 4-25。

表 4-25 含铁原料矿物组成及体积百分含量 （%）

品种	磁铁矿	赤铁矿	磁赤铁矿	褐铁矿	石英	长石	黑云母	铁矿类型
巴西混合粉	5~10	55~60	4~5	25~30	2~3	少量	微量	赤铁矿型

品种	磁铁矿	赤铁矿	磁赤铁矿	褐铁矿	石英	长石	黑云母	铁矿类型
PB 粉	1~2	30~35	微量	60~65	1~2	1~2	微量	褐铁矿型
杨迪粉	2~3	15~20	1~2	65~70	5~10	2~3	1~2	褐铁矿型
南非精粉	60~65	5~10	微量	25~30	2~3	少量	少量	磁铁矿型

B　显微结构

a　巴西混合粉

巴西混合粉的金属相矿物主要为赤铁矿与褐铁矿，且含有少量磁铁矿，其中赤铁矿多呈他形集中分布；磁铁矿多呈半自形与赤铁矿毗邻，粒度为 0.02 ~ 0.18 mm；褐铁矿主要呈现他形，粒度为 0.05 ~ 0.16 mm。脉石矿物以石英为主，多呈单体形式存在，且粒度较大，为 0.1 ~ 0.5 mm。显微特点见图 4-18。

图 4-18　巴西混合粉的显微镜下特点（反射光）

（a）巴西混合粉中的赤铁矿、褐铁矿和磁铁矿；（b）巴西混合粉中集中分布的赤铁矿

b　PB 粉

PB 粉的显微结构较为简单，结构较为疏松，主要的金属矿物是褐铁矿，且含有少量赤铁矿。大部分褐铁矿显微镜下多为胶态集合体，且多成片出现，没有固定形状；赤铁矿呈他形零星分布，粒度较细。脉石成分以长石和石英为主，多呈片状，粒度较粗，粒径为 0.02 ~ 0.16 mm。显微特点见图 4-19。

c　杨迪粉

杨迪粉的显微结构较为简单，金属矿物主要是以褐铁矿为主，粒径一般为 0.05 ~ 0.15 mm；赤铁矿含量极其微小，而且分布不均匀，主要呈粒状零散分布，粒度较小，粒径为 0.03 ~ 0.10 mm。脉石成分以石英为主，多呈长条状分布，少部分以粒状分布，且粒度较小。显微特点见图 4-20。

d　南非精粉

南非精粉含铁矿物主要是磁铁矿和零星分布的赤铁矿，其中磁铁矿含量较

图 4-19 PB 粉的显微镜下特点（反射光）

（a）PB 粉中的褐铁矿；（b）PB 粉中零星分布的赤铁矿

图 4-20 杨迪粉的显微镜下特点（反射光）

（a）杨迪粉中的褐铁矿；（b）杨迪粉中与褐铁矿毗邻的赤铁矿

多，颗粒较大，粒径为 0.10~0.30 mm；赤铁矿含量较少，主要被褐铁矿包裹，粒度较细，粒径为 0.02~0.10 mm。脉石矿物主要是以长石为主，粒度较粗一般为 0.03~0.10 mm，多与含铁矿物呈规则状毗连分布。显微特点见图 4-21。

图 4-21 南非精粉的显微镜下特点（反射光）

（a）南非精粉中的磁铁矿；（b）南非精粉中被褐铁矿包裹的石英

C　粒度分布特点

分别取 1000 g 上述四种铁矿粉，采用不同粒径的标准筛，筛分出 -0.074 mm、0.074~0.42 mm、0.42~3 mm，+3 mm 四个粒级，粒度组成见表4-26。

表 4-26　4 种含铁原料粒度组成　　　　　　　（%）

种类	+3 mm	0.42~3 mm	0.074~0.42 mm	-0.074 mm
巴西混合粉	38.90	46.90	11.80	2.40
PB 粉	37.60	27.50	31.60	3.30
杨迪粉	60.80	31.40	6.10	1.70
南非精粉	6.20	17.30	15.30	61.20

PB 粉粒级分布最均匀，粒度组成较理想，利于提高烧结矿质量；杨迪粉总体粒度较粗，粒度大于 +3 mm 的占比较大，为 60.80%，细粒级铁矿粉 -0.074 mm 占比极小，大约为 1.7%，不利于制粒，但配加该铁矿粉会改善其料层的透气性；巴西混合粉中间粒级 0.42~3 mm 占比较大为 46.90%，粗粒级 +3 mm 的占比为 38.90%，整体平均粒级较大；南非精粉粒度组成较细，其中 -0.074 mm 的铁矿粉占比最大为 61.20%，粒度组成较细，便于制粒，但不宜添加过多，否则会对透气性会产生不利影响，其他粒级占比较小。

4.4.2.2　烧结基础性能

分别选取不同粒级 -0.074 mm、0.074~0.42 mm、0.42~3 mm 的巴西混合粉、杨迪粉、PB 粉和南非精粉，分别测定不同粒级含铁原料的同化性能、液相流动性能、黏结相强度以及连晶特性。

A　同化性能

随着铁矿粒度的增加，同化温度增加，铁矿粉同化性能变差。经过筛分后不同粒度组成的四种含铁原料最低同化温度测定结果如图4-22所示。

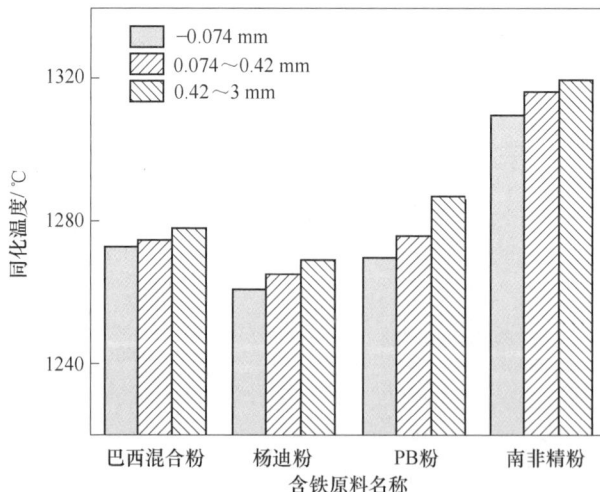

图 4-22　不同类型铁矿粉的同化温度

B 液相流动性能

随着铁矿粉粒度的增大，液相流动性能逐渐变差。高温烧结过程中，铁矿粉之间的接触面积减小，反应生成的液相量降低，故液相流动性能变差。铁矿粉的液相流动性指数测试结果如图 4-23 所示。

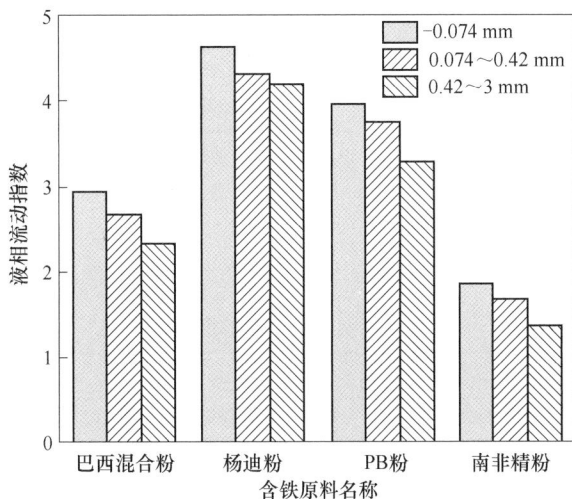

图 4-23 不同类型铁矿粉的液相流动指数

C 黏结相强度

随着铁矿粉粒度的增加，黏结相强度逐渐降低。铁矿粉的粒度变大不利于铁矿粉之间的接触，使其整体的致密性变差，所以在高温烧结过程中，反应生成的黏结相的强度降低。铁矿粉黏结相强度测试结果如图 4-24 所示。

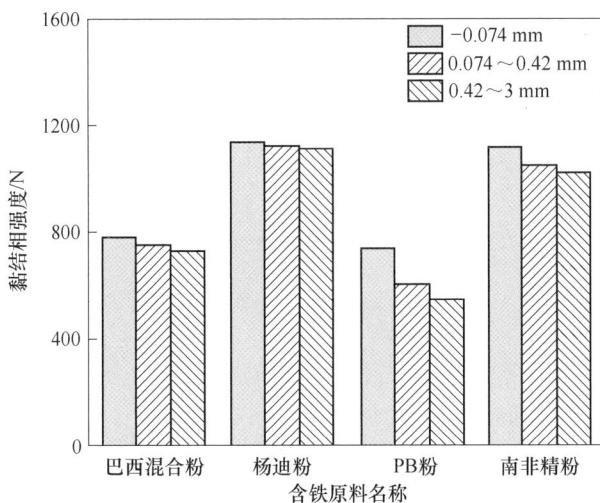

图 4-24 不同类型铁矿粉的黏结相强度

4.4.3 配矿方案

结合现场烧结配矿方案，固定 4 种国外铁矿粉配比，分别改变铁矿粉细粒级 0.074～0.42 mm、中粒级 0.42～3 mm、粗粒级 +3 mm 占比，探讨混合铁矿粉粒度对烧结基础性能、烧结矿矿相特征及冶金性能的影响。具体配矿方案见表 4-27。

表 4-27 含铁原料配矿方案   (w_B/%)

种类	巴西混合粉	PB 粉	杨迪粉	南非精粉	白云石
占比	18	20	36	7	19

对表 4-28 中的混合样进行了粒级筛分，混匀铁矿粉的粒度组成见表 4-28。

表 4-28 混匀铁矿粉的粒度组成   (%)

粒度	0.074～0.42 mm	0.42～3 mm	+3 mm
占比	30.2	42.7	27.1

根据表 4-30 混合铁矿粉粒度分布特点，以 0.074～0.42 mm 占 30%、0.42～3 mm 占 40%、+3 mm 占 30% 为标准基准样，分别增加 +3 mm、0.42～3 mm 以及 0.074～0.42 mm 混合铁矿粉占比，来探讨混合铁矿粉粒度对烧结基础性能、烧结矿矿相结构及冶金性能的影响，具体配矿方案见表 4-29。

表 4-29 不同粒度含铁原料配料方案   (%)

样号	0.074～0.42 mm	0.42～3 mm	+3 mm
1 号	30	30	40
2 号	25	50	25
3 号	30	40	30
4 号	40	30	30
5 号	50	25	25

4.4.4 混合含铁原料粒度对烧结基础性能的影响

4.4.4.1 混合铁矿粉粒度对同化性能的影响

随着 0.074～0.42 mm 混合铁矿粉粒度占比的增加，同化温度降低，代表同化性能变好。细粒级铁矿粉含量的增多，能够增加颗粒间反应的接触面积，铁矿粉同化性能变好，见图 4-25。

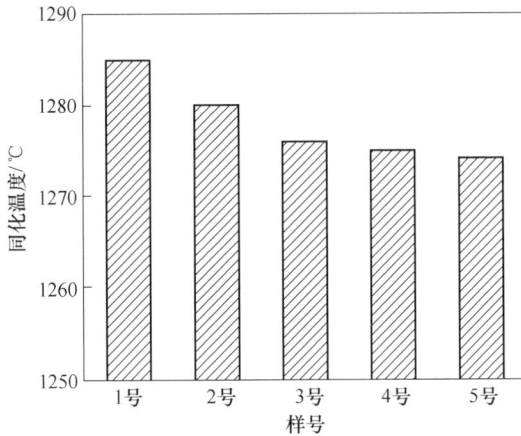

图 4-25 不同粒级混合铁矿粉的同化温度

4.4.4.2 混合铁矿粉粒度对液相流动性能的影响

随着 0.074~0.42 mm 混合铁矿粉粒度占比的增加，液相流动性能变好，见图 4-26。混匀铁矿细粒级占比增加，铁矿粉之间的接触面积变大，烧结过程中使得物料之间能够充分反应，有利于低熔点液相的生成，液相流动性能增加。

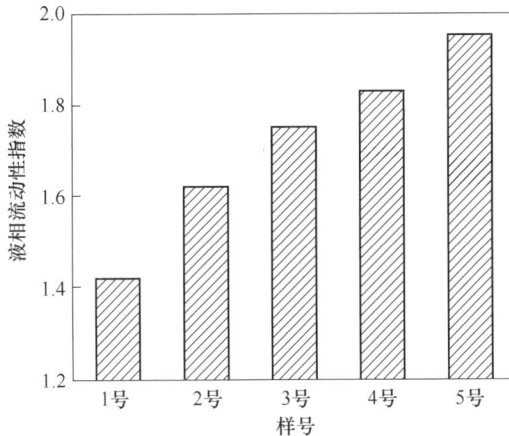

图 4-26 不同粒级混合铁矿粉的液相流动指数

4.4.4.3 混合铁矿粉粒度对黏结相强度的影响

随着 0.074~0.42 mm 混合铁矿粉粒度占比的增加，黏结相强度会逐渐增强，见图 4-27。细粒级有利于增加铁矿粉之间的接触面积，使其致密性增加，进而使铁矿粉的黏结相强度增加。

4.4.4.4 混合铁矿粉粒度对铁酸钙生成特性的影响

铁酸钙生成特性是指在高温烧结过程中生成复合铁酸钙的能力，铁酸钙形态

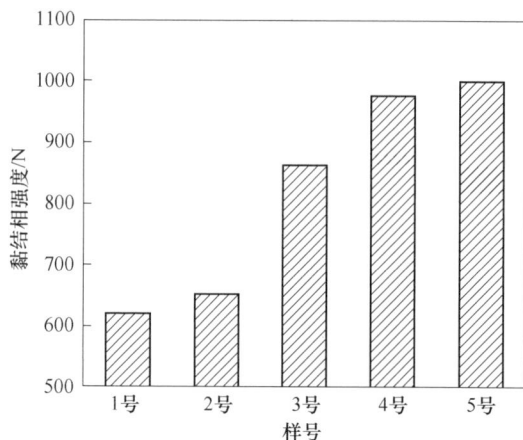

图 4-27　不同类型铁矿粉的黏结相强度

的不同对烧结矿冶金性能有不同影响。将不同粒度混合矿粉制备成光薄片，使用德国蔡司透/反两用 Axioskop 40A pol 研究型偏光显微镜，采用过尺线测法测定试样中不同形态铁酸钙含量，结果见表 4-30。

表 4-30　不同形态铁酸钙的体积百分含量　　　　　　　　（%）

样号	铁酸钙总量	针状	板柱状	他形
1 号	32.71	5.66	14.38	12.67
2 号	33.44	6.26	15.23	11.95
3 号	40.45	15.26	20.33	4.86
4 号	47.18	20.53	22.36	4.29
5 号	48.98	22.13	21.57	5.28

随着混合铁矿粉粒度的变化，铁酸钙的含量和形态变化显著。增加 0.42～3 mm 和 +3 mm 混合铁矿粉占比后铁酸钙含量明显降低；增加 0.074～0.42 mm 混合铁矿粉占比后，铁酸钙的含量明显增加，且板柱状和针状铁酸钙增加显著。适当增加细粒级含铁原料，可以改善含铁原料的同化性能、液相流动性能，增强烧结矿的黏结相强度，提高烧结矿的铁酸钙生成量，特别是针状铁酸钙含量显著增加，从而使烧结矿的质量得到明显改善。

4.4.5　混合含铁原料粒度对烧结矿矿相特征的影响

4.4.5.1　混合铁矿粉粒度对烧结矿矿物组成的影响

不同混合铁矿粉粒度烧结矿的矿物组成比较简单。金属相主要为磁铁矿，少量赤铁矿；黏结相主要为铁酸钙，少量硅酸二钙和玻璃质；局部可见微量残余 CaO。随着混合铁矿粉粒度的增大，烧结矿中铁酸钙的含量显著减少。具体含量见表 4-31。

表 4-31　自制烧结矿的矿物组成及体积百分含量　（%）

类型	磁铁矿	赤铁矿	铁酸钙	硅酸二钙	玻璃质	CaO	气孔率
1 号	44. 22	10. 18	32. 71	6. 52	6. 37	微量	18. 88
2 号	44. 28	10. 85	33. 44	6. 31	5. 12	微量	20. 83
3 号	39. 92	11. 21	40. 45	4. 14	4. 28	微量	21. 32
4 号	33. 9	13. 25	47. 18	3. 15	2. 52	微量	20. 98
5 号	32. 12	13. 37	48. 98	3. 21	2. 32	微量	20. 43

4.4.5.2　混合铁矿粉粒度对烧结矿显微结构的影响

不同混合铁矿粉粒度烧结矿的矿相结构较为均匀，以熔蚀结构为主。金属相主要是磁铁矿，以半自形和自形为主，粒度为 0.01 ~ 0.30 mm；少量赤铁矿多为半自形和他形，粒度较细，粒径为 0.01 ~ 0.10 mm。黏结相主要为铁酸钙，以板柱状结构为主，局部可见针状铁酸钙。随着混合铁矿粉粒度的变化，烧结矿中铁酸钙形态变化显著。随着混合铁矿粉粒度由粗变细，铁酸钙形态由他形逐步转化为板柱状，最终转变为针状铁酸钙为主。烧结矿中针状铁酸钙的大量形成，有利于烧结矿质量的提高。不同混合铁矿粉粒度烧结矿中铁酸钙形态变化见图 4-28。

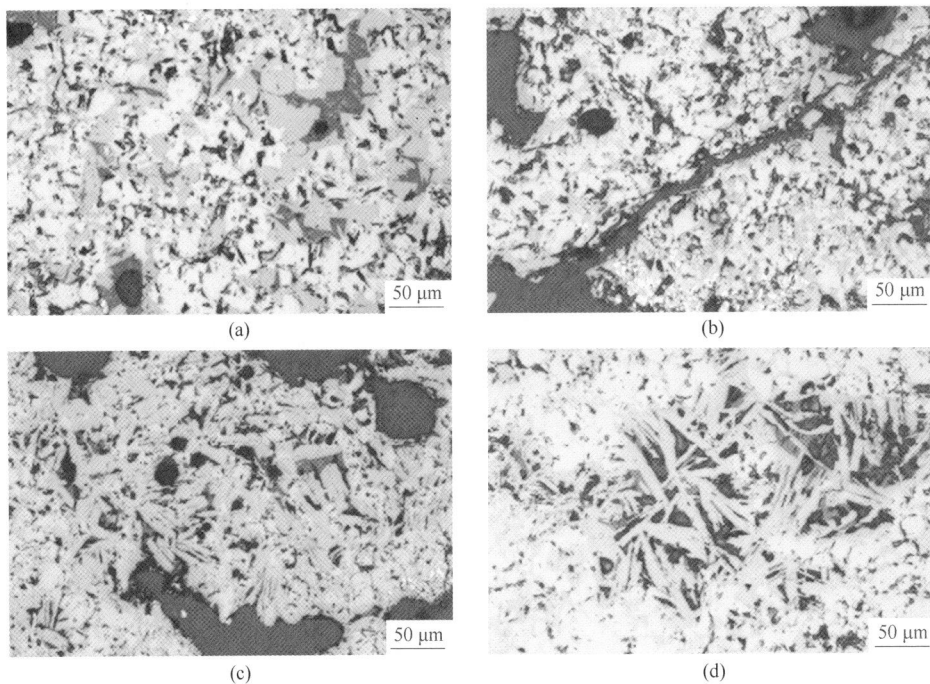

图 4-28　不同混合铁矿粉粒度烧结矿的铁酸钙形态比较（反射光）

（a）粗粒级增加，他形铁酸钙；（b）中粒级增加，板柱状铁酸钙；
（c）基准样，长柱状铁酸钙；（d）细粒级增加，针状铁酸钙

4.4.6　不同含铁原料粒度烧结矿矿相结构与冶金性能的关系

4.4.6.1　混合铁矿粉粒度对烧结矿 $RDI_{+3.15\ mm}$ 的影响

实验室内改变铁矿粉的不同粒度占比制成烧结矿的低温还原粉化性能的实验数据如表 4-32 所示。

表 4-32　烧结矿的低温还原粉化指数　　　　　　　　　（%）

类型	$RDI_{-0.5\ mm}$	$RDI_{+3.15\ mm}$	$RDI_{+6.3\ mm}$
1 号	5.12	61.32	46.86
2 号	5.23	62.25	46.56
3 号	4.68	67.86	51.66
4 号	4.36	71.58	59.67
5 号	4.21	72.32	60.17

随着 0.074~0.42 mm 混合铁矿粉粒度占比的增加，烧结矿 $RDI_{+3.15\ mm}$ 显著增加，烧结矿低温还原粉化性能逐渐变好。具体为（1）细粒级铁矿粉占比增加时，会减小混合铁矿粉中的结晶水因为高温分解而产生孔洞的大小，进而使得其低温还原粉化性能得到改善，且细粒级占比增加时，混合铁矿粉分布变得更均匀，且铁矿粉之间的接触面积增大，增大了反应过程中生成黏结相的均匀程度，进而使得烧结矿的质量增强；（2）随着细粒级铁矿粉含量的增加，针状铁酸钙明显增加。而针状铁酸钙具有较高的强度和较小的比表面积，有利于烧结矿强度的提高以及减小赤铁矿还原成磁铁矿产生的内应力，因此烧结矿低温还原粉化性能得到明显改善（图 4-29）。

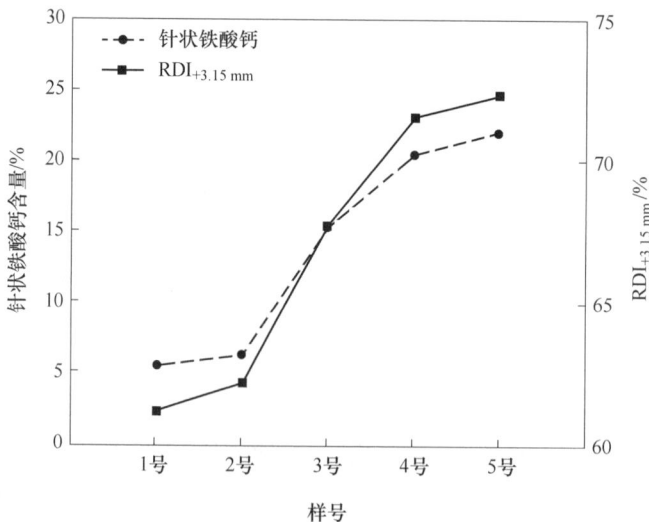

图 4-29　不同混合铁矿粉粒度烧结矿针状铁酸钙含量与 $RDI_{+3.15\ mm}$ 之间的关系

4.4.6.2　混合铁矿粉粒度对烧结矿 RI 的影响

实验室内改变铁矿粉的不同粒度占比制成烧结矿的还原性能的实验数据如表 4-33 所示。

表 4-33　不同粒度占比的还原性指数　　　　　　　　（%）

样本	1 号	2 号	3 号	4 号	5 号
还原性	71.56	65.23	63.31	75.81	76.32

随着 0.074~0.42 mm 混合铁矿粉粒度占比的增加，烧结矿还原性能显著改善。这是由于（1）在一定还原条件下，铁矿粉的粒度小，其比表面积就会变大，而还原速度与矿石的比表面积成正比，且在低温烧结过程中，随着混合铁矿粉的细粒级占比的增加，会增加混合铁矿粉中的结晶水因为高温分解而产生的孔洞，使得薄壁大气孔增加，进而使得其还原性能得到改善；（2）细粒级占比提高，烧结矿中铁酸钙含量和赤铁矿含量明显提高，而不同矿物的还原性强弱不同，由强到弱依次是赤铁矿、铁酸钙、磁铁矿、玻璃质、铁橄榄石。因此，还原性强的铁酸钙和赤铁矿含量的提高也是导致烧结矿还原性变好的关键因素（图 4-30）。

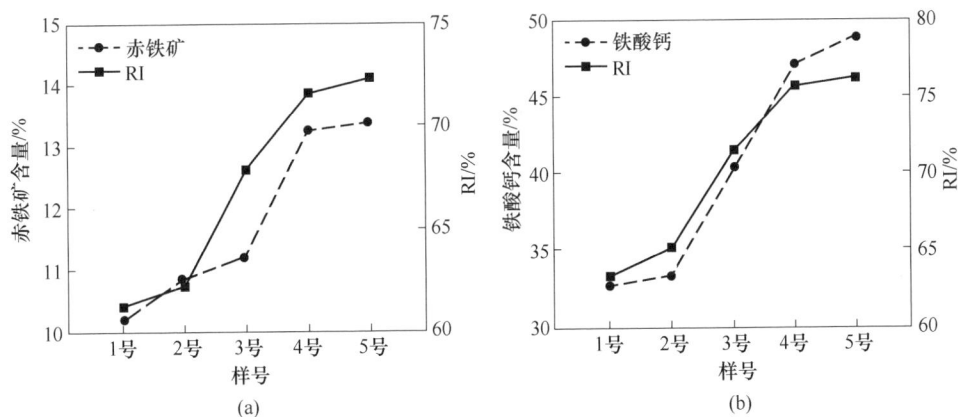

图 4-30　不同混合铁矿粉粒度烧结矿矿物含量与 RI 之间的关系
（a）不同混合铁矿粉粒度烧结矿中赤铁矿含量与 RI 之间的关系；（b）不同混合铁矿粉粒度烧结矿中铁酸钙含量与 RI 之间的关系

5 化学成分对烧结矿矿相
结构及冶金性能的影响

5.1 碱度（CaO/SiO$_2$）对烧结矿矿相结构及冶金性能的影响

5.1.1 配矿方案及样品制备

结合现场配矿方案，改变碱度（CaO/SiO$_2$）分别为1.8、2.2、3.2、4.2、5.2，采用化学纯试剂为烧结原料，探讨碱度（CaO/SiO$_2$）对烧结矿矿相结构及冶金性能的影响，具体配矿方案见表5-1。烧结温度1400 ℃，恒温30 min后自然冷却至室温。

表5-1　烧结矿配料方案　　　　　　　　　　　　（w_B/%）

类型	Fe$_2$O$_3$	SiO$_2$	CaO	MgO	Al$_2$O$_3$	CaO/SiO$_2$
1 号	83.00	5.00	9.00	1.50	1.50	1.8
2 号	81.00	5.00	11.00	1.50	1.50	2.2
3 号	76.00	5.00	16.00	1.50	1.50	3.2
4 号	71.00	5.00	21.00	1.50	1.50	4.2
5 号	66.00	5.00	26.00	1.50	1.50	5.2

5.1.2 碱度对烧结矿矿相特征的影响

5.1.2.1 碱度对烧结矿矿物组成的影响

将不同碱度的烧结矿代表性试样制成光薄片，使用德国蔡司透/反两用Axioskop 40A pol研究型偏光显微镜对不同碱度烧结矿的矿物组成进行了分析，结果见表5-2。

表5-2　烧结矿的矿物组成及体积百分含量　　　　　　　　（%）

样号	磁铁矿	赤铁矿	铁酸钙	硅酸二钙	硅酸三钙	玻璃质	镁硅钙石	残余 CaO	气孔率	CaO/SiO$_2$
1 号	40~45	10~12	30~35	2~3	—	3~5	4~6	少量	15~20	1.8
2 号	45~50	8~10	30~35	3~4	—	1~2	3~5	少量	15~20	2.2

样号	磁铁矿	赤铁矿	铁酸钙	硅酸二钙	硅酸三钙	玻璃质	镁硅钙石	残余 CaO	气孔率	CaO/SiO$_2$
3 号	40~45	5~10	40~45	1~2	少量	微量	2~3	少量	5~10	3.2
4 号	30~35	5~10	50~55	2~3	1~2	少量	少量	3~5	10~15	4.2
5 号	20~25	5~10	55~60	3~5	2~3	1~2	微量	3~5	10~15	5.2

不同碱度烧结矿中金属相主要为磁铁矿、赤铁矿，黏结相以铁酸钙为主，还含有少量硅酸二钙、玻璃质和镁硅钙石。随着碱度的增加，烧结矿中金属相含量减少；黏结相中铁酸钙含量显著增加，硅酸二钙含量先减少后增加，玻璃质先增加后减少；气孔率先增加后再减少，最后再增加。

5.1.2.2 碱度对烧结矿显微结构的影响

当碱度为 1.8 时，磁铁矿多呈半自形、他形，粒度较细，一般为 0.02~0.08 mm；多被他形铁酸钙胶结形成熔蚀结构，部分被玻璃质胶结形成斑状结构；赤铁矿多呈半自形、他形，粒度较细为 0.02~0.04 mm，局部出现少量定向排列的次生骸晶赤铁矿。铁酸钙多呈板柱状和他形。气孔率高，以规则状大气孔为主（图 5-1）。

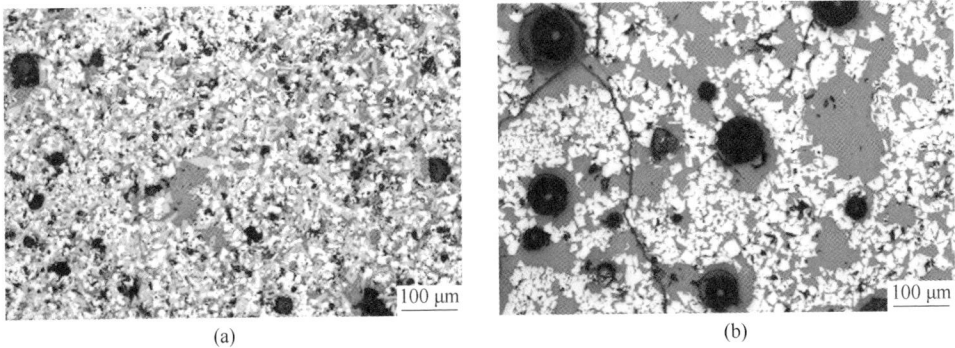

图 5-1　碱度为 1.8 烧结矿的显微结构（反射光）
（a）交织熔蚀结构；（b）斑状结构

当碱度为 2.2 时，磁铁矿多呈自形、半自形，粒度为 0.03~0.20 mm，被铁酸钙胶结形成熔蚀结构，部分被玻璃质胶结形成斑状结构；赤铁矿多呈半自形、他形，粒度为 0.02~0.10 mm，局部出现骸晶赤铁矿，且多分布于样品边缘。铁酸钙多呈板柱状。气孔含量较碱度为 1.8 更低，形态仍以规则大气孔为主（图 5-2）。

当碱度为 3.2 时，磁铁矿多呈半自形、他形，粒度为 0.03~0.10 mm，主要被针状铁酸钙胶结形成交织结构；赤铁矿多呈半自形、他形，粒度为 0.02~0.015 mm，以他形粒状为主。铁酸钙多呈针状，少量呈板柱状和他形，局部可

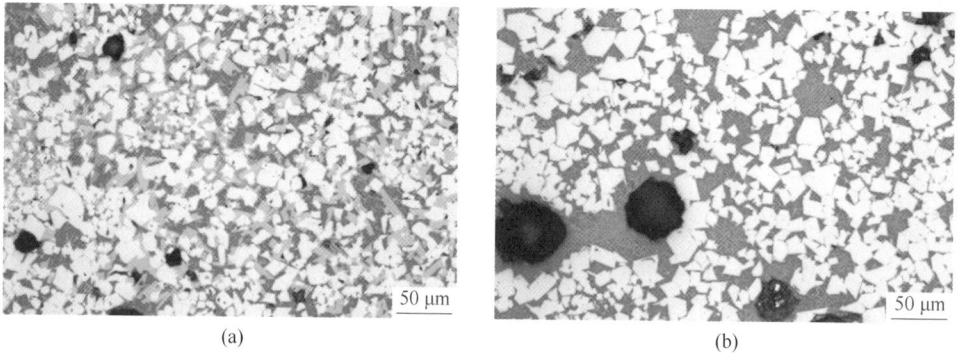

(a)　　　　　　　　　　　　　　　(b)

图 5-2　碱度为 2.2 烧结矿的显微结构（反射光）

（a）交织-熔蚀结构；（b）斑状结构

见集中分布的针状铁酸钙。气孔率低，以不规则状小气孔为主，局部可见粗大裂隙（图 5-3）。

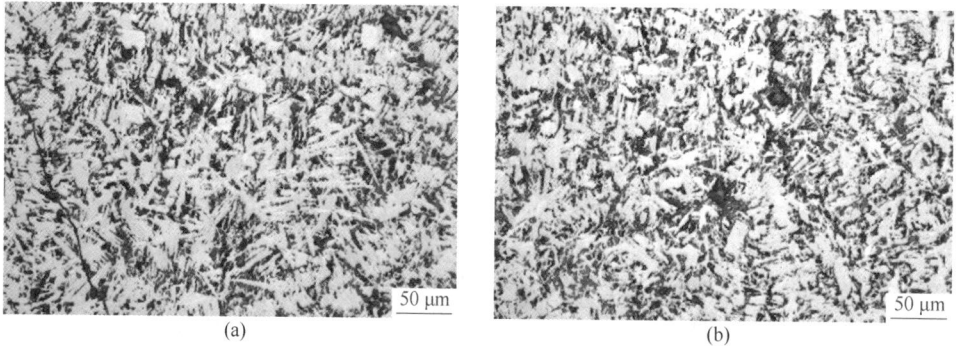

(a)　　　　　　　　　　　　　　　(b)

图 5-3　碱度为 3.2 烧结矿的显微结构（反射光）

（a）集中分布的针状铁酸钙和硅酸二钙；（b）交织结构

　　当碱度为 4.2 时，磁铁矿多呈他形，粒度为 0.02 mm～0.08 mm，被针柱状铁酸钙胶结形成交织-熔蚀结构；赤铁矿多呈半自形、他形，粒度为 0.03～0.13 mm。铁酸钙多呈针柱状、板柱状。气孔含量增加，以不规则小气孔为主（图 5-4）。

　　当碱度为 5.2 时，磁铁矿多呈半自形、他形，粒度较细，一般为 0.01～0.10 mm，多被他形、针柱状铁酸钙胶结形成交织-熔蚀结构；赤铁矿多呈半自形、他形，粒度为 0.02～0.15 mm，存在少量骸晶。气孔率略有降低，以规则小气孔为主（图 5-5）。

　　随着碱度的增加，烧结矿整体结构由熔蚀-斑状结构转变为交织结构，后又

(a)   (b)

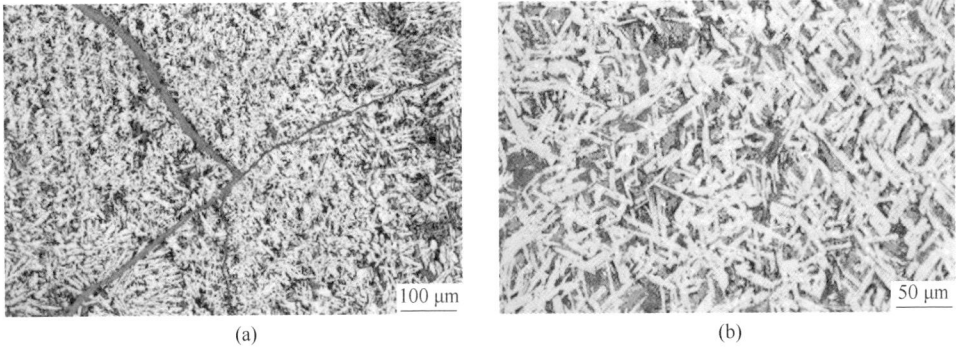

图 5-4　碱度为 4.2 烧结矿的显微结构（反射光）

（a）交叉的裂隙；（b）交织-熔蚀结构

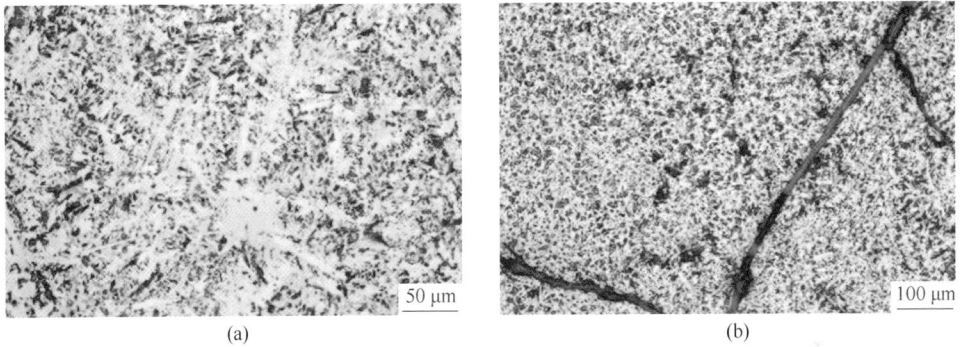

(a)   (b)

图 5-5　碱度为 5.2 烧结矿的显微结构（反射光）

（a）熔蚀结构；（b）交叉的裂隙

转变为交织-熔蚀结构。烧结矿中铁酸钙形态变化明显，随着碱度的增加，针状铁酸钙含量先增加后减少，碱度为 3.2 时，含量最多。板柱状、他形铁酸钙的含量随着碱度的增加，含量先减少后又增多。不同形态铁酸钙的含量分析见表 5-3。

表 5-3　烧结矿中不同形态铁酸钙的体积百分含量 （%）

样号	铁酸钙总量	针状	柱状	板柱状	他形
1 号	30~35	7~9	10~15	5~10	4~6
2 号	30~35	5~10	10~15	5~10	4~6
3 号	40~45	15~20	10~15	4~6	5~10
4 号	50~55	5~10	15~20	15~20	9~11
5 号	55~60	5~10	15~20	20~25	8~12

5.1.3　不同碱度烧结矿矿相特征及其与冶金性能的关系

不同碱度烧结矿的冶金性能测试结果见表 5-4。

表 5-4　不同碱度烧结矿的冶金性能　　　　　　　（%）

样号	RI	$RDI_{+3.15\ mm}$
1 号	65.5	65.52
2 号	64.5	67.37
3 号	60.2	76.18
4 号	65.6	72.25
5 号	68.8	70.36

5.1.3.1　不同碱度烧结矿矿相特性及其与 RI 之间的关系

随着碱度的提高，烧结矿的还原性先降低后增加。结合上述矿相结构特征研究可知，随着碱度由 1.8 提高到 3.2，烧结矿中气孔含量以及还原性能良好的赤铁矿含量降低；随着碱度由 3.2 提高到 5.2，虽然还原性良好的赤铁矿含量降低，但还原性较好的铁酸钙含量以及气孔率逐渐增加，烧结矿的还原性变好。图 5-6 为不同碱度烧结矿矿物含量、气孔率与 RI 之间的关系。

5.1.3.2　不同碱度烧结矿矿相特性及其与 $RDI_{+3.15\ mm}$ 之间的关系

随着碱度的升高，烧结矿的低温还原粉化指数 $RDI_{+3.15\ mm}$ 先增加后略有降低。矿相结构研究表明，当碱度为 1.8 和 2.2 时，烧结矿中赤铁矿含量较多，且出现了恶化烧结矿低温还原粉化性能的次生骸晶赤铁矿；铁酸钙总含量相对较低，且断裂韧性较好的针柱状铁酸钙含量也较低。当碱度为 3.2 时，烧结矿中赤铁矿含量减少，抗压强度和断裂韧性较好的针状铁酸钙含量增加，可以缓解应赤铁矿还原成磁铁矿过程中产生的内应力，低温还原粉化得到改善。当碱度为 4.2

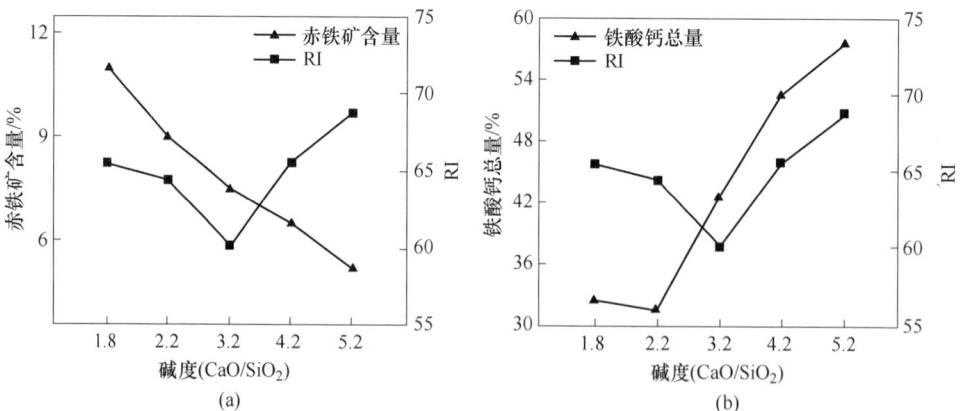

（a）　　　　　　　　　　　　　　（b）

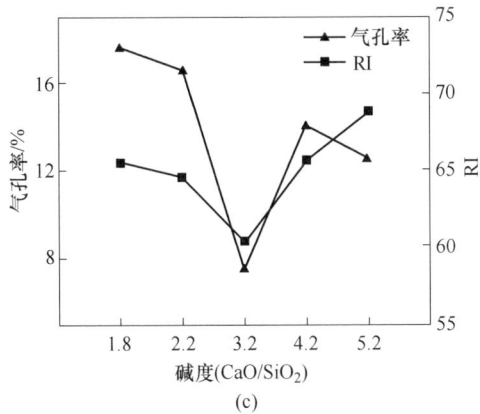

图 5-6 不同碱度烧结矿矿物含量、气孔率与 RI 之间的关系

（a）赤铁矿含量与 RI 之间的关系；（b）铁酸钙含量与 RI 之间的关系；（c）气孔率与 RI 之间的关系

和 5.2 时，虽然赤铁矿含量减少，但针状铁酸钙含量也减少，导致低温还原粉化指数 $RDI_{+3.15 mm}$ 略有降低。图 5-7 为不同碱度烧结矿矿物含量与 $RDI_{+3.15 mm}$ 之间的关系。

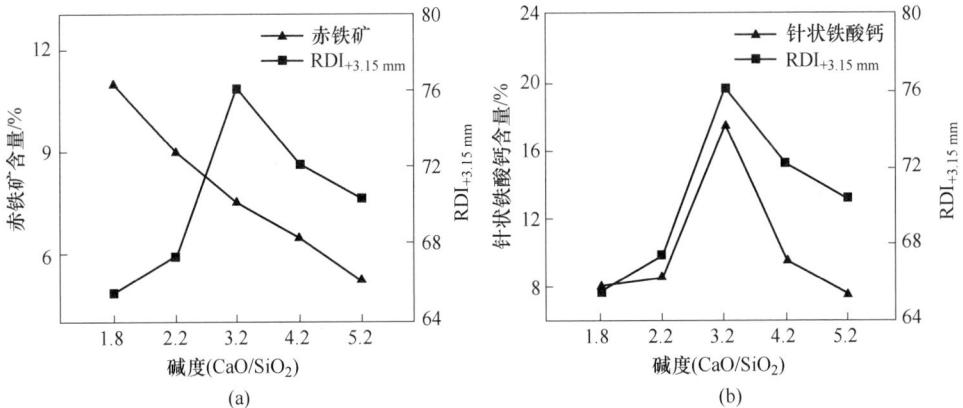

图 5-7 不同碱度烧结矿矿物含量与 $RDI_{+3.15 mm}$ 之间的关系

（a）赤铁矿含量与 $RDI_{+3.15 mm}$ 之间的关系；（b）针状铁酸钙含量与 $RDI_{+3.15 mm}$ 之间的关系

5.2 MgO 含量对烧结矿矿相结构及冶金性能的影响

5.2.1 配矿方案

结合现场配矿方案，固定 Al_2O_3 含量为 1.5%，固定碱度（CaO/SiO_2）为 2，

改变 MgO 含量分别为 1%、1.5%、2%、2.5%、3%，采用化学纯试剂为烧结原料，探讨 MgO 含量对烧结矿矿相结构及冶金性能的影响，具体配矿方案见表5-5。烧结温度 1400 ℃，恒温 30 min 后自然冷却至室温。

表 5-5　烧结矿配料方案　　　　　　　　　($w_B/\%$)

编号	Fe_3O_4	SiO_2	CaO	MgO	Al_2O_3	碱度
M1	82.5	5.0	10.0	1.0	1.5	2.0
M2	82.0	5.0	10.0	1.5	1.5	2.0
M3	81.5	5.0	10.0	2.0	1.5	2.0
M4	81.0	5.0	10.0	2.5	1.5	2.0
M5	80.5	5.0	10.0	3.0	1.5	2.0

5.2.2　MgO 含量对烧结矿矿相特征的影响

5.2.2.1　MgO 含量对烧结矿矿物组成的影响

不同 MgO 含量烧结矿矿物种类无明显变化，矿物组成较为简单。金属相以磁铁矿和赤铁矿为主，黏结相以铁酸钙为主，部分为玻璃质，含少量硅酸二钙。随着 MgO 含量的增加，烧结矿中磁铁矿含量显著增加，赤铁矿、铁酸钙以及玻璃质含量明显下降。不同 MgO 含量烧结矿的矿物组成及体积含量见表5-6。

表 5-6　不同 MgO 含量烧结矿矿物组成及体积百分含量　　　　(%)

样号	MgO 含量	磁铁矿	赤铁矿	铁酸钙	玻璃质	硅酸二钙	残余氧化钙
M1	1.0	25~30	20~25	40~45	10~15	—	微量
M2	1.5	35~40	15~20	35~40	5~10	—	微量
M3	2.0	40~45	10~15	35~40	5~10	微量	微量
M4	2.5	45~50	10~15	30~35	5~10	1~2	微量
M5	3.0	55~60	5~10	25~30	5~10	2~3	微量

5.2.2.2　MgO 含量对烧结矿中赤铁矿特征的影响

对不同 MgO 含量烧结矿中的赤铁矿使用电子探针对其成分进行分析，结果见表5-7。原料中 MgO 含量为 1% 时，赤铁矿的背散射电子图像和能谱分别见图 5-8。

表 5-7　不同 MgO 含量烧结矿中赤铁矿电子探针数据　　　　(%)

编号		Fe_2O_3	CaO	MgO	SiO_2	Al_2O_3	合计
M1	1	97.04	0.009	0.015	0.043	0.93	98.037
	2	97.957	0.144	0.035	0.01	0.98	99.126

编号		Fe_2O_3	CaO	MgO	SiO_2	Al_2O_3	合计
M2	3	98.2	—	0.029	—	0.837	99.066
	4	98.569	—	0.008	0.016	0.915	99.508
	5	98.194	—	—	0.037	0.813	99.044
M3	6	98.164	0.134	0.012	0.02	0.745	99.075
	7	98.231	0.062	0.047	0.008	0.701	99.049
M4	8	97.528	0.069	0.025	0.014	0.689	98.325
	9	97.562	0.104	0.031	0.043	0.709	98.449
	10	97.973	—	0.046	0.023	0.739	98.781
	11	97.686	—	0.053	0.019	0.679	98.437
M5	12	97.196	0.534	0.033	0.062	0.613	98.438
	13	97.504	0.538	0.048	0.082	0.612	98.784
	14	97.381	0.377	0.039	0.031	0.591	98.419

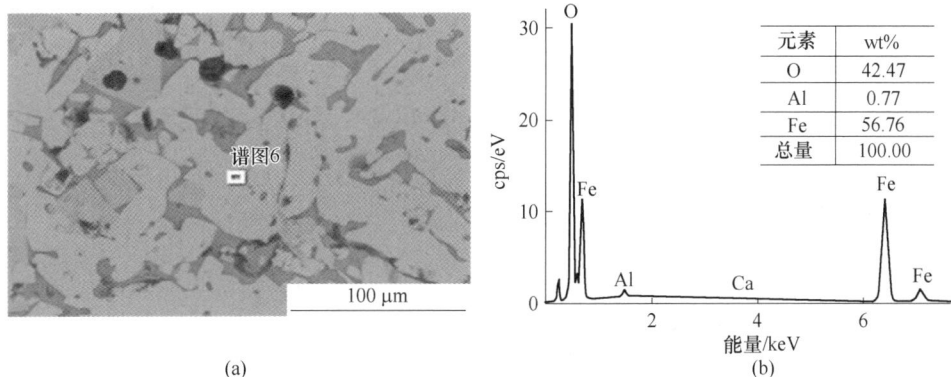

图 5-8 MgO 为 1.0% 时赤铁矿的电子图像和能谱图

(a) MgO 含量为 1% 时赤铁矿的背散射电子图像；

(b) MgO 含量为 1% 时赤铁矿的能谱分析

随着 MgO 含量的增加，Mg^{2+} 在赤铁矿中的含量略呈上升趋势，见图 5-9 (a)。赤铁矿中 Al_2O_3 含量随着原料中 MgO 含量的增加明显下降，见图 5-9 (b)。MgO 能与 Fe_2O_3 反应形成铁酸镁（$MgO \cdot Fe_2O_3$），进而增加了 MgO 的固溶。

随着 MgO 含量的增加，赤铁矿的形态由骸晶向半自形、他形晶发展，且含量显著降低。Mg^{2+} 固溶进入磁铁矿，能够稳定磁铁矿的晶格，导致磁铁矿向赤铁矿氧化能力受阻，影响晶体的生长（图 5-10）。

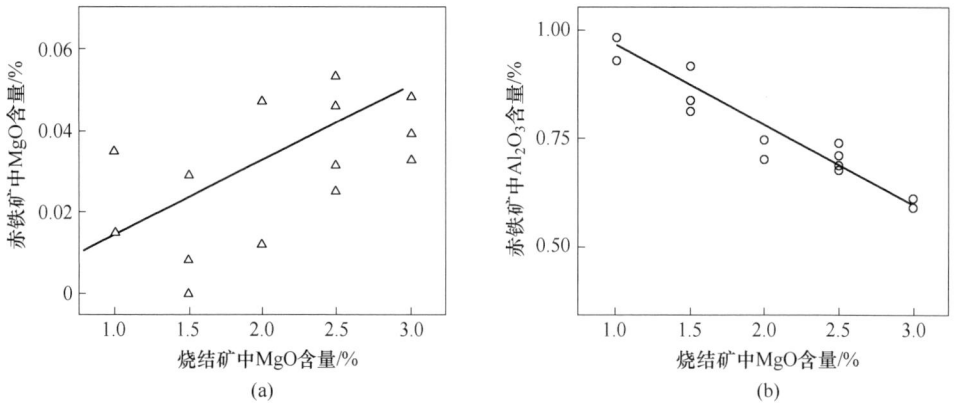

图 5-9 MgO 含量对赤铁矿中氧化物的影响

（a）赤铁矿中 MgO 含量随原料中 MgO 含量的变化；

（b）赤铁矿中 Al$_2$O$_3$ 含量随原料中 MgO 含量的变化

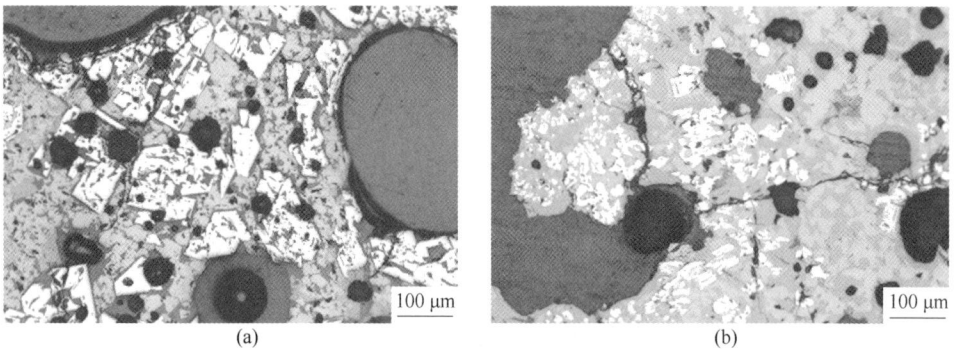

图 5-10 赤铁矿形态随 MgO 含量变化（反射光）

（a）MgO 为 1.0% 时，呈菱形定向排列的次生骸晶赤铁矿；

（b）MgO 为 3.0% 时，分布在气孔和裂隙周围的他形赤铁矿

5.2.2.3 MgO 含量对烧结矿中磁铁矿特征的影响

对不同 MgO 含量下烧结矿中的磁铁矿使用电子探针对其化学成分进行分析，结果见表 5-8。原料中 MgO 含量为 1% 时，磁铁矿的背散射电子图像和能谱见图 5-11。

表 5-8 不同 MgO 含量烧结矿中磁铁矿电子探针数据　　　　　　　　（%）

编号		Fe$_3$O$_4$	CaO	MgO	SiO$_2$	Al$_2$O$_3$	合计
M1	1	96.83	0.9	1.637	0	0.973	100.34
	2	96.299	0.857	1.783	0.026	0.884	99.85
	3	95.602	0.81	1.844	0.007	0.772	99.04

续表 5-8

编号		Fe₃O₄	CaO	MgO	SiO₂	Al₂O₃	合计
M2	4	94.18	1.214	2.923	0	0.838	99.16
	5	93.585	1.207	2.933	0.026	0.889	98.64
M3	6	95.711	0.695	3.794	0.032	0.666	100.9
	7	95.42	0.663	3.729	0.016	0.752	100.58
	8	94.944	0.642	3.751	0.028	0.791	100.16
M4	9	91.7	1.394	4.718	0	0.746	98.56
M5	10	90.768	1.338	5.258	0.034	0.708	98.11
	11	91.759	1.308	5.283	0.023	0.623	99
	12	91.219	1.303	5.082	0.015	0.716	98.33
	13	91.899	1.283	5.135	0.018	0.779	99.11

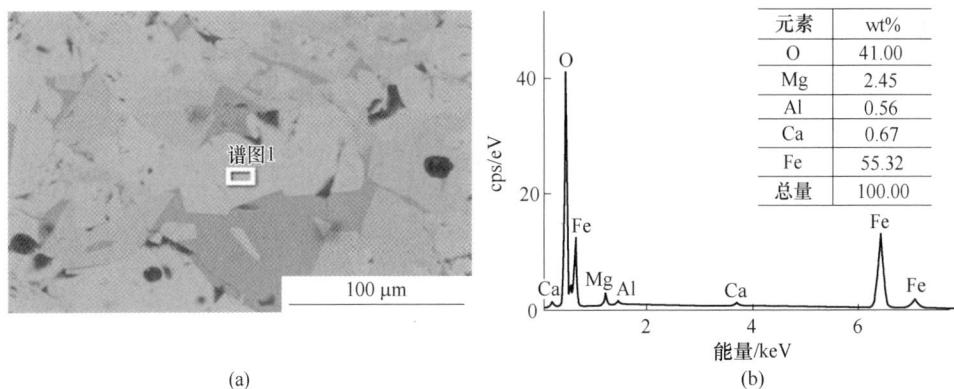

元素	wt%
O	41.00
Mg	2.45
Al	0.56
Ca	0.67
Fe	55.32
总量	100.00

图 5-11 MgO 为 1.0%时磁铁矿的电子图像和能谱图
(a) 磁铁矿电子图像;(b) 磁铁矿能谱分析

随着原料中 MgO 含量的增加,磁铁矿中 MgO 含量明显增加。磁铁矿属于等轴晶系,八面体晶形且存在先天缺陷,Mg^{2+} 和 Fe^{2+} 的离子半径非常接近,容易发生离子置换反应,在一定的温度条件下,Mg^{2+} 扩散进入磁铁矿晶格中,取代 Fe^{2+} 并占据其空位,形成结构稳定的含镁磁铁矿 $(Fe, Mg)O \cdot Fe_2O_3$(图 5-12)。

显微镜下观察发现,随着 MgO 含量的增加,磁铁矿晶粒明显长大,结构更加致密(图 5-13)。

5.2.2.4 MgO 含量对烧结矿中铁酸钙特征的影响

对不同 MgO 含量下烧结矿中的铁酸钙使用电子探针对其化学成分进行分析,结果见表 5-9。原料中 MgO 含量为 1%时,铁酸钙的背散射电子图像和能谱见图 5-14。

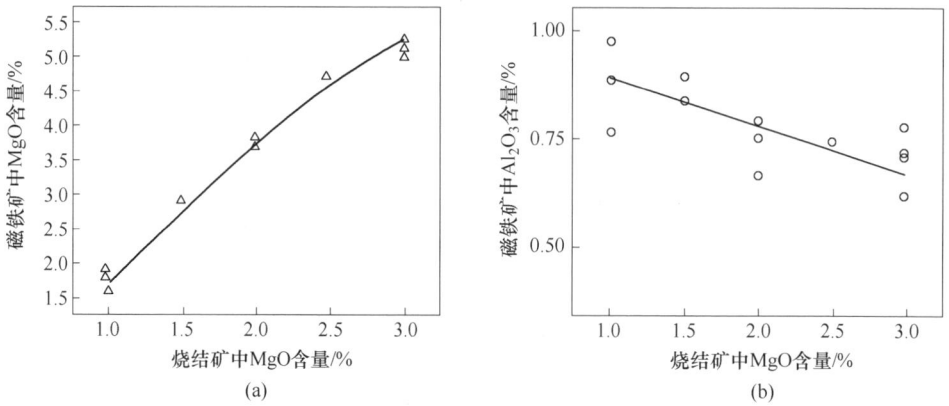

(a)　　　　　　　　　　　　　(b)

图 5-12　磁铁矿中氧化物随 MgO 含量变化图

（a）磁铁矿中 MgO 含量的变化；（b）磁铁矿中 Al_2O_3 含量的变化

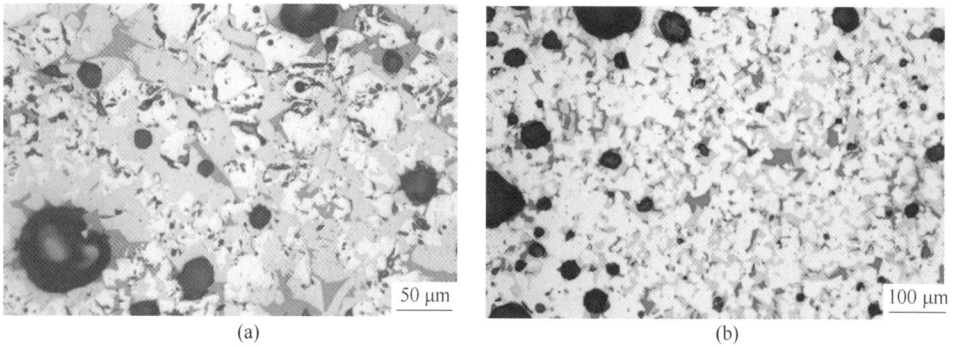

(a)　　　　　　　　　　　　　(b)

图 5-13　磁铁矿形态随 MgO 含量变化（反射光）

（a）MgO 为 1.0%时大量他形铁酸钙胶结磁铁矿；

（b）MgO 为 3.0%时少量他形铁酸钙胶结大量磁铁矿

表 5-9　不同 MgO 含量烧结矿中铁酸钙电子探针数据　　　　　　（%）

编号		Fe_2O_3	CaO	MgO	SiO_2	Al_2O_3	合计
M1	1	82.686	9.765	3.049	1.800	3.999	101.299
	2	81.661	10.075	2.912	2.014	4.196	100.858
	3	77.332	12.910	1.947	3.632	4.568	100.389
	4	79.719	10.369	2.774	2.438	4.791	100.091
M2	5	67.162	16.943	2.429	8.082	4.102	98.718
	6	70.611	15.089	2.451	5.658	4.645	98.454

编号		Fe_2O_3	CaO	MgO	SiO_2	Al_2O_3	合计
M3	7	72.374	15.298	1.524	7.153	3.876	100.225
	8	72.122	15.876	1.614	7.114	3.931	100.657
	9	72.639	15.565	1.626	7.090	4.298	101.218
	10	69.219	18.128	1.464	8.583	3.948	101.342
M4	11	78.209	11.660	1.819	3.899	3.803	99.39
	12	77.309	12.383	1.296	3.817	3.669	98.474
	13	77.653	12.594	1.218	4.088	3.865	99.418
	14	77.606	11.692	1.429	3.909	3.793	98.429
M5	15	73.782	15.589	1.200	6.735	3.724	101.03
	16	74.071	15.556	1.267	6.979	3.813	101.686
	17	73.818	15.465	1.193	6.909	3.194	100.579
	18	73.236	15.787	1.299	6.998	3.427	100.747
	19	72.511	16.192	1.038	6.851	3.817	100.409
	20	72.528	16.173	1.016	6.813	4.066	100.596

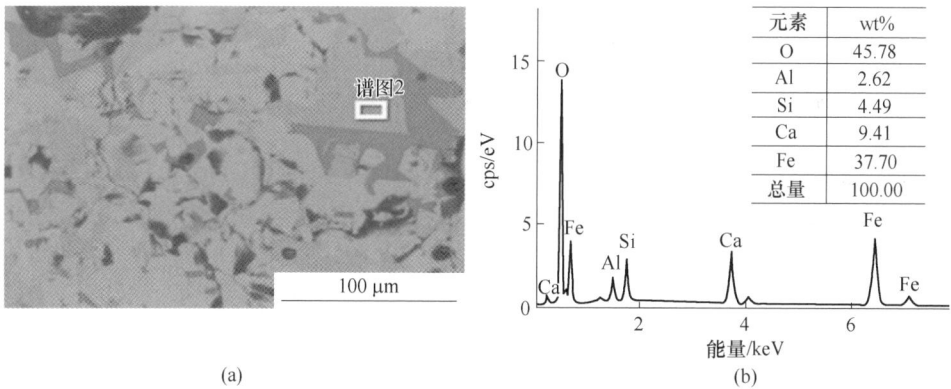

元素	wt%
O	45.78
Al	2.62
Si	4.49
Ca	9.41
Fe	37.70
总量	100.00

图 5-14 MgO 为 1.0%时铁酸钙的电子图像和能谱图

(a) 铁酸钙电子图像；(b) 铁酸钙能谱分析

随着 MgO 含量的增加，铁酸钙中 MgO、Al_2O_3 含量明显减少（图 5-15）。MgO 能与 Fe_2O_3 反应生成铁酸镁（$MgO \cdot Fe_2O_3$），抑制铁酸钙的生成；此外，镁、铝之间存在交互作用，能够抑制 Al^{3+} 的活性，所以当 MgO 含量增加时会抑制 Al_2O_3 参与铁酸钙的形成。

在显微镜下对烧结矿中铁酸钙进行观察，可以发现随着烧结矿中 MgO 含量

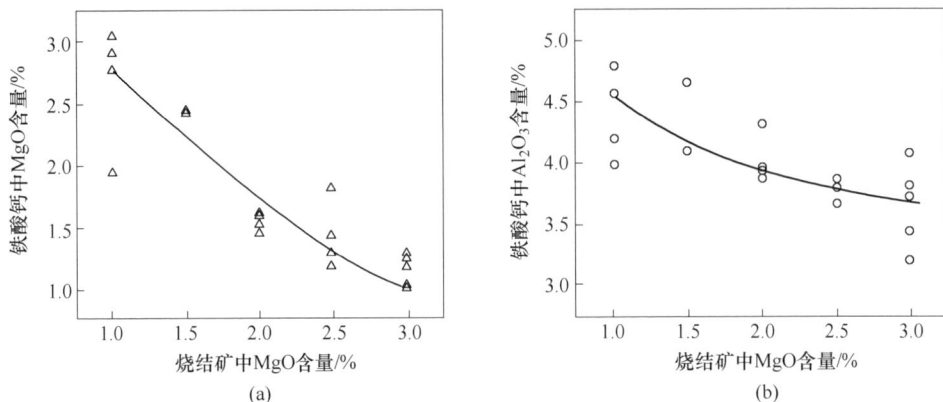

图 5-15　铁酸钙中氧化物随 MgO 含量变化图

(a) 铁酸钙中 MgO 含量的变化；(b) 铁酸钙中 Al_2O_3 含量的变化

的增加，铁酸钙含量明显减少，且晶粒尺寸显著减小，见图 5-13。

5.2.2.5　MgO 含量对烧结矿中玻璃相特征的影响

对不同 MgO 含量下烧结矿中的玻璃相使用电子探针对其化学成分进行分析，结果见表 5-10。原料中 MgO 含量为 1% 时，玻璃相的背散射电子图像和能谱见图 5-16。

表 5-10　不同 MgO 含量烧结矿中玻璃质电子探针数据　　　　　　（%）

编号		FeO	CaO	MgO	SiO_2	Al_2O_3	合计
M1	1	18.548	42.649	0.326	36.682	2.155	100.360
	2	17.711	43.287	0.307	37.153	2.199	100.657
M2	3	16.743	43.328	0.404	37.160	2.691	100.326
	4	16.556	43.080	0.412	37.260	2.899	100.207
	5	17.327	42.879	0.439	36.736	2.900	100.281
	6	13.922	43.268	0.404	38.399	2.747	98.740
M3	7	16.081	42.745	0.436	37.894	3.181	100.337
	8	16.675	41.981	0.417	36.912	3.072	99.057
	9	15.737	42.785	0.395	38.153	3.011	100.081
M4	10	15.383	42.609	0.472	36.974	3.265	98.703
	11	15.083	42.057	0.458	37.587	3.038	98.223
	12	15.657	41.584	0.435	37.372	3.449	98.497
	13	15.859	41.870	0.424	36.799	3.587	98.539

编号		FeO	CaO	MgO	SiO$_2$	Al$_2$O$_3$	合计
M5	14	14. 186	45. 874	0. 462	34. 058	3. 890	98. 470
	15	14. 955	45. 546	0. 453	34. 074	3. 544	98. 572
	16	15. 695	45. 557	0. 439	33. 529	3. 764	98. 984

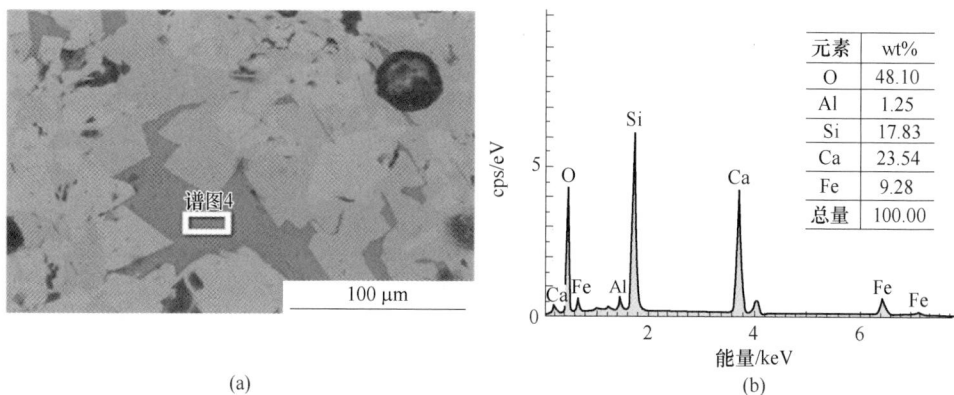

元素	wt%
O	48.10
Al	1.25
Si	17.83
Ca	23.54
Fe	9.28
总量	100.00

图 5-16　MgO 为 1.0%时玻璃质的电子图像和能谱图

（a）玻璃质电子图像；（b）玻璃质能谱分析

随着原料中 MgO 含量的增加，玻璃质中 MgO 的含量略有上升，Al$_2$O$_3$ 的含量也有所增加，但 FeO 的含量减少（图 5-17）。上述研究表明，烧结矿中 MgO 含量增加，铁酸钙含量会随之减少，镁、铝向液相中扩散，两者在玻璃质中含量增加；由于磁铁矿含量随 MgO 含量的增加而上升，样品中的 Fe 元素均以磁铁矿（Fe$_2$O$_3$·FeO）的形式从液相中析出，减少了玻璃相中 FeO 的含量。

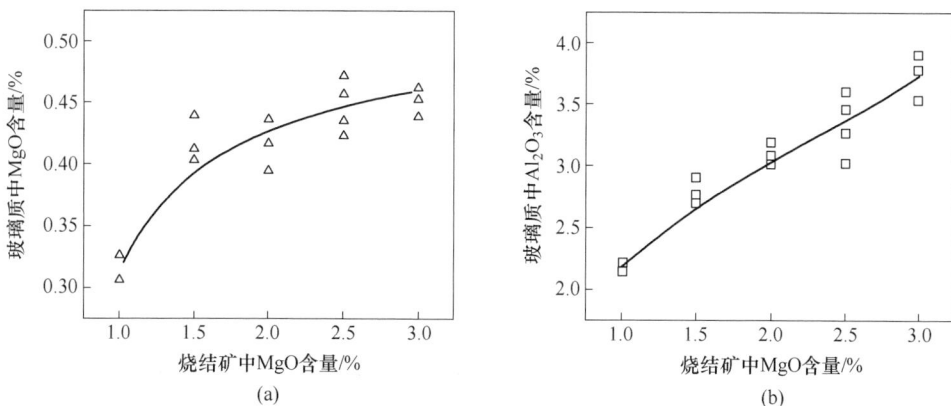

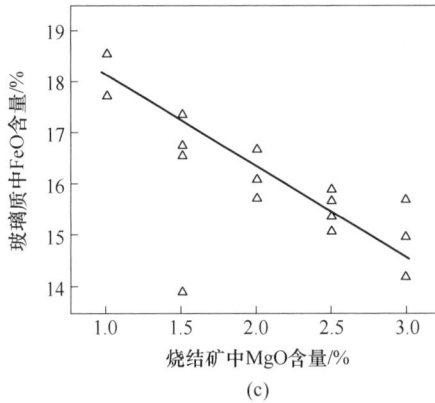

(c)

图 5-17　玻璃相中氧化物随 MgO 含量变化图

（a）玻璃质中 Al_2O_3 含量变化；（b）玻璃质中 FeO 含量的变化；（c）玻璃质中 MgO 含量的变化

随着原料中 MgO 含量的增加，玻璃质的分布越来越均匀。当镁含量较低时，玻璃质主要分布于样品边缘；当镁含量较高时，多出现在磁铁矿与铁酸钙周围（图 5-18）。

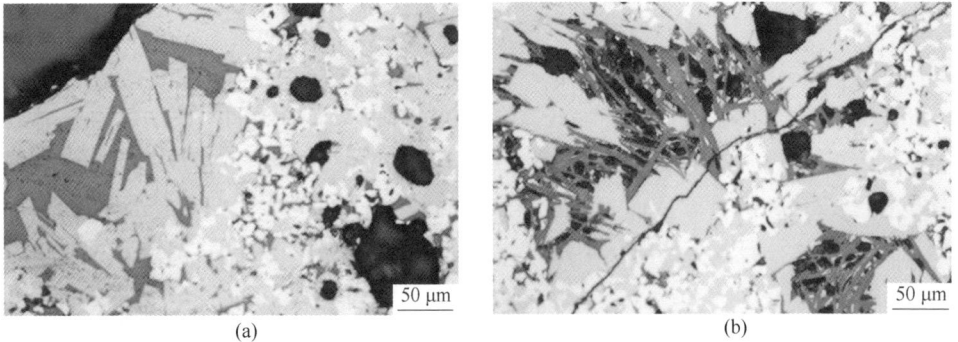

图 5-18　玻璃质随 MgO 含量变化（反射光）

（a）MgO 为 1.0%时分布于样品边缘的玻璃质；（b）MgO 为 3.0%时共晶结构

5.2.2.6　MgO 含量对烧结矿显微结构的影响

MgO 含量为 1%时，烧结矿的整体矿相结构不均匀，以熔蚀结构为主，局部可见斑状结构。磁铁矿多呈自形–半自形晶，粒径为 0.05～0.25 mm，主要被他形铁酸钙熔蚀，部分与赤铁矿被玻璃质或少量铁酸钙胶结形成斑状结构；赤铁矿主要集中分布在大气孔及样品边缘，粒径一般为 0.05～0.25 mm，局部出现次生骸晶赤铁矿。铁酸钙多呈不规则他形，少量为短柱状。气孔率约为 25%，气孔大小不一，孔径一般为 0.05～0.20 mm，气孔多集中分布于斑状结构中（图 5-19）。

　　MgO 含量为 1.5% 时，烧结矿的整体结构较为均匀，以熔蚀结构为主。磁铁矿多呈半自形、他形，粒径一般为 0.05~0.15 mm，多被铁酸钙胶结形成熔蚀结构，部分被针状铁酸钙胶结形成交织-熔蚀结构；赤铁矿分布不均匀，多出现在气孔周围。黏结相多为铁酸钙多呈他形，部分为针状。气孔率在 20%~25% 之间，气孔大小均匀，多为规则小气孔，孔径一般为 0.05~0.25 mm（图 5-20）。

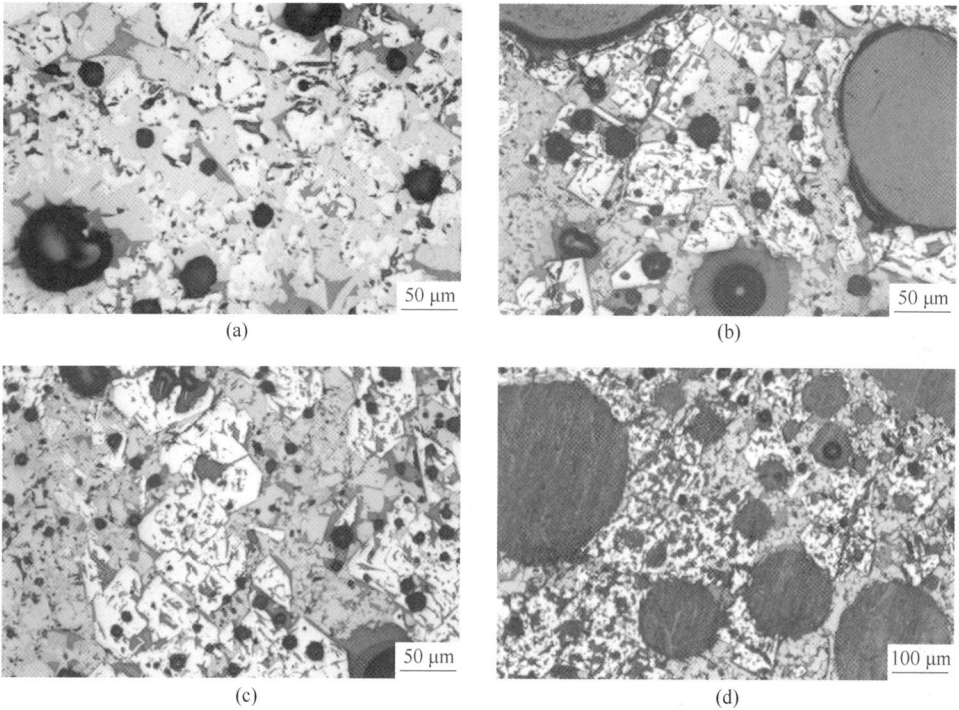

图 5-19　MgO 含量为 1.0% 时烧结矿显微结构（反射光）

（a）整体结构；（b）斑状结构；
（c）呈菱形定向排列的次生骸晶赤铁矿；（d）集中分布的气孔

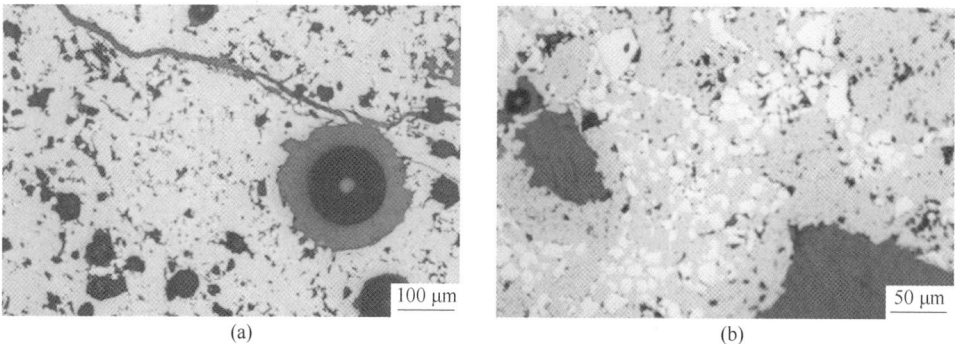

(c)　　　　　　　　　　　　　　　　　(d)

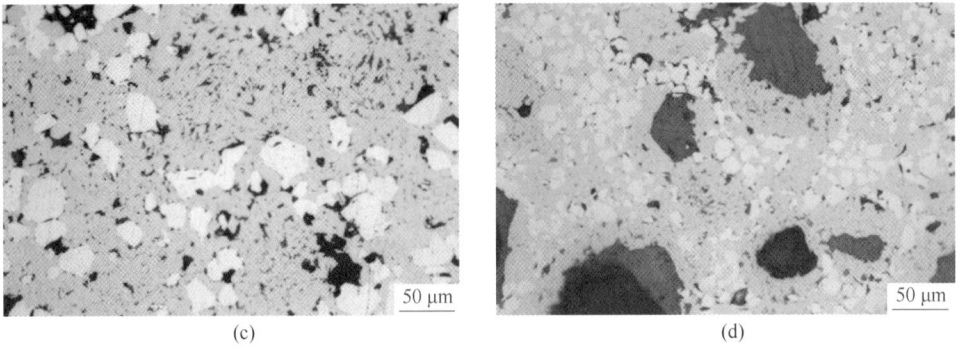

图 5-20　MgO 含量为 1.5% 时烧结矿显微结构（反射光）

(a) 整体结构；(b) 交织-熔蚀结构；

(c) 集中分布的针状铁酸钙；(d) 集中分布的不规则气孔

　　MgO 含量为 2.0% 时，烧结矿整体结构较为均匀，以熔蚀结构为主。磁铁矿多呈半自形-他形，粒径一般为 0.10~0.15 mm，结晶粒度有所增大，多与铁酸钙形成熔蚀结构；少量赤铁矿出现在气孔边缘。黏结相主要为铁酸钙，多呈他形-短柱状。气孔率略有增加，约为 30%，分布较为均匀，以规则状小气孔为主，孔径一般为 0.07~0.15 mm（图 5-21）。

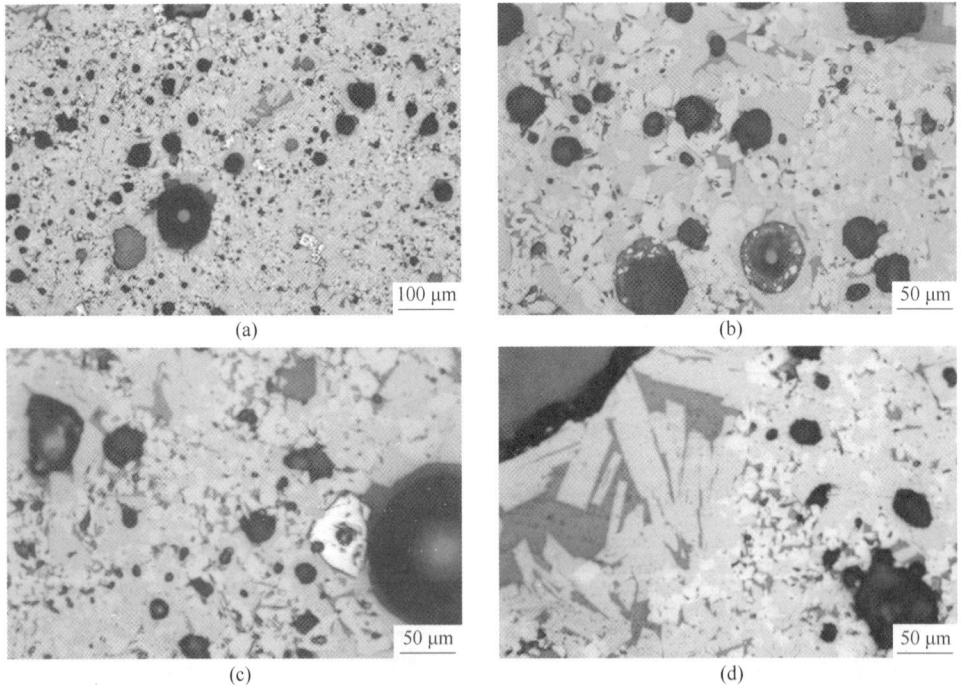

(a)　　　　　　　　　　　　　　　　　(b)

(c)　　　　　　　　　　　　　　　　　(d)

图 5-21　MgO 含量为 2.0% 时烧结矿显微结构（反射光）

(a) 整体结构；(b) 熔蚀结构；(c) 出现在气孔周围的赤铁矿；(d) 集中分布的板柱状铁酸钙

　　MgO 含量为 2.5% 时，烧结矿整体结构均匀，以熔蚀结构为主。磁铁矿多数被铁酸胶结形成熔蚀结构；赤铁矿含量较少，主要在样片边缘出现。黏结相主要为铁酸钙，多呈他形，少量呈短柱状。气孔率为 20%~25%，主要为小气孔，孔径一般为 0.10~0.15 mm，样品中局部微裂纹发育（图 5-22）。

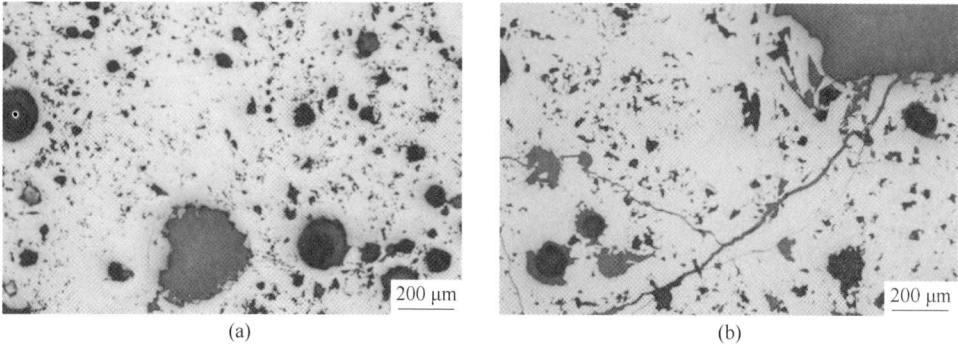

图 5-22　MgO 含量为 2.5% 时烧结矿显微结构（反射光）

（a）整体结构；（b）贯穿气孔的裂隙

　　MgO 含量为 3.0% 时，烧结矿整体结构较均匀，以熔蚀结构为主，局部裂隙发育。磁铁矿多呈自形或半自形晶，分布均匀，颗粒相比之前样品晶形更好，大多与铁酸钙形成熔蚀结构，局部连接成片出现；赤铁矿含量较少，分布集中在样片边缘，粒度在 0.06~0.10 mm 之间。铁酸钙多呈板状，极少为针状。气孔分布均匀，以规则状小气孔为主，气孔率在 25%~30% 之间（图 5-23）。

　　通过对比分析不同 MgO 含量烧结矿的显微结构，可以发现当 MgO 含量为 1.0%~1.5% 时，烧结矿的结构从熔蚀结构、斑状结构向熔蚀结构、交织-熔蚀结构转变；当 MgO 含量在 1.5%~3.0% 时，烧结矿的结构从交织-熔蚀结构向熔蚀结构转变。随着 MgO 含量的增加，烧结矿中磁铁矿含量增加且结晶粒度增加，局部出现成片出现的磁铁矿。同时，烧结矿中铁酸钙的形态也有所变化，当原料中 MgO 为 1.5% 时，烧结矿中铁酸钙以板柱状、针状为主；当 MgO 含量为 2.0%~

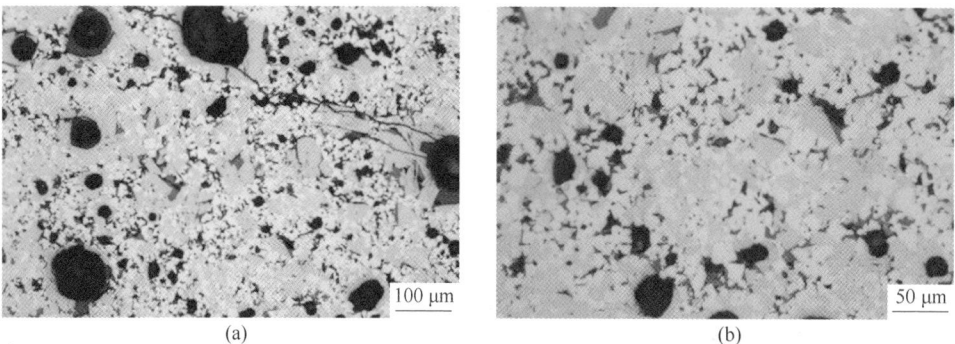

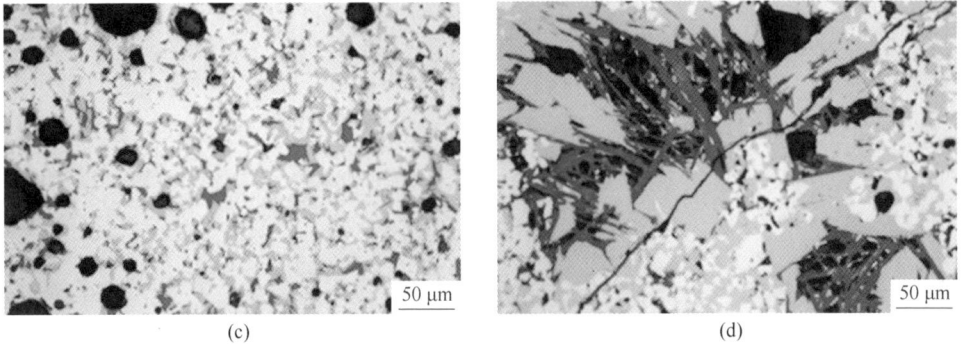

图5-23　MgO含量为3.0%时烧结矿显微结构（反射光）

（a）整体结构；（b）熔蚀结构；

（c）连结成片出现的磁铁矿；（d）铁酸钙和硅酸二钙的共晶结构

3.0%时，铁酸钙以板柱状为主，短柱状、针状铁酸钙明显减少。烧结矿中的气孔变化明显，当MgO含量较低时，气孔分布不均匀主要分布于斑状结构中，以大气孔为主；当MgO含量上升时，气孔分布越来越均匀，以浑圆规则状小气孔为主。

5.2.3　不同MgO含量烧结矿矿相特征及其与冶金性能的关系

不同MgO含量烧结矿的低温还原粉化性能测试结果见表5-11。

表5-11　不同MgO含量烧结矿的RDI$_{+3.15\,mm}$　　　　　　　　（%）

编号	M1	M2	M3	M4	M5
RDI$_{+3.15\,mm}$	56.52	64.28	66.72	68.90	72.44

随着MgO含量的增加，烧结矿的低温还原粉化呈现增加的趋势。结合电子探针和显微镜下矿相结构分析发现：

（1）矿物组成：随着MgO含量的增加，赤铁矿含量明显减少；同时，玻璃质含量也有所下降，含镁橄榄石等硅酸盐矿物发展，能起到骨架作用，增强抵御应力变化和裂纹扩展的能力。

（2）矿物的形态：随着MgO含量的增加，赤铁矿的形态由骸晶、自形晶向半自形、他形晶发展，同时赤铁矿周围被晶粒粗大的磁铁矿和铁酸钙包围。

（3）显微结构：随着MgO含量的增加，烧结矿的结构越来越均匀。

（4）气孔特征：气孔率随着MgO含量的增加，气孔的形态从不规则的大气孔向规则浑圆的小气孔发展。当镁含量较低时，烧结矿中的气孔大多集中分布于斑状结构中，形成薄壁大孔结构，强度下降；随着MgO含量的增加，磁铁矿含量提高，烧结矿形成小孔厚壁结构，强度提高。

（5）镁元素分布：随着 MgO 含量的增加，磁铁矿晶格中 Mg^{2+} 含量增多，磁铁矿晶格更稳定，抑制其向赤铁矿的氧化。

5.3　Al₂O₃ 含量对烧结矿矿相结构及冶金性能的影响

5.3.1　配矿方案

结合现场配矿方案，固定 MgO 含量为 1.5%，固定碱度（CaO/SiO_2）为 2，改变 Al₂O₃ 含量分别为 1%、1.5%、2%、2.5%、3%，采用化学纯试剂为烧结原料，探讨 Al₂O₃ 含量对烧结矿矿相结构及冶金性能的影响，具体配矿方案见表 5-12。烧结温度 1400 ℃，恒温 30 min 后自然冷却至室温。

表 5-12　烧结矿配料方案　　　　　　　　（w_B/%）

编号	Fe₃O₄	SiO₂	CaO	MgO	Al₂O₃	碱度
A1	82.5	5	10	1.5	1.0	2.0
A2	82	5	10	1.5	1.5	2.0
A3	81.5	5	10	1.5	2.0	2.0
A4	81	5	10	1.5	2.5	2.0
A5	80.5	5	10	1.5	3.0	2.0

5.3.2　Al₂O₃ 含量对烧结矿矿物组成的影响

5.3.2.1　Al₂O₃ 含量对烧结矿矿物组成的影响

不同 Al₂O₃ 含量烧结矿的矿物组成较为简单。金属相以磁铁矿和赤铁矿为主，黏结相以铁酸钙为主，部分为玻璃质，含少量硅酸二钙。随着 Al₂O₃ 含量的增加，磁铁矿、赤铁矿、玻璃质含量均降低，铁酸钙含量明显增加，见表 5-13。

表 5-13　不同 Al₂O₃ 含量烧结矿矿物组成及体积百分含量　　　（%）

样号	Al₂O₃ 含量	磁铁矿	赤铁矿	铁酸钙	玻璃质	硅酸二钙	氧化钙
A1	1.0	35~40	15~20	30~35	10~15	微量	微量
A2	1.5	35~40	15~20	35~40	5~10	微量	微量
A3	2.0	35~40	10~15	40~45	5~8	微量	微量
A4	2.5	30~35	10~15	45~50	3~7	微量	微量
A5	3.0	25~30	10~15	50~55	3~5	微量	微量

5.3.2.2　Al₂O₃ 含量对烧结矿中赤铁矿特征的影响

对不同 Al₂O₃ 含量烧结矿中的赤铁矿使用电子探针对其成分进行分析，结果见表 5-14。

表 5-14　不同 Al_2O_3 含量烧结矿中赤铁矿电子探针数据　　（%）

编号		Fe_2O_3	CaO	MgO	SiO_2	Al_2O_3	合计
A1	1	97.780	0.029	0.080	0.020	0.618	98.527
	2	97.782	—	0.025	0.028	0.587	98.422
	3	97.646	0.004	0.062	0.022	0.691	98.425
A2	4	98.200	—	0.029	—	0.837	99.066
	5	98.569	—	0.008	0.016	0.915	99.508
	6	98.194	—	—	0.037	0.813	99.044
A3	7	97.882	0.019	0.017	0.048	1.247	99.213
	8	97.290	0.067	0.041	0.011	1.341	98.750
A4	9	97.022	0.136	0.023	0.039	1.594	98.814
	10	98.480	0.024	0.061	0.041	1.699	100.305
	11	98.509	0.131	0.064	0.093	1.744	100.541
A5	12	98.419	0.061	0.030	0.045	1.506	100.061
	13	96.373	0.259	0.005	0.056	1.814	98.507
	14	96.273	0.152	0.035	0.028	1.693	98.181
	15	96.294	0.172	0.025	0.032	2.015	98.538

随着原料中 Al_2O_3 含量的增加，赤铁矿中固溶的钙、铝含量都不同程度地有所上升，见图 5-24。Al_2O_3 的增加促进了赤铁矿和 CaO 发生反应，导致赤铁矿中 CaO 含量增加；同时 Al^{3+} 可以与 Fe^{3+} 置换进入赤铁矿晶格，更多的 Al^{3+} 进入赤铁矿晶格置换出更多的 Fe^{3+}，导致赤铁矿中 Al_2O_3 含量增加。

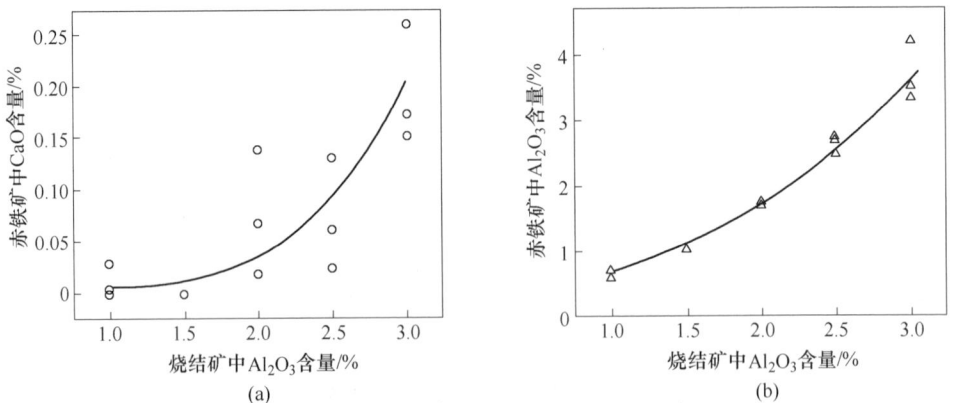

图 5-24　赤铁矿中氧化物随 Al_2O_3 含量变化图

（a）赤铁矿中 CaO 含量的变化；（b）赤铁矿中 Al_2O_3 含量的变化

随着 Al_2O_3 含量的提高，赤铁矿的晶形变化较小，都是以次生骸晶状存在，见图 5-25。

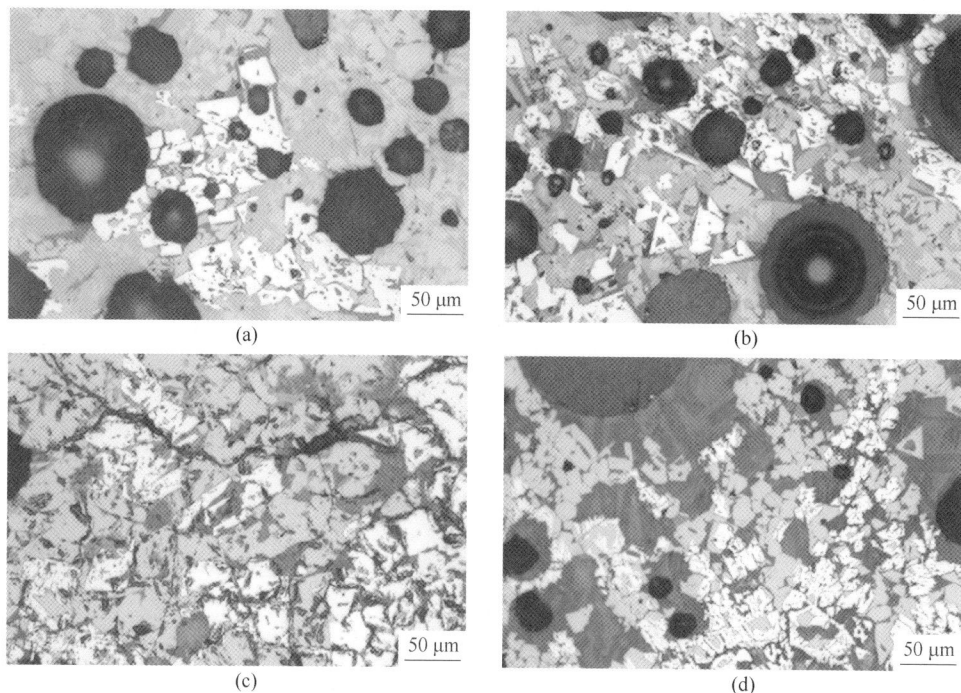

图 5-25　赤铁矿形态随 Al_2O_3 含量变化（反射光）

（a）Al_2O_3 为 1%，次生骸晶赤铁矿；（b）Al_2O_3 为 2%，次生骸晶赤铁矿；

（c）Al_2O_3 为 2.5%，次生骸晶赤铁矿；（d）Al_2O_3 为 3%，次生骸晶赤铁矿

5.3.2.3　Al_2O_3 含量对烧结矿中磁铁矿特征的影响

对不同 Al_2O_3 含量烧结矿中的磁铁矿使用电子探针对其成分进行分析，结果见表 5-15。随着 Al_2O_3 含量的增加，磁铁矿中 Al_2O_3 含量和 MgO 含量都有所上升，见图 5-26。

表 5-15　不同 Al_2O_3 含量烧结矿中磁铁矿电子探针数据　　（%）

编号		Fe_3O_4	CaO	MgO	SiO_2	Al_2O_3	合计
A1	1	96.133	0.528	2.974	0.034	0.495	100.160
	2	95.971	1.078	2.832	0.002	0.512	100.390
	3	95.747	1.035	2.909	0.025	0.569	100.290
A2	4	94.180	1.214	2.923	0	0.838	99.160
	5	93.585	1.207	2.933	0.026	0.889	98.640

编号		Fe₃O₄	CaO	MgO	SiO₂	Al₂O₃	合计
A3	6	95.641	0.775	3.072	0.011	1.226	100.720
	7	95.265	0.659	3.034	0.005	1.326	100.290
A4	8	94.450	1.372	2.989	0	1.415	100.230
	9	94.201	1.514	3.451	0	1.600	100.770
	10	93.369	1.112	3.352	0.032	1.656	99.520
	11	94.353	1.236	3.301	0.044	1.643	100.580
A5	12	96.064	0.227	3.614	0.003	2.674	102.580
	13	91.554	0.428	3.802	0.304	2.369	98.460
	14	93.807	0.449	3.943	0.026	2.585	100.810
	15	94.197	0.463	4.012	0.015	2.659	101.346

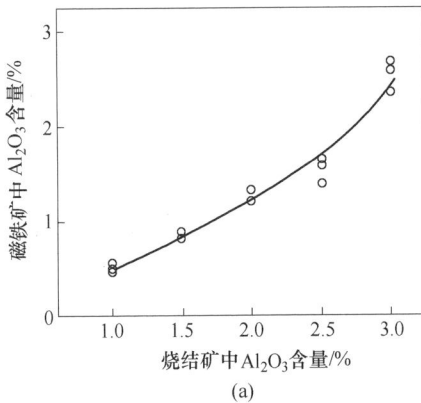

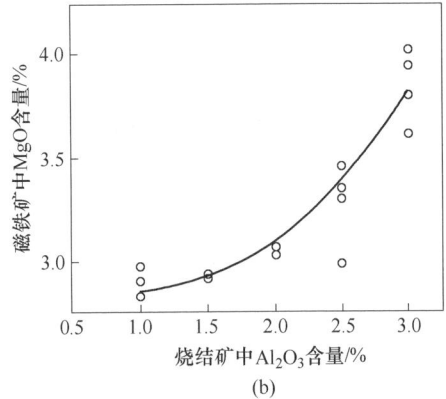

图 5-26　磁铁矿中氧化物随 Al_2O_3 含量变化图

（a）磁铁矿中 Al_2O_3 含量的变化；（b）磁铁矿中 MgO 含量的变化

随着 Al_2O_3 含量的增加，磁铁矿出现大量连晶现象，见图 5-27。结合电子探针数据分析，由于镁铝之间存在交互作用，Al_2O_3 含量的增加促进了 MgO 在磁铁矿中的固溶，生成了结构稳定的镁磁铁矿，导致磁铁矿的连晶出现。

5.3.2.4　Al_2O_3 对烧结矿中铁酸钙特征的影响

对不同 Al_2O_3 含量烧结矿中的铁酸钙使用电子探针对其成分进行分析，结果见表 5-16。

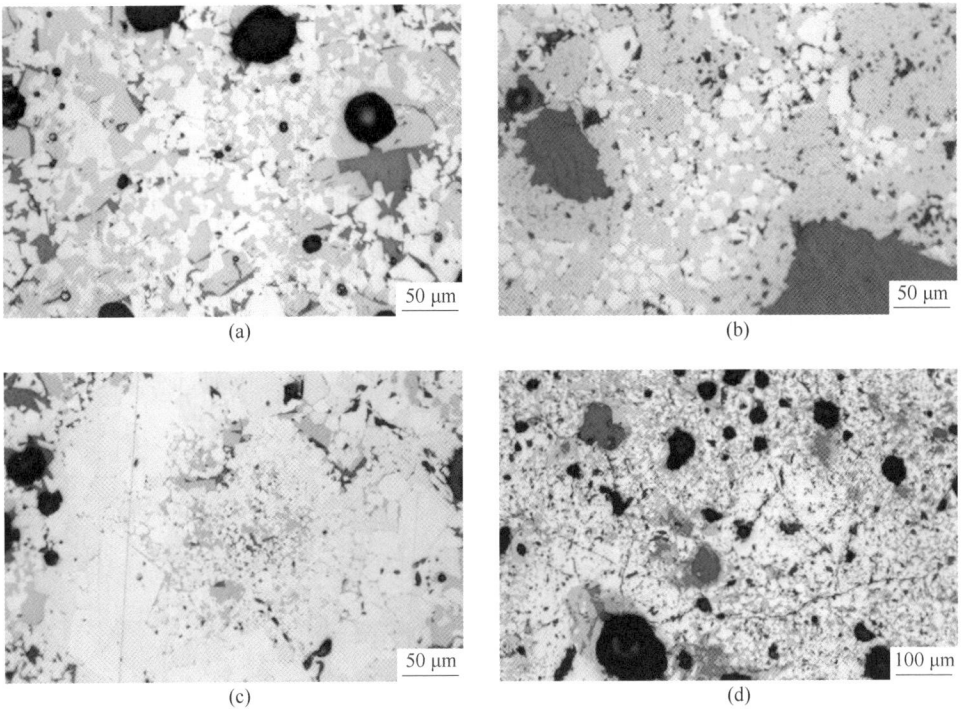

图 5-27 磁铁矿形态随 Al$_2$O$_3$ 含量变化（反射光）

（a）Al$_2$O$_3$ 为 1%，半自形-他形磁铁矿；（b）Al$_2$O$_3$ 为 2%，半自形-他形磁铁矿；

（c）Al$_2$O$_3$ 为 2.5%，连接成片出现的磁铁矿；（d）Al$_2$O$_3$ 为 3%，连接成片出现的磁铁矿

表 5-16 不同 Al$_2$O$_3$ 含量烧结矿中铁酸钙电子探针数据 （%）

编号		Fe$_2$O$_3$	CaO	MgO	SiO$_2$	Al$_2$O$_3$	合计
A1	1	70.424	15.924	1.699	6.861	3.108	98.016
	2	70.477	15.514	2.320	7.370	2.456	98.137
	3	70.260	15.486	2.161	7.991	2.699	98.597
	4	69.566	15.766	0.958	7.626	3.008	96.924
A2	5	67.162	16.943	2.429	8.082	4.102	98.718
	6	70.611	15.089	2.451	5.658	4.645	98.454
A3	7	69.865	15.809	1.038	7.980	6.299	100.991
	8	69.749	16.098	0.885	8.045	6.113	100.890
	9	69.098	15.263	1.667	8.938	4.447	99.413
	10	69.077	15.856	1.285	8.742	6.763	101.723

编号		Fe_2O_3	CaO	MgO	SiO_2	Al_2O_3	合计
A4	11	68.987	15.403	2.171	7.742	6.246	100.549
	12	68.689	15.385	1.719	7.044	8.228	101.065
	13	69.441	14.460	2.269	6.652	7.185	100.007
	14	70.316	14.287	2.090	6.518	7.215	100.426
	15	68.134	14.778	1.890	6.839	7.816	99.457
A5	16	61.564	15.360	1.396	9.377	10.995	98.692
	17	61.147	15.268	1.514	9.464	11.147	98.540

随着 Al_2O_3 含量的增加，铁酸钙中铝、钙、硅元素含量都有不同程度的升高，其中由以 Al_2O_3 含量增加比较明显，Al_2O_3 能增强 CaO 与 Fe_2O_3 反应的活性，加剧了 CaO 与 Fe_2O_3 的反应进程，促进复合铁酸钙的形成，所以随着 Al_2O_3 含量的增加有助于铝、钙、硅元素在铁酸钙中富集。图 5-28 为原料中 Al_2O_3 含量对铁酸钙中氧化物的影响。

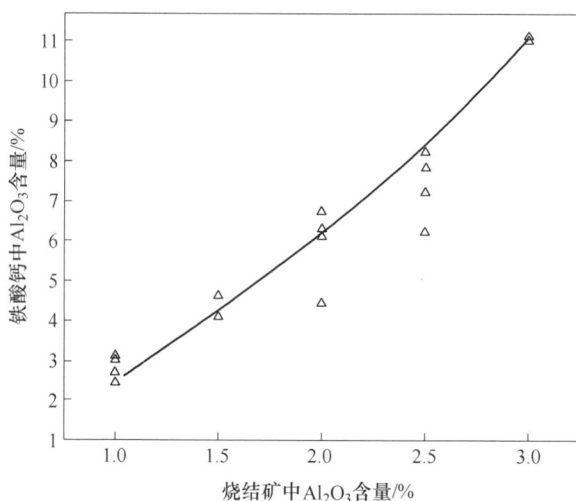

图 5-28　铁酸钙中氧化物随 Al_2O_3 含量变化图

随着 Al_2O_3 含量的增加，铁酸钙的形状开始从针柱状为主转变为他形为主，过程中出现少量针状、短柱状铁酸钙，见图 5-29。当 Al_2O_3 含量为 3.0%，铁酸钙板状的形态更大，呈现板片状。根据以往学者的研究发现铁酸钙的形状不同其抗压强度也不同，相应的断裂韧性也不同，针状、柱状、片状、板状四种铁酸钙的强度有从低到高依次为：板状<片状<柱状<针状，其具体强度如表 5-17 所示。

所以随着 Al$_2$O$_3$ 含量的增加，烧结矿中黏结相的强度会出现明显的下降，烧结矿的强度也会出现下降。

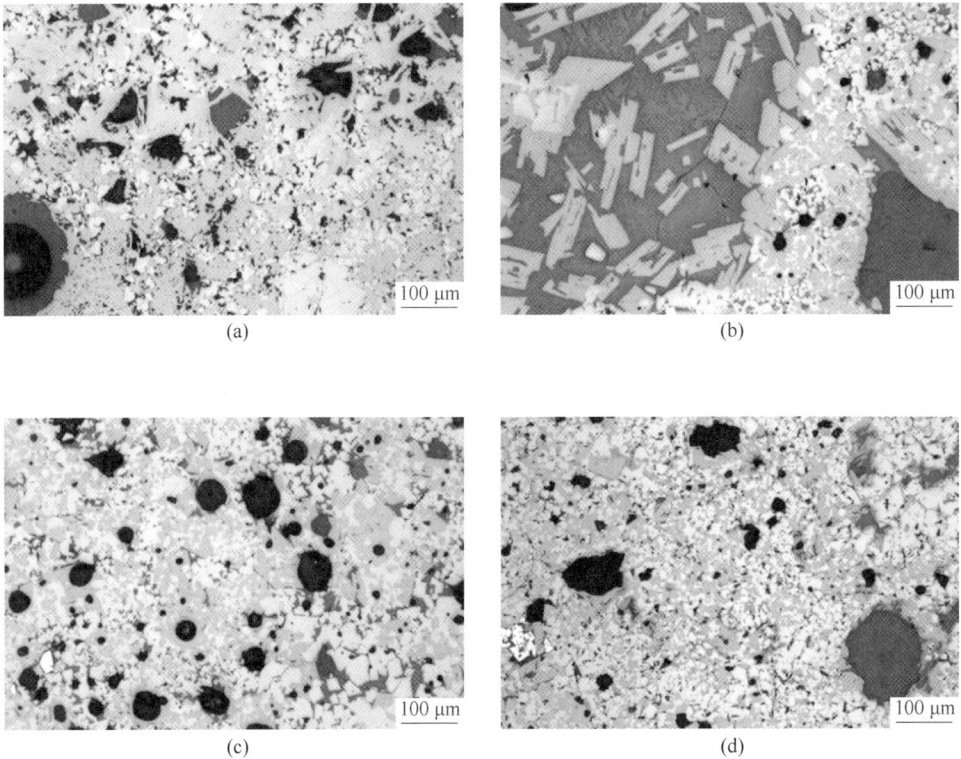

(a)

(b)

(c)

(d)

图 5-29 铁酸钙形态随 Al$_2$O$_3$ 含量变化（反射光）

（a）Al$_2$O$_3$ 为 1%，针柱状铁酸钙；（b）Al$_2$O$_3$ 为 2%，短柱状铁酸钙；

（c）Al$_2$O$_3$ 为 2.5%，板片状铁酸钙；（d）Al$_2$O$_3$ 为 3%，他形铁酸钙

表 5-17 不同形状铁酸钙强度

强　　度	板状铁酸钙	片状铁酸钙	柱状铁酸钙	针状铁酸钙
抗压强度/N·个$^{-1}$	1268	1429	2021	2347
断裂韧性/MPa·m$^{-0.5}$	0.85	0.91	1.33	1.39

5.3.2.5　Al$_2$O$_3$ 对玻璃相特征的影响

对不同 Al$_2$O$_3$ 含量烧结矿中的铁酸钙使用电子探针对其成分进行分析，结果见表 5-18。

表 5-18　不同 Al_2O_3 含量烧结矿中玻璃质电子探针数据　　　　（%）

编号		FeO	CaO	MgO	SiO_2	Al_2O_3	合计
A1	1	17.421	40.961	0.454	37.783	4.642	101.261
	2	17.298	41.066	0.467	37.291	5.099	101.221
	3	17.872	41.231	0.329	37.481	4.452	101.365
A2	4	16.743	43.328	0.404	37.160	2.691	100.326
	5	16.556	43.080	0.492	37.260	2.899	100.287
	6	17.327	42.879	0.539	36.736	2.900	100.381
A3	7	16.682	41.903	0.560	36.461	2.934	98.540
	8	17.147	42.722	0.463	35.177	3.073	98.582
A4	9	14.738	41.891	0.902	37.878	2.968	98.377
	10	14.164	44.516	0.907	38.113	2.807	100.507
	11	14.119	41.199	1.043	39.544	2.921	98.826
A5	12	14.678	39.777	1.334	41.238	2.261	99.288
	13	13.977	40.033	1.239	41.634	2.566	99.449
	14	15.794	40.998	1.342	40.115	2.133	100.382

随着原料中 Al_2O_3 含量的增加，玻璃质中铁、铝含量呈下降趋势，见图 5-30。主要是 Al_2O_3 促进铁酸钙的生成，液相中大量铁元素被以铁酸钙的形式析出。所以 Al_2O_3 含量的增加，不利于铝、铁在玻璃质中固溶。

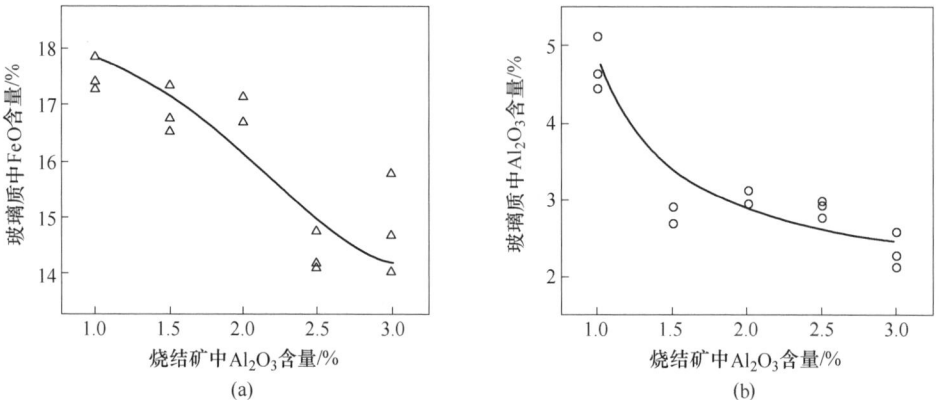

图 5-30　玻璃质中氧化物随 Al_2O_3 含量变化图

（a）玻璃质中 FeO 含量变化；（b）玻璃质中 Al_2O_3 含量变化

随着 Al_2O_3 含量的升高，玻璃质在烧结矿中的分布变化明显，见图 5-31。当

Al₂O₃ 含量较低时，玻璃质以不规则状出现在各矿物周围，当 Al₂O₃ 含量增加到 2.0% 后，玻璃质中开始出现少量雏晶状的硅酸盐矿物。当 Al₂O₃ 含量进一步增加时，玻璃质中析出微量硅酸二钙分布于磁铁矿和赤铁矿周围局部形成粒状结构，当 Al₂O₃ 含量到达 3.0%，玻璃质中出现长条状硅酸盐矿物。

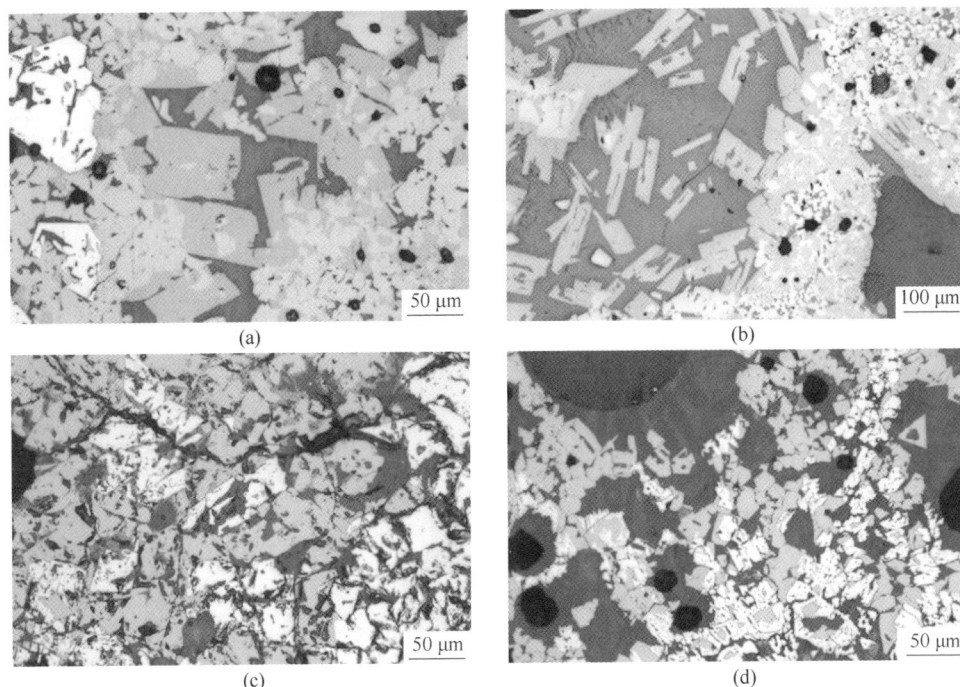

图 5-31 玻璃质随 Al₂O₃ 含量变化（反射光）

（a）Al₂O₃ 为 1%，玻璃质；（b）Al₂O₃ 为 2%，玻璃质；

（c）Al₂O₃ 为 2.5%，玻璃质；（d）Al₂O₃ 为 3%，玻璃质

5.3.2.6 Al₂O₃ 含量对烧结矿显微结构的影响

Al₂O₃ 含量为 1.0% 时，烧结矿的整体结构较均匀，以熔蚀结构为主，局部可见磁铁矿和赤铁矿的斑状结构，见图 5-32。磁铁矿多呈他形、半自形，粒度分布不均匀，一般为 0.03~0.10 mm，少数粒径较大，磁铁矿多与铁酸钙形成熔蚀结构，少数与赤铁矿被玻璃质胶结形成斑状结构；赤铁矿多集中分布在气孔或样片边缘，多呈自形、半自形，少量骸晶赤铁矿出现，粒度一般为 0.05~0.15 mm 赤铁矿主要形成斑状结构。铁酸钙多呈他形，少量为短柱状。气孔率为 25%，以小气孔居多，多分布于斑状结构中。

Al₂O₃ 含量为 1.5% 时，烧结矿整体结构较为均匀以熔蚀结构为主，见图 5-33。磁铁矿多呈半自形、他形晶，粒径一般为 0.05~0.15 mm，多与铁酸钙形成熔蚀

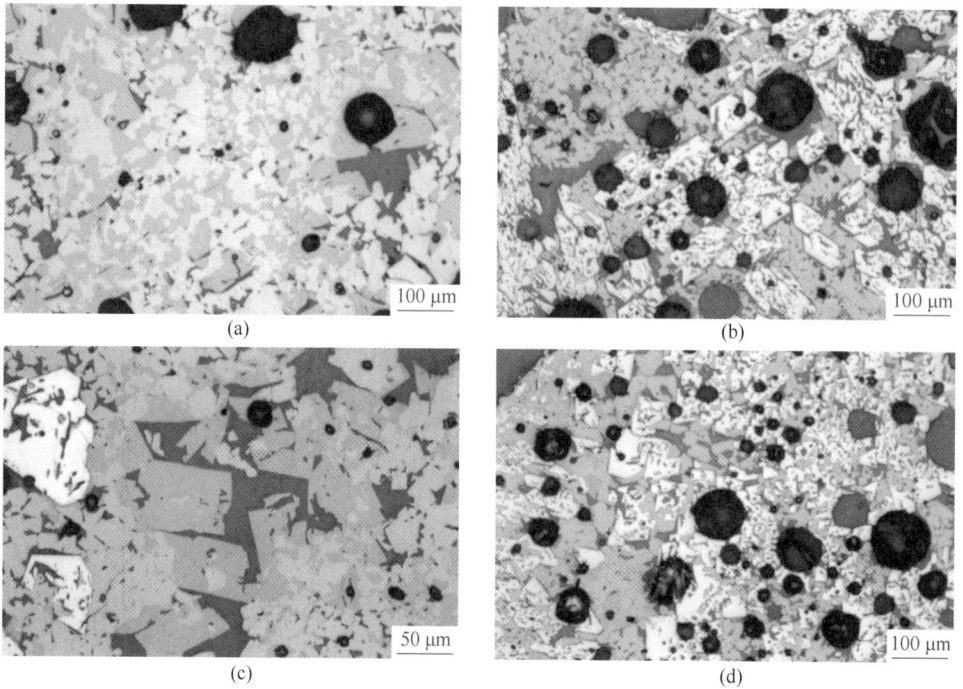

图 5-32　Al$_2$O$_3$ 含量为 1.0%时烧结矿显微结构（反射光）

（a）熔蚀结构；（b）斑状结构；

（c）集中分布的短柱状铁酸钙；（d）规则状小气孔

结构，部分形成交织熔蚀结构；赤铁矿分布不均匀，多出现在气孔周围。铁酸钙多呈他形，部分为针状。气孔率在 20%～25%之间，气孔大小差异不大，多为小气孔，均匀分布，孔径一般为 0.05～0.25 mm。

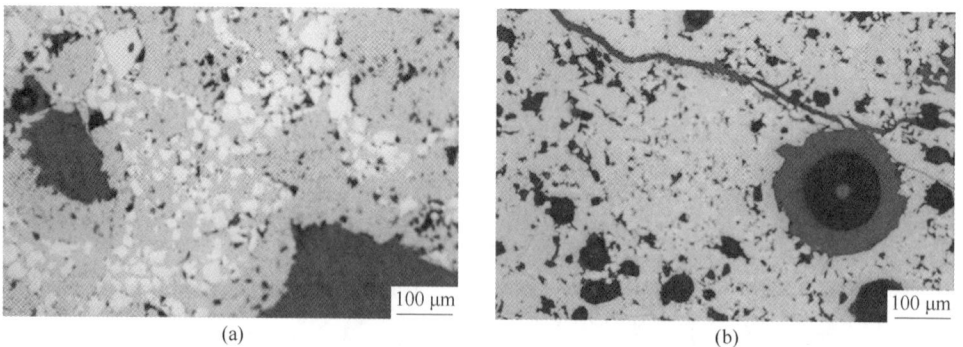

图 5-33　Al$_2$O$_3$ 含量为 1.5%时烧结矿显微结构（反射光）

（a）熔蚀结构；（b）分布在气孔周围的裂隙

  Al$_2$O$_3$ 含量为 2.0%时，烧结矿整体结构较为均匀，以熔蚀结构为主，见图 5-34。磁铁矿主要呈半自形，其分布较为均匀，局部磁铁矿连成片出现；赤铁矿的分布极不均匀，局部可见呈菱形定向排列的骸晶赤铁矿。铁酸钙多呈短柱状，少量为他形，少量短柱状铁酸钙集中分布在气孔边缘的玻璃质中；硅酸二钙的含量较少，多呈粒状均匀分布；玻璃相的含量较少，多分布于赤铁矿、磁铁矿和铁酸钙的接触带或空隙中。气孔率约为 25%，气孔分布较为均匀，以浑圆规则气孔为主，局部出现不规则状气孔。

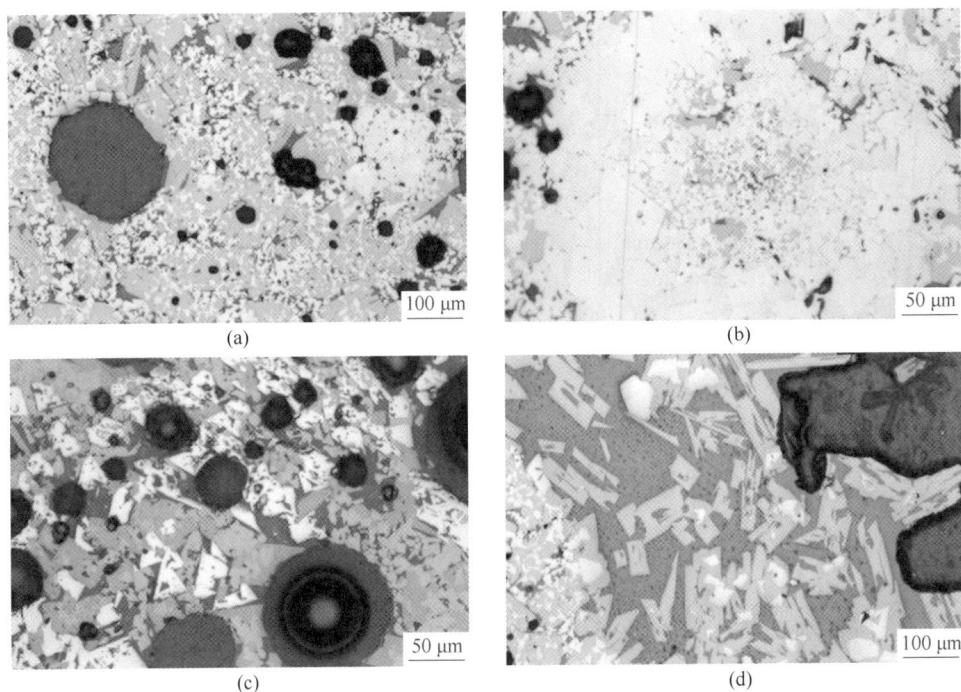

图 5-34   Al$_2$O$_3$ 含量为 2.0%时烧结矿显微结构（反射光）

(a) 熔蚀结构；(b) 分布在气孔周围的裂隙

(c) 定向排列的次生骸晶赤铁矿；(d) 集中分布的短柱状铁酸钙

  Al$_2$O$_3$ 含量为 2.5%时，烧结矿整体结构较为均匀，以熔蚀结构为主，局部出现交织熔蚀结构。磁铁矿多呈他形不规则状，多与铁酸钙形成熔蚀结构，部分形成交织熔蚀结构，极少连接成片出现连晶现象，局部可见骸晶赤铁矿。板片状铁酸钙的含量明显增加，针状短柱状铁酸钙含量减少。气孔分布不均匀，气孔率为 25%，整体以小气孔为主，局部出现不规则大气孔，同时样品局部微裂纹发育（图 5-35）。

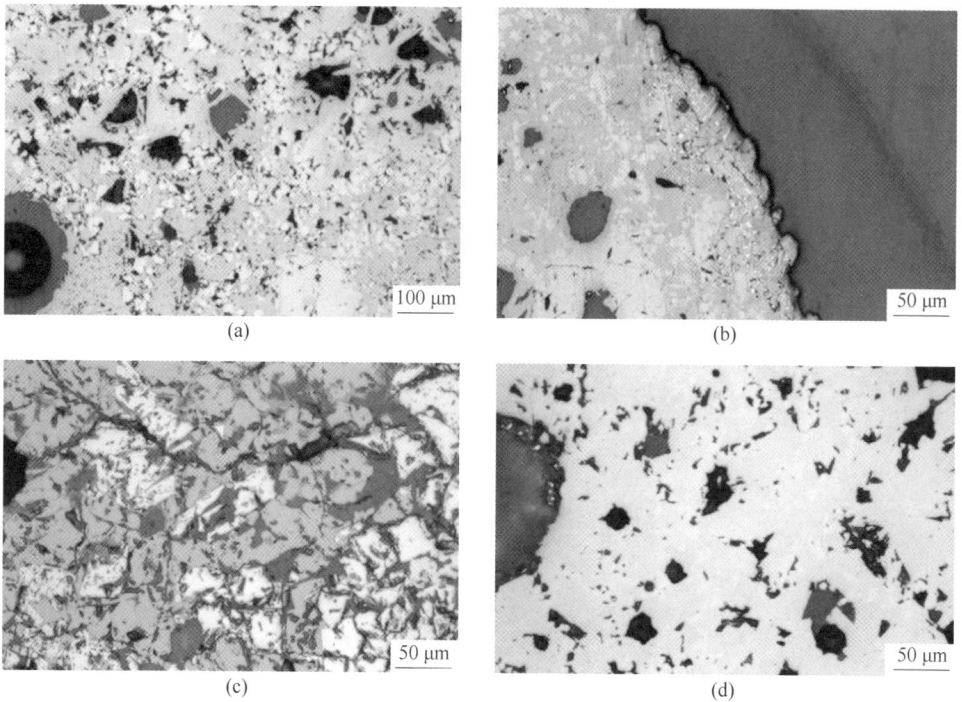

图 5-35　Al_2O_3 含量为 2.5% 时烧结矿显微结构（反射光）

（a）熔蚀结构；（b）分布在样品边缘的赤铁矿；

（c）定向排列的次生骸晶赤铁矿；（d）集中分布的短柱状铁酸钙

Al_2O_3 含量为 3.0% 时，烧结矿整体结构不均匀，有熔蚀结构、斑状结构和粒状结构。磁铁矿多呈半自形晶，局部出现大量连晶现象，主要与铁酸钙形成熔蚀结构，部分与赤铁矿一起被玻璃质胶结形成斑状结构，少量被硅酸二钙胶结形成粒状结构；赤铁矿含量相比之前有所减少，分布不均匀，常在气孔及裂隙周围。铁酸钙多呈他形不规则状，少量为短柱状。气孔率约为 20%，出现大气孔，气孔周围局部裂隙发育（图 5-36）。

结合不同 Al_2O_3 含量烧结矿显微镜下鉴定分析发现：不同 Al_2O_3 含量下，烧结矿的显微结构发生变化。Al_2O_3 含量由 1.0% 增加到 3.0% 的过程中，烧结矿的结构都是以熔蚀结构为主，局部出现斑状结构，区别在于随着铝含量的增加，熔蚀结构越来越多；铁酸钙的形态发生明显变化，样片中的铁酸钙由针状、短柱状向他形发展；气孔的含量整体变化不大，但是气孔的形态从以规则闭合的小气孔为主向不规则状气孔发展，气孔尺度有所增大，样品中薄壁结构增多；同时，随着 Al_2O_3 含量的增加，烧结矿中局部微裂纹发育，当铝含量较高时，微裂纹甚至贯穿薄壁气孔，破坏烧结矿强度。

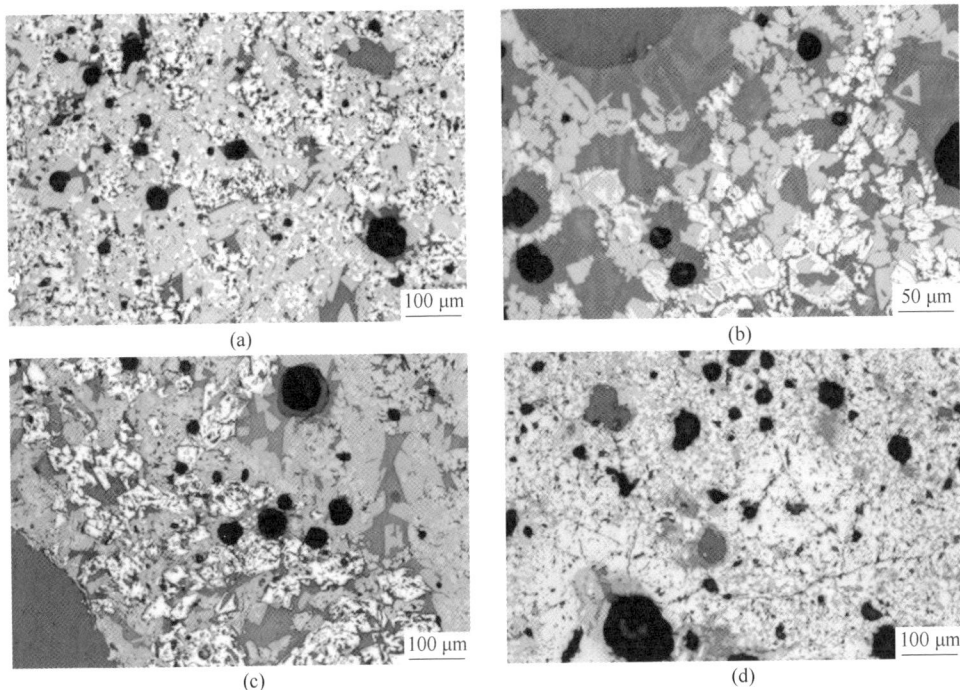

图 5-36   Al$_2$O$_3$ 含量为 3.0% 时烧结矿显微结构（反射光）

（a）熔蚀结构；（b）斑状结构

（c）定向排列的次生骸晶赤铁矿；（d）连结出现的大片赤铁矿

5.3.3   不同 Al$_2$O$_3$ 含量烧结矿矿相特征及其与冶金性能的关系

不同 Al$_2$O$_3$ 含量烧结矿的低温还原粉化性能测试结果见表 5-19。

表 5-19   不同 Al$_2$O$_3$ 含量烧结矿的 RDI$_{+3.15\,mm}$ （%）

编号	A1	A2	A3	A4	A5
RDI$_{+3.15mm}$	69.22	66.70	65.10	64.38	58.90

随着 Al$_2$O$_3$ 含量的增加，烧结矿的低温还原粉化呈现下降趋势。结合显微镜矿物组成和电子探针分析，分析导致烧结矿低温还原粉化率随原料中 Al$_2$O$_3$ 含量的增加而降低的原因有以下几点：

（1）矿物组成和形态：Al$_2$O$_3$ 含量增加，烧结矿中磁铁矿含量下降，赤铁矿的含量略有减少，铁酸钙的含量明显增多，理论上低温还原粉化指数 RDI$_{+3.15\,mm}$ 应该有所升高，但是反而降低，这主要是磁铁矿和铁酸钙的晶体形状所决定的。当 Al$_2$O$_3$ 含量为 1.0% 时，磁铁矿为自形、半自形晶，铁酸钙以针柱状出现，随

着 Al_2O_3 含量的提高，特别是 Al_2O_3 含量为 3.0% 时，样品中磁铁矿局部出现连晶现象，磁铁矿连晶后的强度明显低于自形、半自形磁铁矿与铁酸钙等黏结相胶结时的强度。随着 Al_2O_3 含量的提高，铁酸钙的晶形向他形不规则状发展，他形片状铁酸钙强度为所有铁酸钙中最差的。

（2）孔隙特征：随 Al_2O_3 含量的变化，烧结矿的气孔率没有明显的变化，但是气孔的形态和分布发生明显的变化。当 Al_2O_3 含量为 1.0% 时，烧结矿中的气孔以规则气孔为主，分布相对均匀，随着 Al_2O_3 含量的增加，气孔的形态向不规则状发展且孔径相对增大，样品局部易形成薄壁结构降低烧结矿强度。样品中的微裂隙也随着 Al_2O_3 含量的增加而有所增加，局部微裂隙贯穿气孔壁，降低强度。

（3）铝元素分布：烧结矿中铝元素的增加，增加了烧结矿的液相生成温度和黏度，在烧结矿成矿过程中，几乎所有矿物都是从液相中冷却析晶出来的，铝含量增加导致液性黏度增加，削弱了液相中元素的运移，同时，液相黏度增加矿物冷却析晶导致液相收缩率各方向不同，导致样品中气孔形态不规则，进而降低了烧结的低温还原粉化性能。

5.4　MgO/Al_2O_3 对烧结矿矿相结构及冶金性能的影响

5.4.1　配矿方案

结合现场配矿方案，固定碱度为 2.0 的情况下，改变 MgO/Al_2O_3 质量比分别为 0.5、0.75、1.0、1.25、1.5，从 0.5 增加到 1.5，采用化学纯试剂为烧结原料，探讨 MgO/Al_2O_3 质量比对烧结矿矿相结构及冶金性能的影响，具体配矿方案如表 5-20 所示。烧结温度 1400 ℃，恒温 30 min 后，再按 10 ℃/min 速率降温至 1150 ℃后恒温 5 min，随后自然冷却降温。

表 5-20　不同 MgO/Al_2O_3 质量比的配矿方案　　　　　　　　（w_B/%）

序号	样号	TFe	Fe_2O_3	CaO	SiO_2	MgO	Al_2O_3	MgO/Al_2O_3
1	5-0.5	56.88	81.25	10.00	5.00	1.25	2.50	0.50
2	5-0.75	56.43	80.62	10.00	5.00	1.88	2.50	0.75
3	5-1.0	56.00	80.00	10.00	5.00	2.50	2.50	1.00
4	5-1.25	55.56	79.37	10.00	5.00	3.13	2.50	1.25
5	5-1.5	55.13	78.75	10.00	5.00	3.75	2.50	1.50

5.4.2　MgO/Al_2O_3 对烧结矿矿相特征的影响

5.4.2.1　MgO/Al_2O_3 对烧结矿矿物组成的影响

不同 MgO/Al_2O_3 烧结矿矿物种类无明显变化，矿物组成较为简单。金属相以磁铁矿，其次为赤铁矿，黏结相矿物有铁酸钙、硅酸二钙及玻璃质，随着 MgO/Al₂O₃ 质量比增加，烧结矿中磁铁矿含量显著增加，赤铁矿、铁酸钙含量明显下降。玻璃质略有减少，硅酸二钙整体含量较低。不同 MgO 含量烧结矿的矿物组成及体积含量见表 5-21。

表 5-21 不同 MgO/Al₂O₃ 烧结矿的矿物组成及体积百分含量   （%）

序号	样号	赤铁矿	磁铁矿	铁酸钙	玻璃质	硅酸二钙	氧化钙	气孔率
1 号	5-0.5	6.55	33.78	49.74	6.45	2.25	1.23	22.93
2 号	5-0.75	5.15	36.74	46.02	8.01	2.98	1.10	25.12
3 号	5-1.0	5.98	40.12	44.32	7.56	1.48	0.54	25.86
4 号	5-1.25	4.65	43.01	44.86	2.55	2.17	2.76	28.55
5 号	5-1.5	3.72	47.32	40.25	2.34	3.05	3.32	30.03

5.4.2.2 MgO/Al₂O₃ 对烧结矿显微结构的影响

MgO/Al₂O₃ 为 0.5 时，磁铁矿主要为他形，粒度较为均匀，在 0.01～0.05 mm 之间，大多与他形铁酸钙构成熔蚀结构；赤铁矿多数分布在裂隙周围，大多为半自形、他形，晶形较小，多数在 0.01～0.03 mm 之间，局部出现骸晶的情况，粒度在 0.20 mm 以上。铁酸钙多呈他形，局部可见针状铁酸钙在玻璃质周围集中分布；硅酸盐玻璃相含量较少，无规则形态。硅酸二钙含量较少，分布较为均匀，多以麦粒状分布。样片局部出现残余氧化钙，含量极少，分布不均匀。裂隙较为发育，部分裂隙贯穿气孔，裂隙周围赤铁矿分布较多，局部出现裂隙交叉的情况。气孔多以规则状气孔为主，少数为不规则状薄壁大气孔，孔径大多在 0.05～0.20 mm 之间（图 5-37）。

MgO/Al₂O₃ 为 0.75 时，磁铁矿含量较多，其大多晶形较小，多为自形-半自形，粒度在 0.02～0.10 mm 之间，粒度较为均匀，多与铁酸钙构成熔蚀结构；赤铁矿整体含量较低，多为半自形、他形，集中分布于大裂隙周围，一般粒度较小，大多在 0.01～0.05 mm 之间，粒度大小较为均匀，少数出现骸晶状赤铁矿。

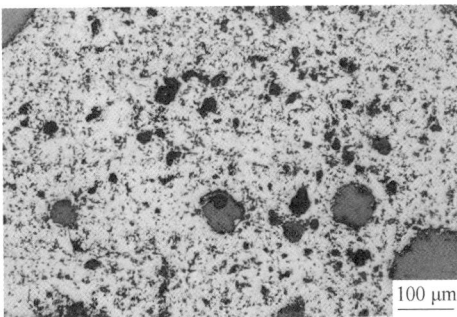

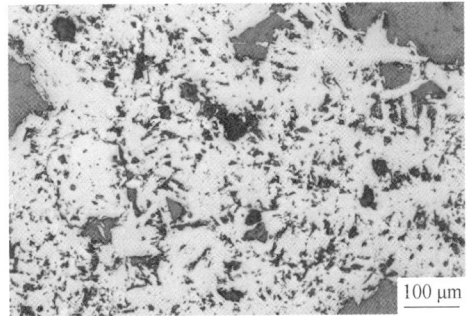

(a)   (b)

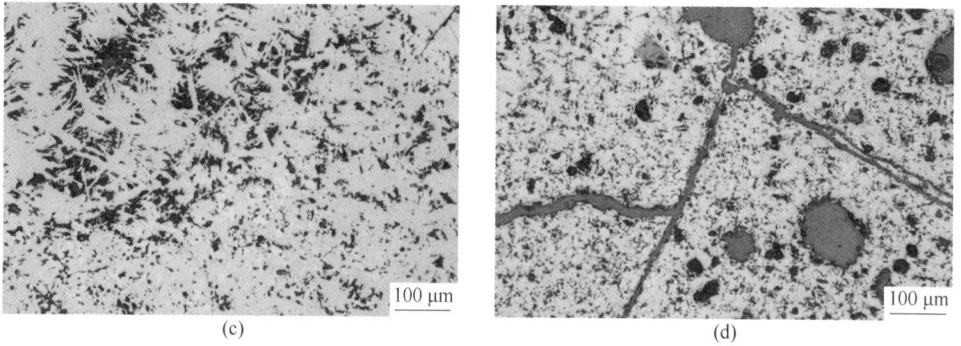

图 5-37 MgO/Al$_2$O$_3$ 为 0.5 时烧结矿的显微结构特征 （反射光）

(a) 熔蚀结构；(b) 柱状铁酸钙；(c) 针状铁酸钙；(d) 裂隙发育

铁酸钙含量最多，其形态主要为他形、柱状，少数为针状，他形铁酸钙主要与半自形–自形磁铁矿形成熔蚀结构，针状铁酸钙大多集中分布于硅酸盐玻璃质周围；硅酸盐玻璃相含量略有降低，分布较为均匀，无规则形态；硅酸二钙整体含量较低，多呈麦粒状分布较为均匀。裂隙较为发育，局部发育较粗大的裂隙，部分裂隙贯穿气孔；气孔含量较多，分布较不均匀，以厚壁规则状小气孔为主，少量为大气孔，小气孔的孔径多在 0.05~0.20 mm 之间，大气孔孔径在 0.25~0.35 mm 之间 （图 5-38）。

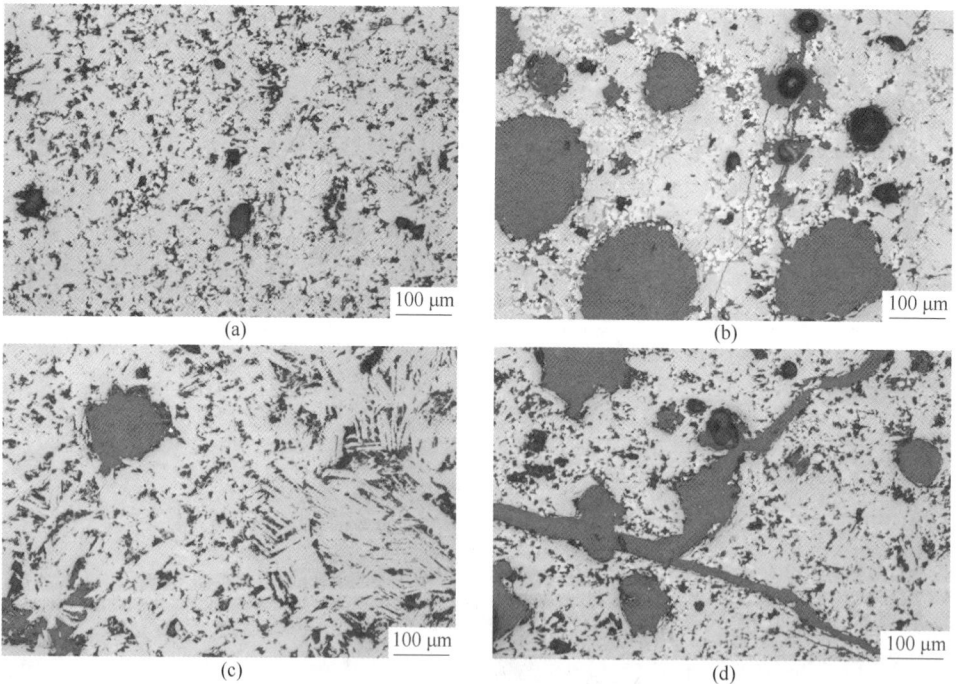

图 5-38 MgO/Al$_2$O$_3$ 为 0.75 时烧结矿的显微结构特征 （反射光）

(a) 熔蚀结构；(b) 裂隙周围赤铁矿集中分布；(c) 柱状铁酸钙；(d) 裂隙贯穿气孔

MgO/Al$_2$O$_3$ 为 1.0 时，烧结矿整体显微结构相较 MgO/Al$_2$O$_3$ 为 0.75 时变化不明显。主要结构类型为熔蚀结构，在样片的局部出现交织熔蚀结构。磁铁矿含量较之前样片增多，以半自形–自形晶为主，粒度较为均匀，粒度多数在 0.02～0.10 mm 之间，大多与他形铁酸钙形成熔蚀结构，局部出现大片磁铁矿连晶；赤铁矿含量减少，其晶形较小，多分布于裂隙周围，粒度在 0.05～0.05 mm 之间。铁酸钙随着 MgO/Al$_2$O$_3$ 的升高，其含量有所降低，形态主要为他形。柱状、针状铁酸钙含量较之前样片明显减少，针柱状铁酸钙主要分布于玻璃质周围；硅酸二钙变化不明显，整体含量较低，主要为麦粒状，裂隙周围分布较多；硅酸盐玻璃相有所减少，分布较不均匀，主要在针状铁酸钙周围分布较为集中，形态多为无定形。裂隙与 MgO/Al$_2$O$_3$ 为 0.5、0.75 的样片相比，明显减少，以微小裂隙为主，少数地方出现裂隙交叉或裂隙贯穿气孔的情况；气孔分布较为均匀，孔径大多在 0.05～0.20 mm 之间（图 5-39）。

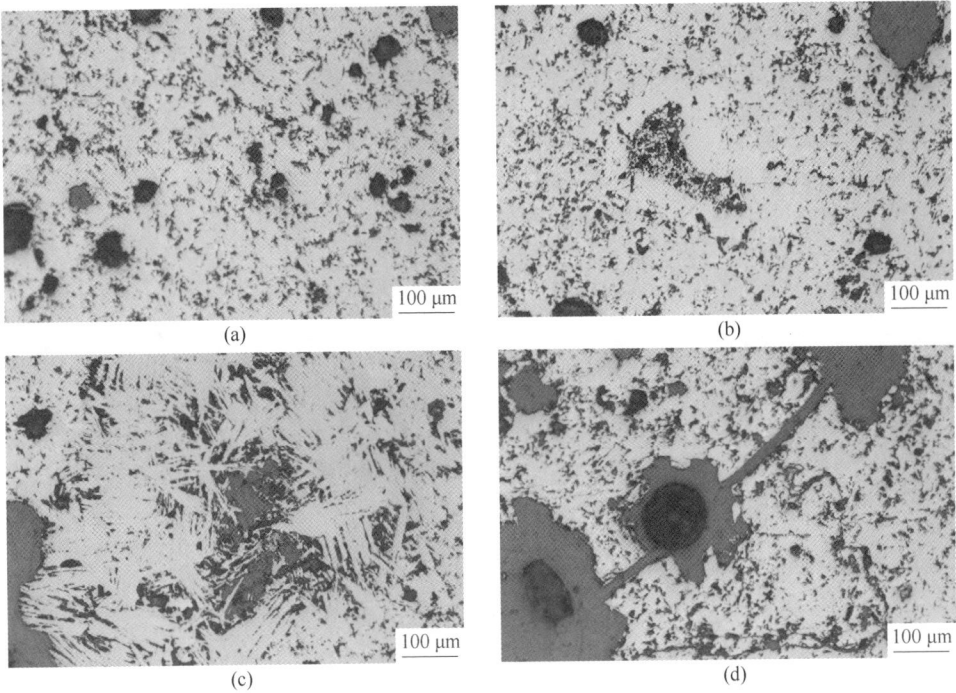

图 5-39　MgO/Al$_2$O$_3$ 为 1.0 时烧结矿的显微结构特征（反射光）

（a）熔蚀结构；（b）原生磁铁矿；（c）树枝状铁酸钙；（d）裂隙贯穿气孔

MgO/Al$_2$O$_3$ 为 1.25 时，烧结矿整体显微结构均匀，以熔蚀结构为主，斑状结构较之前的样片明显减少。磁铁矿含量有所增多，其形态主要为他形，粒度大小较为均匀，大多在 0.05～0.20 mm 之间，与铁酸钙构成熔蚀结构，样片局部出现少量磁铁矿连晶；赤铁矿的含量较之前的样片显著减少，其主要分布于裂隙的周围。铁酸钙总体含量较之前样片减少，形态以他形为主，针状铁酸钙多集中出现在玻璃质周围，柱状、针状铁酸钙与 MgO/Al_2O_3 比为 1.0 时相比降低；玻璃质及硅酸二钙含量无明显变化，分布较为均匀。样片局部出现极少量残余氧化钙，其分布不均匀。气孔以小气孔为主，形态多数为规则的浑圆状，孔径大多在 0.05~0.15 mm 之间，薄壁大气孔较少，其孔径在 0.20 mm 以上，主要分布在较大裂隙周围或样片的边缘；裂隙以细小裂隙为主，粗大裂隙减少，局部出现裂隙交叉（图 5-40）。

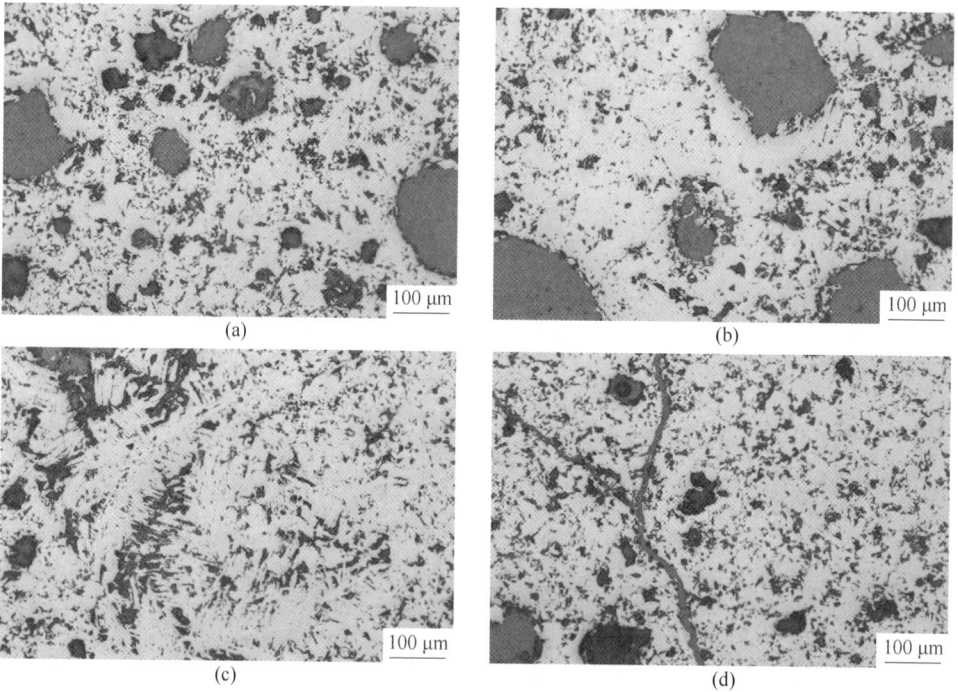

图 5-40　MgO/Al_2O_3 为 1.25 时烧结矿的显微结构特征（反射光）
（a）熔蚀结构；（b）磁铁矿集中分布；（c）针柱状铁酸钙集中分布；（d）裂隙交叉

　　MgO/Al_2O_3 为 1.5 时，烧结矿的结构均匀性增强，显微结构类型主要为熔蚀结构。磁铁矿以半自形晶为主，含量明显增多，大多与他形铁酸钙构成熔蚀结构，少数与针状铁酸钙构成交织熔蚀结构，整体粒度较为均匀，在 0.02~0.15 mm 之间，局部出现片状磁铁矿；赤铁矿较之前样片含量减少明显，以他形为主，未出现明显骸晶状赤铁矿。铁酸钙的整体含量减少，以他形为主；硅酸盐玻璃相周围集中分布针、柱状铁酸钙；硅酸二钙含量较少，分布较为均匀，其中裂隙周围分布较为密集；玻璃质含量减少，无规则形态，分布较不均匀。裂隙变少，以微小裂隙为主，气孔大小较为均匀，以浑圆规则状小气孔为主，气孔率增多，孔径在 0.05~0.15 mm 之间（图 5-41）。

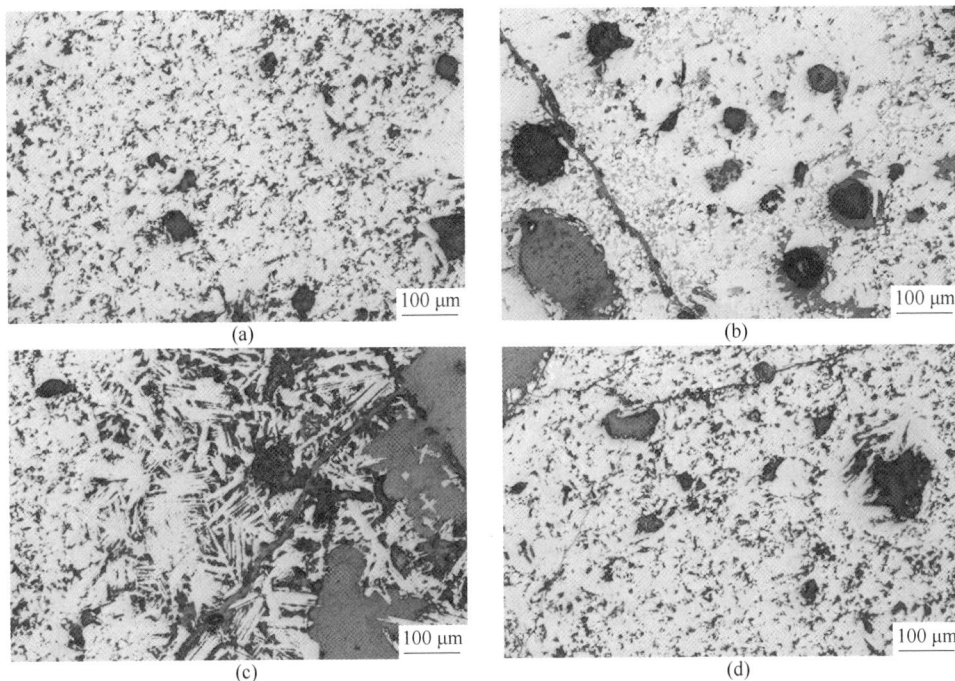

图 5-41 MgO/Al$_2$O$_3$ 为 1.5 时烧结矿的显微结构特征（反射光）

(a) 熔蚀结构；(b) 气孔周围的裂隙；(c) 针柱状铁酸钙集中分布；(d) 璃质周围的针柱状铁酸钙

  随着 MgO/Al$_2$O$_3$ 从 0.5 升高至 1.5，烧结矿的显微结构变化明显。整体结构均匀性增加，显微结构由以熔蚀结构为主，局部出现交织熔蚀结构，转变为熔蚀结构为主；裂隙逐渐减少，当 MgO/Al$_2$O$_3$ 较低（0.5~1.0）时，局部出现裂隙交叉以及裂隙贯穿气孔的情况，随着 MgO/Al$_2$O$_3$ 增加到 1.25 时，裂隙较不发育，以微小裂纹为主；气孔分布逐渐均匀，形态由以厚壁闭合小气孔为主，少量不规则大气孔转变为以浑圆状小气孔为主，孔径逐渐均匀，当 MgO/Al$_2$O$_3$ = 0.5 时，规则状小气孔孔径在 0.05~0.15 mm 之间，大气孔孔径在 0.5 mm 以上。当 MgO/Al$_2$O$_3$ 增加到 1.0 时，烧结矿的气孔均为浑圆状小气孔，孔径在 0.03~0.15 mm 之间。

  烧结矿中的各矿物形态也随着 MgO/Al$_2$O$_3$ 的增加发生明显变化：磁铁矿主要为他形、半自形晶，在原料中 MgO/Al$_2$O$_3$ 较高时，局部集中出现片状磁铁矿，粒度较大。磁铁矿主要与铁酸钙构成熔蚀结构；样片中赤铁矿随着 MgO/Al$_2$O$_3$ 的增加而减少，尤其在 MgO/Al$_2$O$_3$ 为 1.0 以上时，赤铁矿含量下降显著。形态主要为半自形-自形，粒度在 0.03~0.10 mm 之间，主要在粗大的裂隙周围定向排列；在黏结相中，铁酸钙所占比重较大，总体含量随着 MgO/Al$_2$O$_3$ 的增多而减少，针柱状铁酸钙所占比重相对增加，他形板片状铁酸钙含量减少；玻璃质含量减少，无明显形态；硅酸二钙含量略有增多，主要为麦粒状，分布较为均匀；整体显微结构以 MgO/Al_2O_3 为 1.25 时最优。

5.4.2.3　MgO/Al_2O_3 对烧结矿中铁酸钙含量及晶体形态的影响

结合偏光显微镜，利用线测法对烧结矿中不同形态铁酸钙进行定量统计，统计结果见表 5-22。随着 MgO/Al_2O_3 从 0.5 逐渐升高至 1.5 的过程中，烧结矿中铁酸钙所占比重明显降低，由 49.74% 减少至 40.25%。针状及他形铁酸钙含量均有所减少，其中，他形铁酸钙减少最为显著，由 26.31% 降低为 19.52%。针状铁酸钙由 15.38% 降低为 11.11%。从 MgO/Al_2O_3 在 0.75 之后，针状铁酸钙的含量变化不大，在 13% 左右。柱状铁酸钙的含量整体变化不大，随 MgO/Al_2O_3 的增加略有上升，从 8.05% 升高至 9.62%，整体均在 10% 左右。

表 5-22　不同 MgO/Al_2O_3 烧结矿中铁酸钙含量

序号	样号	铁酸钙含量/%			
		总量	柱状	针状	他形
1 号	5-0.5	49.74	8.05	15.38	26.31
2 号	5-0.75	46.02	8.49	13.97	23.56
3 号	5-1.0	44.32	8.01	14.14	22.17
4 号	5-1.25	44.86	10.31	13.76	20.79
5 号	5-1.75	40.25	9.62	11.11	19.52

随 MgO/Al_2O_3 的升高，他形铁酸钙明显减少。一方面这是由于原料中 MgO 含量的增加，有利于稳定磁铁矿晶格，促进磁铁矿的形成，从而使得 Fe_2O_3 与 CaO 的接触概率减少，导致铁酸钙生成量减少；另一方面，MgO 具有降低液相熔点的作用，使得液相黏度降低，有利于铁酸钙结晶。图 5-42 为不同 MgO/Al_2O_3 烧结矿中铁酸钙的变化情况。

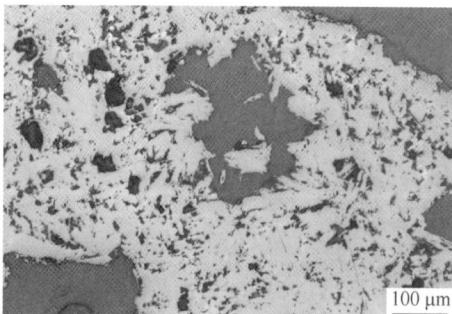

100 μm

(a)

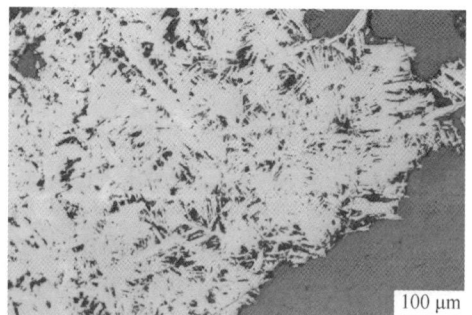

100 μm

(b)

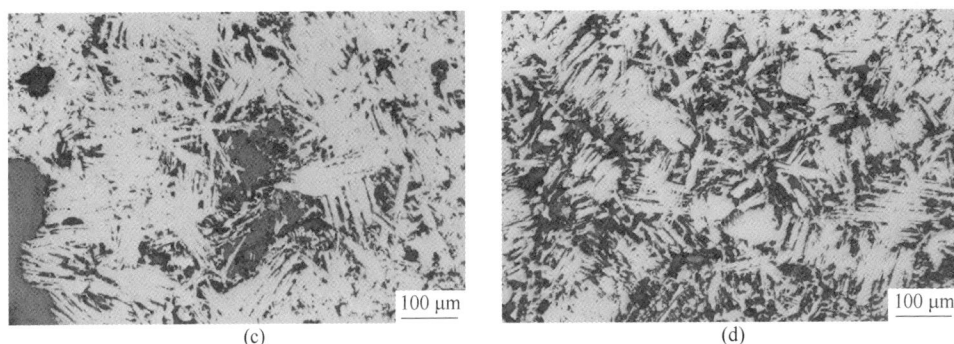

图 5-42 不同 MgO/Al$_2$O$_3$ 质量比烧结矿中铁酸钙形态（反射光）

（a）MgO/Al$_2$O$_3$＝0.5 时柱状、他形铁酸钙；（b）MgO/Al$_2$O$_3$＝0.75 时针状、柱状铁酸钙；

（c）MgO/Al$_2$O$_3$＝1.0 时柱状、他形铁酸钙；（d）MgO/Al$_2$O$_3$＝1.5 时柱状、他形铁酸钙

5.4.2.4 MgO/Al$_2$O$_3$ 对烧结矿中铁酸钙化学成分的影响

为探究不同 MgO/Al$_2$O$_3$ 质量比对烧结矿中铁酸钙化学组分的影响，将不同 MgO/Al$_2$O$_3$ 质量比的试样光薄片进行喷碳处理后，利用电子探针进行微区成分分析，结果见表 5-23。图 5-43 为不同形态铁酸钙背散射电子图。

表 5-23 不同 MgO/Al$_2$O$_3$ 质量比烧结矿中铁酸钙化学组成

| MgO/Al$_2$O$_3$ | 序号 | w_B/% | | | | | | 备注 |
		MgO	Al$_2$O$_3$	SiO$_2$	Fe$_2$O$_3$	CaO	合计	
	1	0.599	7.355	2.619	74.100	15.467	100.140	柱状
	2	1.625	7.988	1.738	75.574	12.396	99.321	柱状
	3	0.406	5.213	1.228	79.044	13.590	99.481	柱状
0.50	4	0.354	9.016	2.869	73.112	15.814	101.165	针状
	5	4.430	1.129	10.025	74.264	9.872	99.720	他形
	6	3.242	4.386	2.602	79.044	8.845	98.119	他形
	7	0.600	8.550	2.286	74.473	15.300	101.209	他形
	8	3.278	5.396	5.739	74.521	9.554	98.488	柱状
	9	2.468	7.022	6.398	74.222	11.326	101.436	针状
	10	1.189	8.081	8.336	67.735	12.875	98.216	针状
0.75	11	0.749	8.755	10.112	64.617	14.829	99.062	针状
	12	0.876	7.894	11.669	66.525	14.694	101.658	针状
	13	2.206	7.349	10.821	71.309	10.182	101.867	他形
	14	1.491	7.511	9.505	68.309	13.288	100.104	他形

MgO/Al$_2$O$_3$	序号	w_B/%						备注
		MgO	Al$_2$O$_3$	SiO$_2$	Fe$_2$O$_3$	CaO	合计	
1.00	15	1.378	7.252	11.428	69.126	12.549	101.733	针状
	16	1.521	6.949	9.197	70.191	12.199	100.057	柱状
	17	1.467	6.585	8.529	68.961	13.509	99.051	他形
	18	1.232	5.743	7.972	73.222	11.514	99.683	他形
1.25	19	3.420	6.032	8.166	69.815	10.620	98.053	柱状
	20	2.000	4.884	9.072	68.613	13.879	98.448	柱状
	21	3.126	4.168	10.785	72.330	9.533	99.942	柱状
	22	5.119	6.327	10.749	71.036	8.139	101.370	针状
	23	3.597	3.460	12.573	73.408	8.415	101.453	他形
	24	3.259	3.771	7.638	79.109	7.623	101.400	他形
1.50	25	3.223	7.800	10.134	69.408	11.061	101.626	柱状
	26	1.752	9.352	8.201	64.590	15.068	98.963	柱状
	27	1.601	9.039	9.827	66.109	13.812	100.388	针状
	28	4.677	7.916	8.859	70.213	8.456	100.121	他形
	29	4.020	7.297	9.916	70.605	9.578	101.416	他形
	30	3.954	3.315	10.258	77.124	5.080	99.731	他形

注：测试条件：以氧化物的形式作为标样；电子束流：$2×10^{-8}$ A；定量加速电压：15000 V；束斑直径 5 μm。

不同 MgO/Al$_2$O$_3$ 质量比的烧结矿中铁酸钙的化学组成相同，主要由 CaO、Fe$_2$O$_3$、Al$_2$O$_3$、SiO$_2$ 及 MgO 组成。根据电子探针数据可计算出铁酸钙中阳离子数，见表 5-24。根据阴离子法对铁酸钙的化学式进行计算，得到柱状铁酸钙平

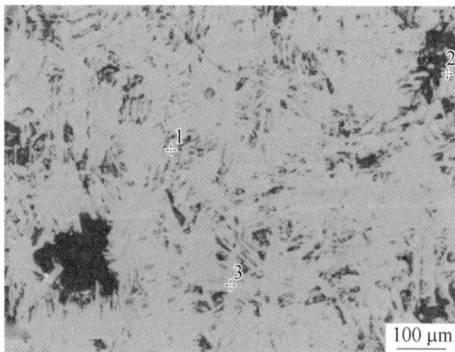

(a)

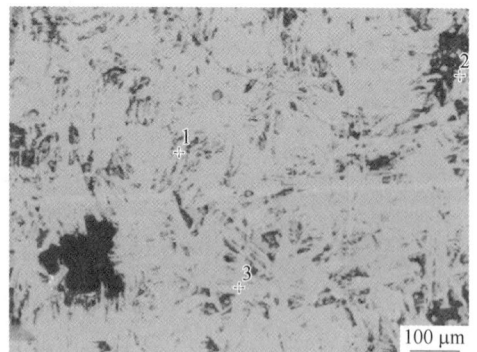

(b)

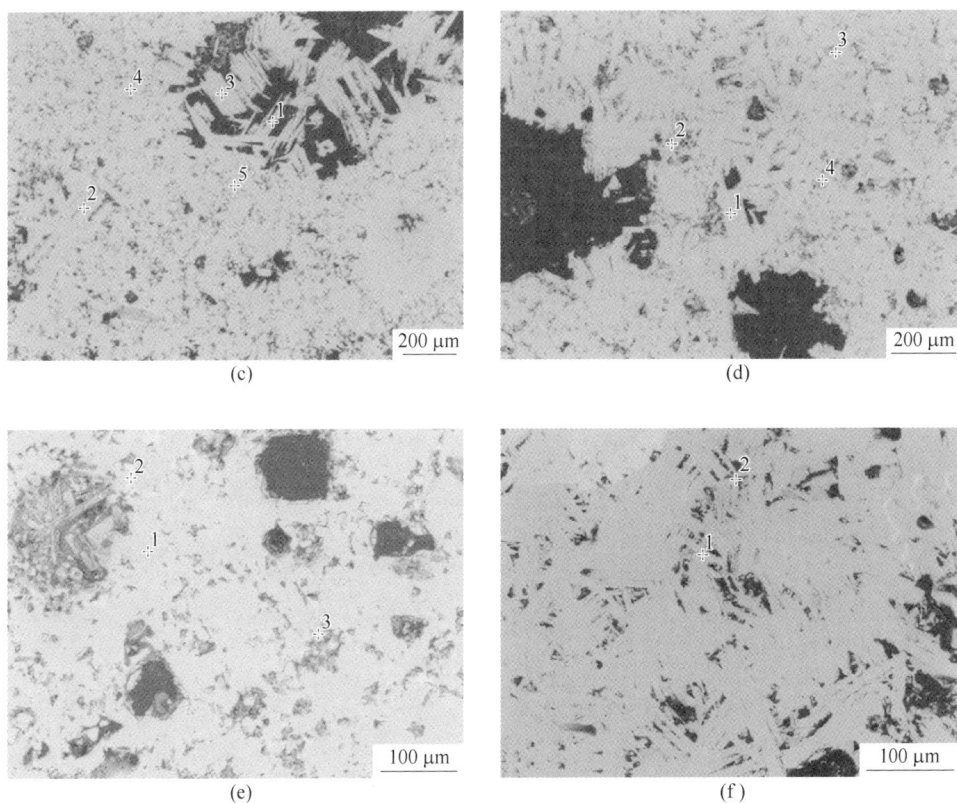

图 5-43   MgO/Al$_2$O$_3$ 为 1.5 时烧结矿

（a）MgO/Al$_2$O$_3$ = 0.50；（b）MgO/Al$_2$O$_3$ = 0.75；（c）MgO/Al$_2$O$_3$ = 1.00；
（d）MgO/Al$_2$O$_3$ = 1.25；（e）MgO/Al$_2$O$_3$ = 1.25；（f）MgO/Al$_2$O$_3$ = 1.50

表 5-24   不同 MgO/Al$_2$O$_3$ 质量比烧结矿中铁酸钙阳离子数

MgO/Al$_2$O$_3$	序号	阳离子数					备注
		Ca	Mg	Fe^{3+}	Si	Al	
0.50	1	2.78	0.15	9.34	0.44	1.45	柱状
	2	2.25	0.41	9.58	0.29	1.59	柱状
	3	2.52	0.11	10.24	0.21	1.06	柱状
	4	2.79	0.09	9.04	0.47	1.75	针状
	5	1.72	1.08	9.07	1.63	0.22	他形
	6	1.63	0.84	10.20	0.45	0.89	他形
	7	2.71	0.15	9.25	0.38	1.67	他形

MgO/Al$_2$O$_3$	序号	阳离子数					备注
		Ca	Mg	Fe^{3+}	Si	Al	
0.75	8	1.71	0.82	9.32	0.96	1.06	柱状
	9	1.95	0.59	8.94	1.03	1.33	针状
	10	2.25	0.29	8.28	1.36	1.55	针状
	11	2.53	0.18	7.73	1.61	1.64	针状
	12	2.44	0.20	7.26	1.81	1.44	针状
	13	1.69	0.51	8.29	1.68	1.34	他形
	14	2.27	0.36	8.16	1.51	1.41	他形
1.00	15	2.09	0.32	8.04	1.39	1.32	针状
	16	2.09	0.37	8.42	1.47	1.31	柱状
	17	2.35	0.36	8.41	1.38	1.26	他形
	18	2.01	0.30	8.96	1.30	1.10	他形
1.25	19	1.86	0.84	8.58	1.34	1.16	柱状
	20	2.44	0.49	8.45	1.49	0.94	柱状
	21	1.63	0.75	8.67	1.72	0.78	柱状
	22	1.35	1.90	8.26	1.67	1.54	针状
	23	1.41	0.84	8.59	1.96	0.63	他形
	24	1.32	0.79	9.57	1.23	0.72	他形
1.50	25	1.84	0.75	8.08	1.57	1.42	柱状
	26	2.60	0.42	7.79	1.32	1.77	柱状
	27	2.33	0.38	7.80	1.55	1.67	针状
	28	1.42	1.11	8.31	1.40	1.47	他形
	29	1.60	0.93	8.25	1.54	1.37	他形
	30	0.87	0.95	9.29	1.65	0.62	他形

均分子式为 $Ca_{2.12}Mg_{0.52}Si_{1.06}Al_{1.20}Fe_{8.96}O_{20}$，针状铁酸钙平均分子式为 $Ca_{2.22}$ $Mg_{0.41}Si_{1.41}Al_{1.48}Fe_{8.23}O_{20}$，他形铁酸钙为 $Ca_{2.62}Mg_{0.39}Si_{0.98}Al_{0.78}Fe_{9.24}O_{20}$。整体化学通式为 $Ca_{2.03}Mg_{0.54}Si_{1.27}Al_{1.25}Fe_{8.68}O_{20}$。Sugiyama 等研究认为，含 MgO 的五元复合铁酸钙的化学组成为 $Ca_2(Ca,Fe,Mg,Al)_6(Fe,Al,Si)_6O_{20}$，这与试验结果较为一致。

5.4.3　不同 MgO/Al$_2$O$_3$ 烧结矿矿物学特性及其与冶金性能的关系

不同 MgO/Al$_2$O$_3$ 质量比烧结矿低温还原粉化性能和还原性见表 5-25。

表 5-25　不同 MgO/Al$_2$O$_3$ 烧结矿的冶金性能　　　　（％）

MgO/Al$_2$O$_3$	RI	RDI$_{+3.15mm}$
0.50	68.8	60.84
0.75	64.2	63.53
1.00	64.5	65.68
1.25	66.4	69.73
1.50	60.2	67.32

随着原料中 MgO/Al$_2$O$_3$ 的提高，烧结矿的低温还原粉化指数变好，其中在 MgO/Al$_2$O$_3$ 质量比为 1.25 时最好，为 69.73%（图 5-44）。

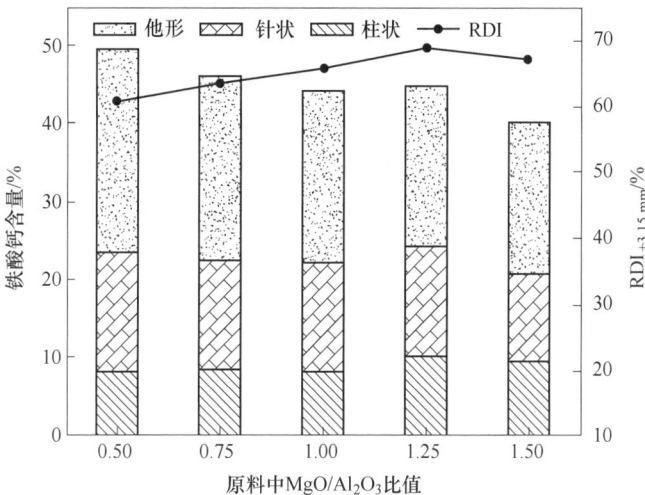

图 5-44　不同 MgO/Al$_2$O$_3$ 质量比烧结矿中铁酸钙形态与 RDI$_{+3.15\ mm}$ 关系

随着原料中 MgO/Al$_2$O$_3$ 的提高，烧结矿中赤铁矿的含量降低，尤其在 MgO/Al$_2$O$_3$ 在 1.0 之后，骸晶状赤铁矿极少出现，有利于烧结矿 RDI$_{+3.15\ mm}$ 指数变好；针柱状铁酸钙所占比重有所增加，他形板片状铁酸钙所占比减少，由于针柱状铁酸钙具有较好强度和较强的断裂韧性，在低温还原时不易发生粉碎，故而烧结矿的 RDI$_{+3.15\ mm}$ 指数变好。

烧结矿的还原性随着铁酸钙的减少而降低。随着原料中 MgO/Al$_2$O$_3$ 比值从 0.5 升高至 1.5 的过程中，铁酸钙总量减少，其中，针状铁酸钙含量由 15.38% 下降至 11.11%，烧结矿的还原性由 68.8% 降低为 60.2%（图 5-45）。

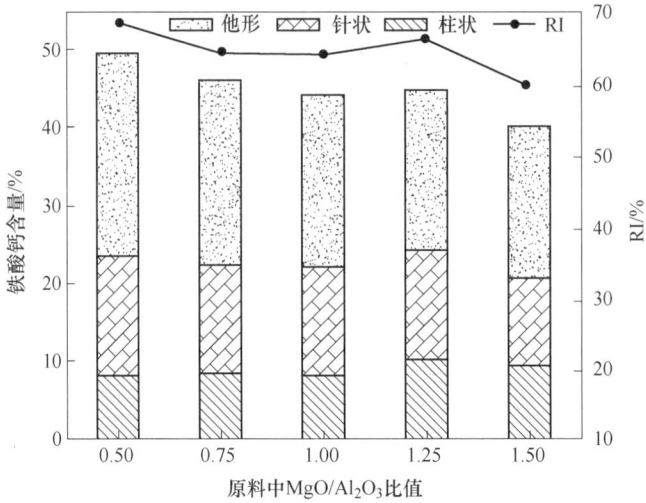

图 5-45　不同 MgO/Al_2O_3 质量比烧结矿中铁酸钙形态与 RI 关系

　　研究表明，针状铁酸钙具有良好的还原性能，其在烧结矿中占比增多有利于提高烧结矿的还原性。随着原料中 MgO/Al_2O_3 比值从 0.5 升高至 1.5 的过程中，铁酸钙总量由 49.74% 显著下降至 40.25%，故而烧结矿的还原性降低。

5.5　TiO_2 含量对烧结矿矿相结构及冶金性能的影响

5.5.1　配矿方案

　　结合现场配矿方案，固定碱度（CaO/SiO_2）为 2，改变 TiO_2 含量分别为 4%、18%、12%、16%、20%，采用化学纯试剂为烧结原料，探讨 TiO_2 含量对烧结矿矿相结构及冶金性能的影响，具体配矿方案见表 5-26。烧结温度 1400 ℃，恒温 30 min 后自然冷却至室温。

表 5-26　烧结矿配料方案　　　　　　　　　　($w_B/\%$)

样号	Fe_3O_4	CaO	SiO_2	MgO	Al_2O_3	TiO_2
T1	78	10	5	1.5	1.5	4
T2	74	10	5	1.5	1.5	8
T3	70	10	5	1.5	1.5	12
T4	66	10	5	1.5	1.5	16
T5	62	10	5	1.5	1.5	20

5.5.2 TiO$_2$ 含量对烧结矿矿相特征的影响

5.5.2.1 TiO$_2$ 含量对烧结矿矿物组成的影响

将样品制作成光薄片利用偏光显微镜，采用线测法，对不同编号的烧结矿样品进行矿物组成及含量的系统鉴定，结果见表 5-27。不同镁铝比的样片中所含的矿物种类较为简单，黏结相矿物有铁酸钙、硅酸二钙及玻璃质，金属相矿物主要为磁铁矿，其次为赤铁矿，出现少量残余 CaO。

表 5-27　不同 TiO$_2$ 含量烧结矿矿物组成及体积百分含量　　（%）

样号	TiO$_2$	磁铁矿	赤铁矿	铁酸钙	玻璃质	钙钛矿	硅酸二钙
T1	4.0	60~65	0	20~25	0	5~8	微量
T2	8.0	55~60	5~10	25~30	0	5~10	微量
T3	12.0	50~55	10~15	15~20	1~3	10~15	微量
T4	16.0	40~45	10~15	10~15	3~5	15~20	微量
T5	20.0	40~45	15~20	3~5	5~10	15~20	微量

5.5.2.2 TiO$_2$ 含量对赤铁矿特征的影响

不同 TiO$_2$ 含量下赤铁矿形态和粒度明显不同。随着 TiO$_2$ 的提高，赤铁矿的晶粒尺寸变大，由他形粒状赤铁矿转变为骸晶赤铁矿，见图 5-46。TiO$_2$ 含量为

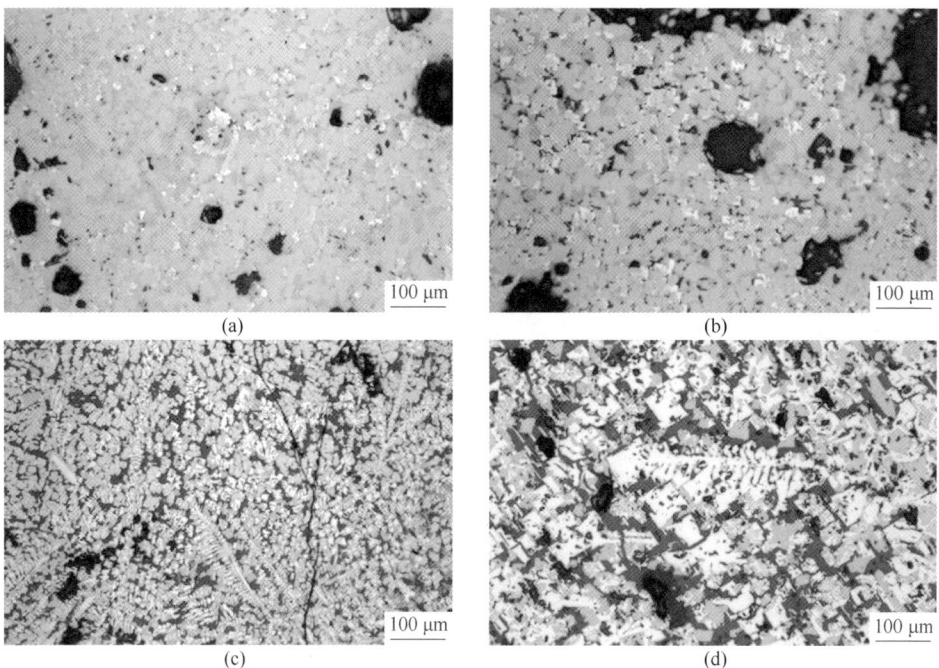

图 5-46　不同 TiO$_2$ 含量烧结矿中赤铁矿特征的变化（反射光）

（a）TiO$_2$ 含量 8%，赤铁矿形态；（b）TiO$_2$ 含量 12%，赤铁矿形态；

（c）TiO$_2$ 含量 16%，赤铁矿形态；（d）TiO$_2$ 含量 20%，赤铁矿形态

4%时，没有赤铁矿生成；TiO$_2$含量为8%时，赤铁矿开始生成，分布相对密集，多为他形晶被钙钛矿交结形成网状结构，部分呈粒状结构，粒度大小不一，粒径为0.01~0.07 mm，部分可见细粒状赤铁矿；TiO$_2$含量达到12%时赤铁矿含量继续增加，以半自形晶为主，少数为自形，粒径为0.01~0.08 mm；TiO$_2$含量达到16%时赤铁矿含量继续增加，出现大量定向排列次生骸晶赤铁矿；TiO$_2$含量达到20%赤铁矿含量最高，粒度达到最大，一般0.03~0.12 mm，可见定向排列的骸晶赤铁矿大量集中分布，局部出现大颗粒鱼骨架状次生骸晶赤铁矿。

5.5.2.3　TiO$_2$含量对磁铁矿特征的影响

随着TiO$_2$含量的提高，磁铁矿的晶粒尺寸变大，由半自形-他形晶转变为被赤铁矿包边的自形晶，见图5-47。TiO$_2$含量为4%时，烧结矿中的磁铁矿主要呈自形晶和半自形晶，多与铁酸钙和钙钛矿形成熔蚀结构；TiO$_2$含量为8%时，烧结矿中的磁铁矿含量明显减少，主要呈自形晶和半自形晶，被铁酸钙胶结；TiO$_2$含量为12%时，磁铁矿呈半自形-他形，部分被赤铁矿氧化，粒径显著增加；TiO$_2$含量为16%时，磁铁矿多被氧化成次生赤铁矿，从矿物外部边缘开始被氧化，与赤铁矿形成包边结构；TiO$_2$含量为20%时，磁铁矿主要与赤铁矿形成包边结构。

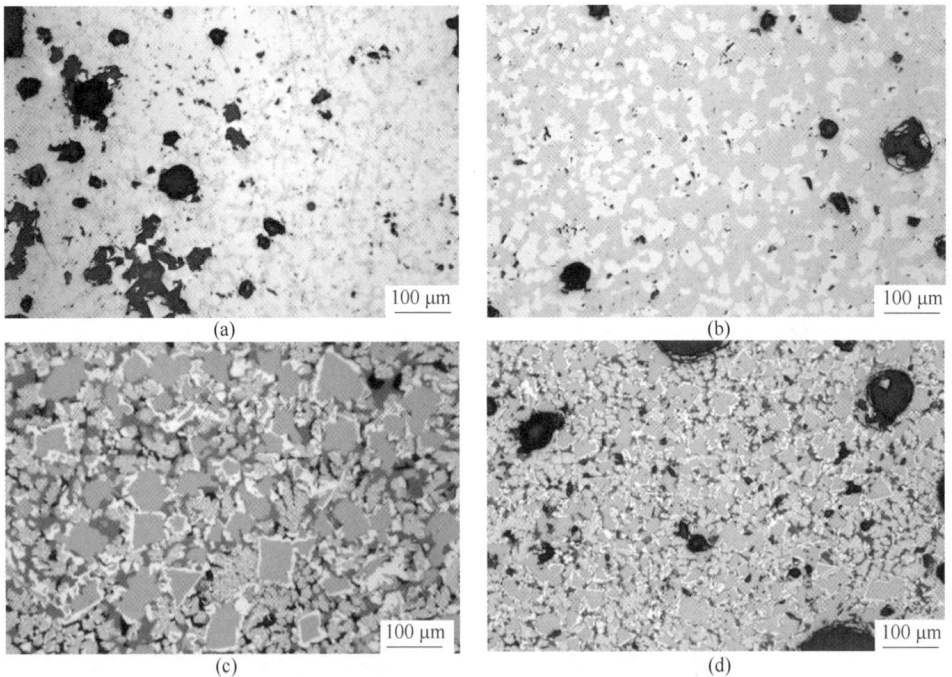

图5-47　不同TiO$_2$含量烧结矿中磁铁矿特征的变化（反射光）

(a) TiO$_2$含量4%，磁铁矿形态；(b) TiO$_2$含量8%，磁铁矿形态；

(c) TiO$_2$含量16%，磁铁矿形态；(d) TiO$_2$含量20%，磁铁矿形态

5.5.2.4　TiO$_2$含量对铁酸钙特征的影响

随着 TiO$_2$ 含量的提高，铁酸钙的形态由不规则他形转变为针柱状后又转变为他形，见图 5-48。TiO$_2$ 含量为 4%时，烧结矿中铁酸钙主要呈他形与磁铁矿交结形成熔蚀结构；TiO$_2$ 含量提高到 8%时，烧结矿中出现大量针柱状铁酸钙，配加一定量的 TiO$_2$ 能够起到降低烧结液相线温度的作用，从而使烧结过程中黏结相的质量分数增加；TiO$_2$ 含量到达 12%时，针柱状铁酸钙消失，主要呈不他形与磁铁矿交结形成熔蚀结构；TiO$_2$ 含量到达 16%时，铁酸钙含量极低；TiO$_2$ 含量达到 20%时，烧结矿中铁酸钙几乎全部消失。

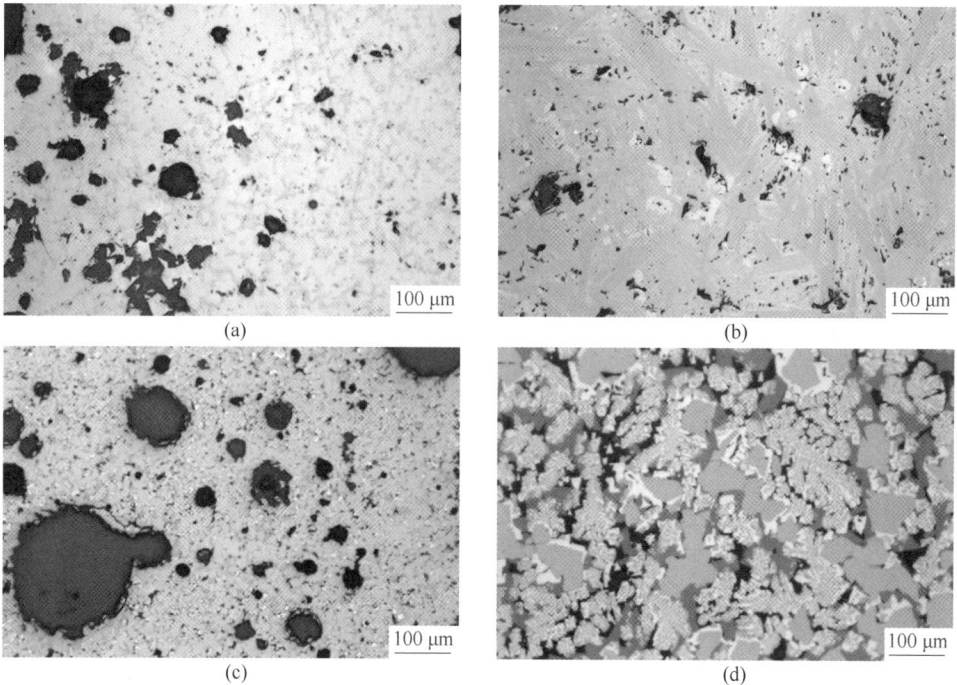

图 5-48　不同 TiO$_2$ 含量烧结矿中铁酸钙特征的变化（反射光）

（a）TiO$_2$ 含量 8%，铁酸钙形态；（b）TiO$_2$ 含量 12%，铁酸钙形态；
（c）TiO$_2$ 含量 16%，铁酸钙形态；（d）TiO$_2$ 含量 20%，铁酸钙形态

5.5.2.5　TiO$_2$含量对钙钛矿特征的影响

随着 TiO$_2$ 含量的提高，钙钛矿晶粒尺寸变大，由粒状逐渐转变为十字形，见图 5-49。TiO$_2$ 含量为 4%时，钙钛矿主要呈不规则形态和铁酸钙相连，部分呈粒状和棒状；TiO$_2$ 含量为 8%时钙钛矿除以粒状、不规则状与铁酸钙交结外，部分与赤铁矿交结形成网状结构；TiO$_2$ 含量为 12%时，钙钛矿主要呈粒状和不规则状与铁酸钙紧密相连，粒度增大；TiO$_2$ 含量为 16%时，钙钛矿除与赤铁矿和

铁酸钙胶结外，还呈粒状分布在玻璃质中；TiO$_2$含量为20%时，钙钛矿主要分布在玻璃相和赤铁矿周围，且玻璃相中出现集中分布的十字状钙钛矿，钙钛矿粒度进一步增大。

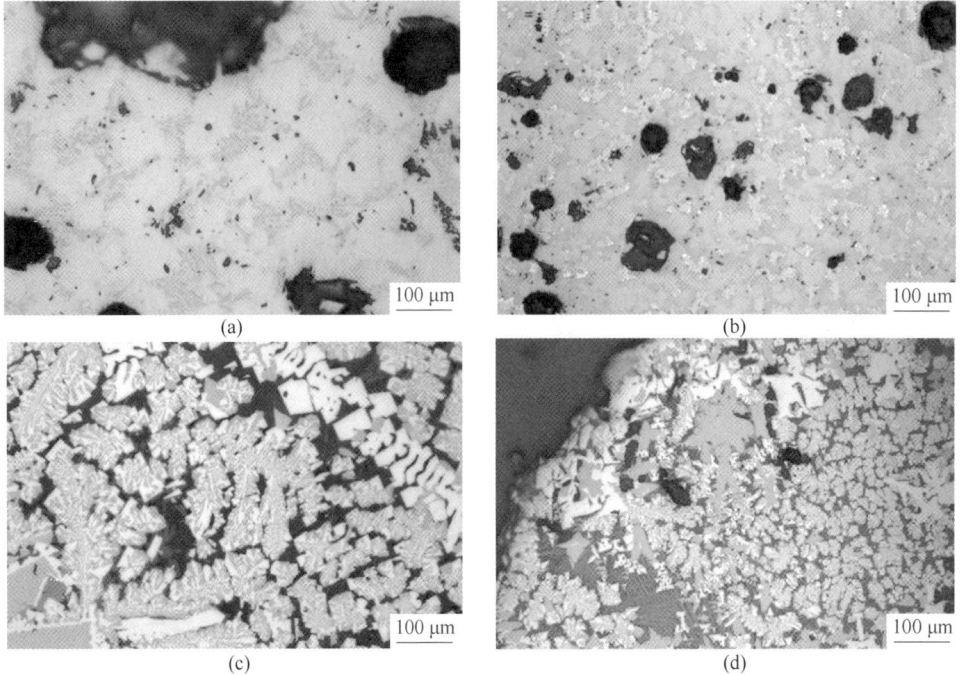

图 5-49　不同 TiO$_2$ 含量烧结矿中钙钛矿特征的变化（反射光）

（a）TiO$_2$ 含量 4%，钙钛矿形态；（b）TiO$_2$ 含量 8%，钙钛矿形态；

（c）TiO$_2$ 含量 16%，钙钛矿形态；（d）TiO$_2$ 含量 20%，钙钛矿形态

5.5.2.6　TiO$_2$ 含量对显微结构特征的影响

TiO$_2$ 为 4% 时，烧结矿显微结构均匀，主要为熔蚀结构。磁铁矿多呈他形粒状被他形铁酸钙胶结；气孔率为 20%～25%，气孔大小差距大，孔径一般为 0.05～0.40 mm，有连通气孔的裂隙和不规则气孔。显微结构照片见图 5-50。

TiO$_2$ 为 8% 时，烧结矿显微结构较均匀，以熔蚀结构为主，局部可见集中分布的柱状铁酸钙。气孔率为 15%～20%，较 TiO$_2$ 为 4% 有所下降，孔径为 0.05～0.42 mm。显微结构照片见图 5-51。

TiO$_2$ 为 12% 时，烧结矿显微结构较均匀，以熔蚀结构为主，赤铁矿多包裹钙钛矿形成网状结构。气孔率为 15%～20%，气孔大小不一，大气孔偏多，孔径一般为 0.05～0.40 mm。显微结构照片见图 5-52。

TiO$_2$ 含量达到 16% 时，烧结矿显微结构较不均匀，主要以粒状结构为主，局部可见他形钙钛矿分布在玻璃质中。气孔率为 15%～20%，小气孔偏多，孔径

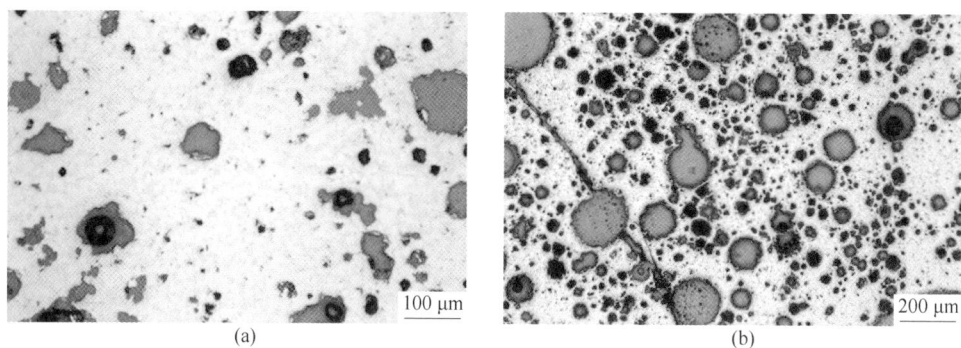

图 5-50 TiO$_2$含量 4%，烧结矿中钙钛矿特征的变化（反射光）

（a）整体结构；（b）气孔和裂隙

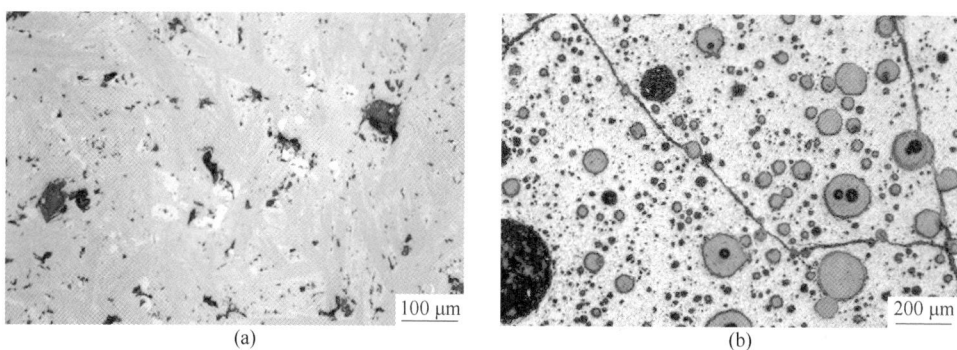

图 5-51 TiO$_2$含量 8%，烧结矿中钙钛矿特征的变化（反射光）

（a）整体结构；（b）气孔和裂隙

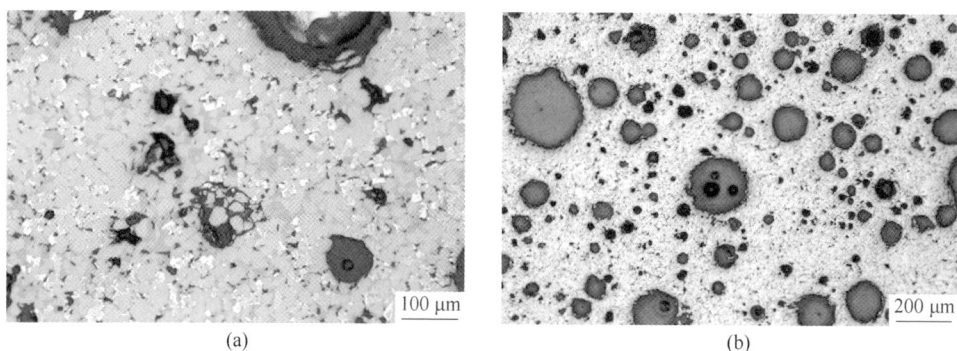

图 5-52 TiO$_2$含量 12%，烧结矿中钙钛矿特征的变化（反射光）

（a）整体结构；（b）集中分布的气孔

一般为在 0.02~0.27 mm，气孔之间连通，裂隙发展。显微结构照片见图 5-53。

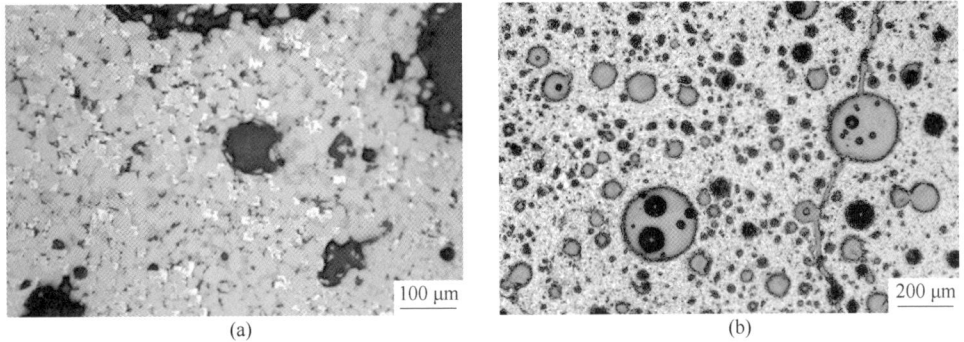

图 5-53 TiO₂ 含量 16%，烧结矿中钙钛矿特征的变化（反射光）

（a）整体结构；（b）贯穿气孔的裂隙

TiO₂ 含量达到 20% 时，烧结矿显微结构不均匀，主要为斑状结构熔蚀结构完全消失，赤铁矿形成的骸晶结构、包边结构以及十字状钙钛矿增多。气孔率为 20%~25%，气孔大小不一，孔径为 0.03~0.34 mm，气孔形状不规则且气孔间相互连通，裂隙发育。显微结构照片见图 5-54。

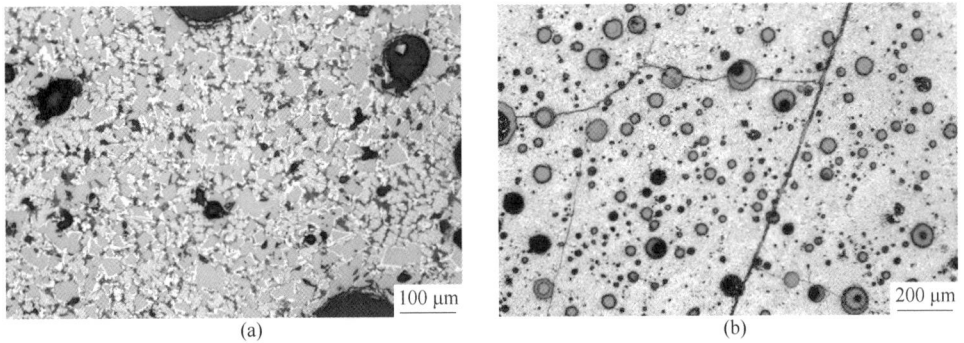

图 5-54 TiO₂ 含量 20%，烧结矿中钙钛矿特征的变化（反射光）

（a）整体结构；（b）气孔和裂隙

5.5.3 不同 TiO₂ 含量烧结矿矿相特征及其与冶金性能的关系

不同 TiO₂ 含量烧结矿低温还原粉化性能见表 5-28。

表 5-28 不同 TiO₂ 含量烧结矿的 RDI$_{+3.15\ mm}$ （%）

类型	T1	T2	T3	T4	T5
RDI$_{+3.15\ mm}$	53.12	54.28	41.32	32.49	18.20

随着 TiO$_2$ 含量的增加，烧结矿的低温还原粉化呈现为递减趋势。结合显微镜下矿物组成和显微结构特征，可以发现低温还原粉化随着 TiO$_2$ 含量的增加而减少的原因有：

（1）矿物组成：随着 TiO$_2$ 含量的增加，赤铁矿含量明显增加，硬而脆的钙钛矿含量也有所增加，强度良好的铁酸钙含量显著降低，且在 TiO$_2$ 含量为 20% 时，几乎不存在，使得烧结矿的低温还原粉化性能显著下降。

（2）矿物的形态：随着 TiO$_2$ 含量的增加，烧结矿中赤铁矿的形态出现骸晶结构，其发生相转变时，应力集中于晶体棱角部位，更加容易破碎；当 TiO$_2$ 含量为 8% 时，烧结矿中出现大量针柱状铁酸钙，使低温还原粉化指数略有增加，随着 TiO$_2$ 含量的进一步增加，铁酸钙转变为他形，导致烧结矿低温还原粉化显著降低。

（3）显微结构：TiO$_2$ 含量较低时，烧结矿的整体结构较均匀，以熔蚀结构为主，局部可见斑状-粒状结构；随着 TiO$_2$ 含量的增加，烧结矿的整体结构均匀程度变差，以斑状结构为主，导致烧结矿低温还原粉化性能变差。

6 高碱度烧结矿矿相结构形成机理

6.1 实 验 方 案

为探讨赤铁矿型、磁铁矿型、钒钛磁铁矿型三种类型高碱度烧结矿矿相结构的形成,根据现场烧结料层温度分布特点,设计了不同温度梯度实验室烧结实验。分别以化学纯试剂和铁精粉为主要原料进行配料,固定碱度 2.0,按表 6-1 实验方案,进行了微型烧结实验,具体配料方案见表 6-2。钒钛烧结矿采用攀钢钒钛铁精粉以及生石灰进行配矿烧结。

表 6-1 实验方案

试样	温度段/℃	成矿阶段	备注
1 号	室温~900	去水干燥	升
2 号	900~1150	固相反应	温
3 号	1150~1280	液相初期	阶
4 号	1280~1400	液相扩展	段
5 号	1400~1350	金属相结晶	降
6 号	1350~1280	黏结相结晶	温
7 号	1280~1200	黏结相结晶基本完成	阶
8 号	1200~1100	结晶基本完成	段

表 6-2 烧结矿配料方案　　　　　　　　　　　　　　　　(w_B/%)

类型	Fe_3O_4	Fe_2O_3	SiO_2	CaO	MgO	Al_2O_3	TiO_2	CaO/SiO_2
赤铁矿型	0	82.00	5.00	10.00	1.50	1.50	—	
磁铁矿型	82.00	0	5.00	10.00	1.50	1.50	—	2.00
钒钛型	72.00	0.79	3.78	7.56	2.75	2.91	10.21	

6.2 烧结成矿过程中矿物的形成

6.2.1 赤铁矿的形成

磁铁矿型、钒钛磁铁矿型烧结矿中的磁铁矿在温度达到 900 ℃的过程中均已完全氧化成为赤铁矿，900 ℃以后与赤铁矿型烧结矿中赤铁矿的形成过程基本一致。随着温度的变化，三种类型烧结矿中的赤铁矿主要呈现原生粒状赤铁矿、氧化赤铁矿、再结晶赤铁矿、重结晶赤铁矿以及次生赤铁矿五种类型。

6.2.1.1　升温阶段

900 ℃水淬：对不同类型烧结矿的手标本鉴定，发现该温度段烧结矿样品均呈粉末状，颜色为赤铁矿的红褐色且破碎严重（图6-1）。采用偏光显微镜观察赤铁矿型烧结矿样品中，仅存在未发生反应的原生粒状赤铁矿，结晶形态、粒度大小、嵌布方式等均保持为初始的粉末混料状态；磁铁矿型烧结矿和钒钛型烧结矿样品中的磁铁矿已经全部氧化成次生赤铁矿（图6-2）。

(a)　　　　　　　　　　　　　　　　(b)

图 6-1　900 ℃水淬烧结矿的手标本

（a）赤铁矿型烧结矿手标本；（b）磁铁矿型烧结矿手标本

扫一扫
查看彩图

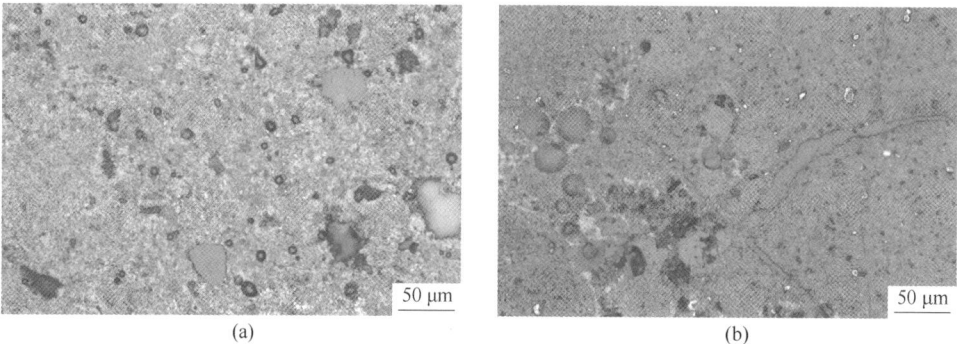

50 μm　　　　　　　　　　　　　　　50 μm

(a)　　　　　　　　　　　　　　　　(b)

图 6-2　900 ℃水淬烧结矿中赤铁矿的显微特点（反射光）

（a）赤铁矿型烧结矿中赤铁矿显微特点；（b）磁铁矿型烧结矿中赤铁矿显微特点

1150 ℃水淬：不同类型烧结矿手标本均呈黑色圆柱状，表明固相反应开始，粉末状的赤铁矿已不存在（图6-3）。显微镜下分析表明，由于温度的升高，原生赤铁矿以及次生氧化赤铁矿晶格中的原子发生迁移，随原子的扩散而发生固相反应，从而完全转变为再结晶赤铁矿（图6-4）。

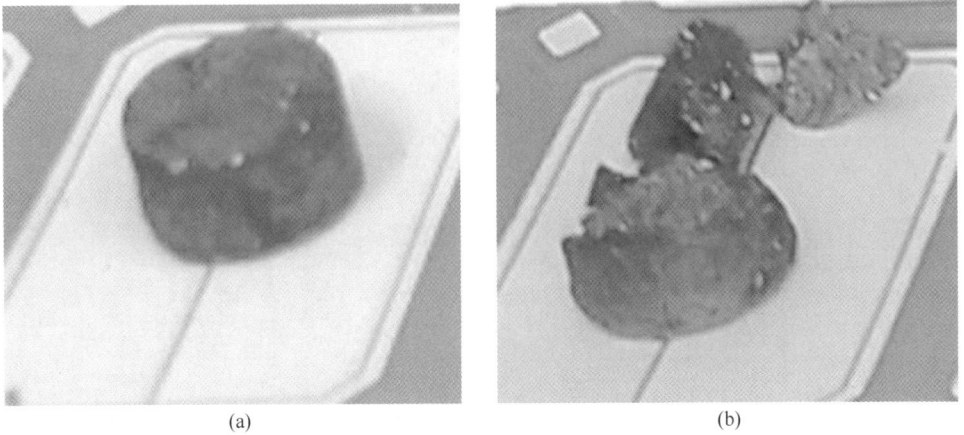

(a)   (b)

图 6-3　1150 ℃水淬烧结矿的手标本

（a）赤铁矿型烧结矿手标本；（b）磁铁矿型烧结矿手标本

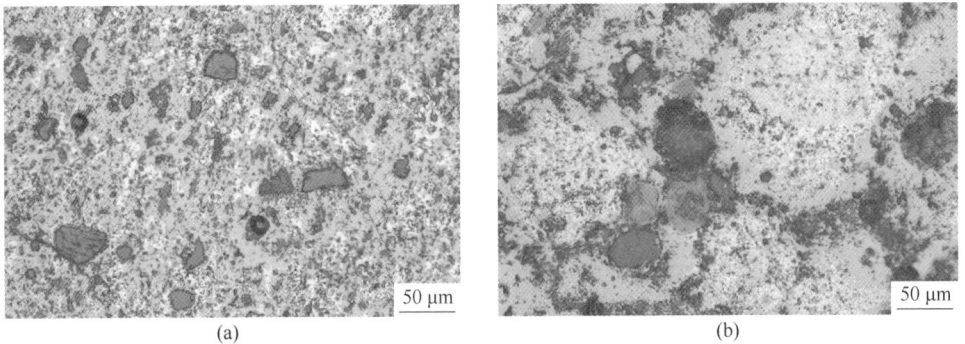

(a)   (b)

图 6-4　1150 ℃水淬烧结矿中赤铁矿的显微特点（反射光）

（a）赤铁矿型烧结矿中赤铁矿显微特点；（b）磁铁矿型烧结矿中赤铁矿显微特点

1280 ℃水淬：烧结矿手标本试样更加圆润，说明少量液相产生，样品发生收缩（图6-5）。显微镜下观察发现，赤铁矿含量明显下降，主要呈重结晶的他形粒状。此阶段的 Fe_2O_3 主要以低熔点化合物的形式，与 CaO 发生反应，参与铁酸钙的生成（图6-6）。

1400 ℃水淬：烧结矿手标本近似呈球状出现，说明有大量液相生成（图6-7）。显微镜下观察发现，赤铁矿发生分解生成磁铁矿，有少量骸晶赤铁矿出现（图6-8）。

图 6-5　1280 ℃水淬烧结矿的手标本

（a）赤铁矿型烧结矿手标本；（b）磁铁矿型烧结矿手标本

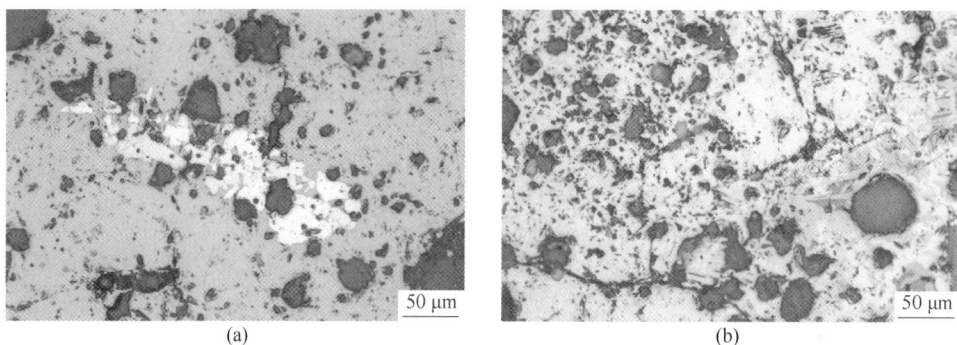

图 6-6　1280 ℃水淬烧结矿中赤铁矿的显微特点（反射光）

（a）赤铁矿型烧结矿中赤铁矿显微特点；（b）磁铁矿型烧结矿中赤铁矿显微特点

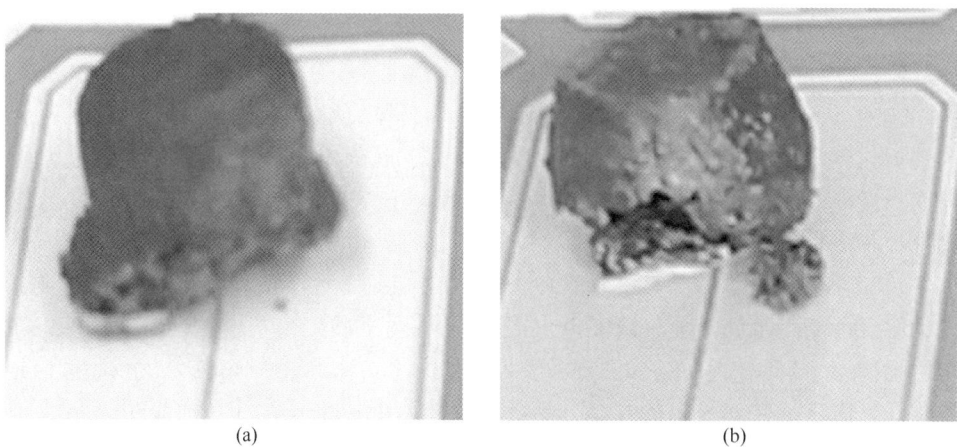

图 6-7　1400 ℃水淬烧结矿的手标本

（a）赤铁矿型烧结矿手标本；（b）磁铁矿型烧结矿手标本

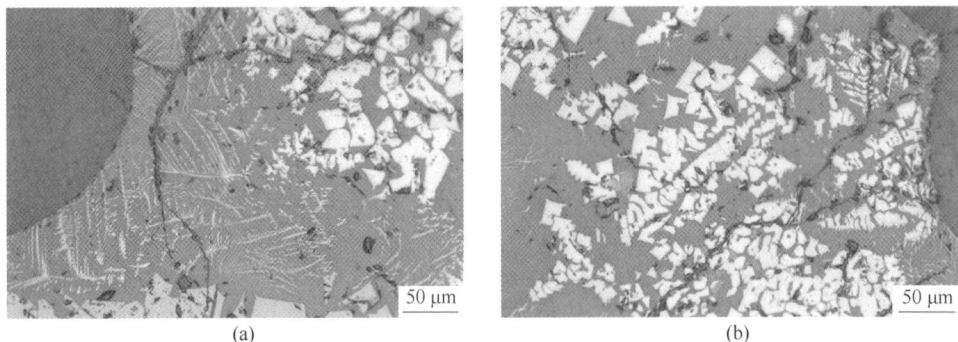

图 6-8　1400 ℃水淬烧结矿中赤铁矿的显微特点（反射光）

(a) 赤铁矿型烧结矿中赤铁矿显微特点；(b) 磁铁矿型烧结矿中赤铁矿显微特点

随着温度的升高，不同类型烧结矿中赤铁矿的含量均呈现减少的趋势，粒径逐渐增大，形态由他形粒状逐渐转变为半自形。当温度为 1400 ℃时，局部可见少量骸晶赤铁矿。图 6-9 为升温阶段烧结矿中赤铁矿的形成示意图。

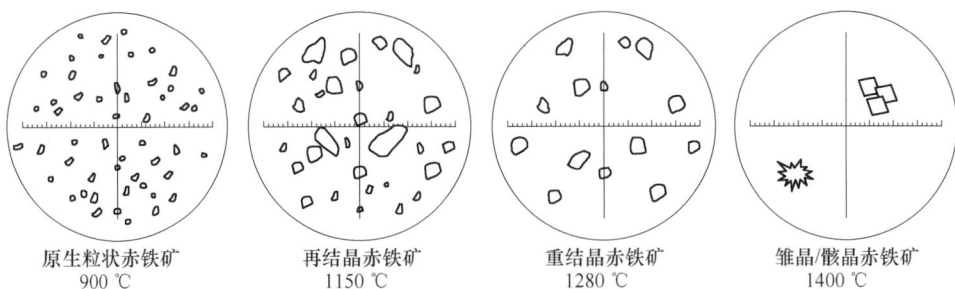

图 6-9　升温阶段烧结矿中赤铁矿的形成示意图

6.2.1.2　降温阶段

1350 ℃水淬：烧结矿手标本近似呈球状，呈黑色略带红色，说明在此阶段，次生氧化赤铁矿开始形成（图 6-10）。显微镜下观察发现，三种类型烧结矿中均存在少量骸晶赤铁矿，形态与 1400 ℃阶段形成的骸晶赤铁矿较为一致，且出现少量片状次生氧化赤铁矿。

1280~1100 ℃水淬：1280~1200 ℃水淬烧结矿手标本变化相对较小，主要呈球状出现，略带金属光泽，1100 ℃的样品呈"扁平状"，表明随温度的下降，矿物逐渐析出，样品没有足够的空间与液相量去形成球状（图 6-11）。显微镜下观察发现，次生氧化赤铁矿的含量开始随温度的降低增加，尤其是样品边缘和气孔周围的磁铁矿开始发生氧化转变成次生氧化赤铁矿（图 6-12）。

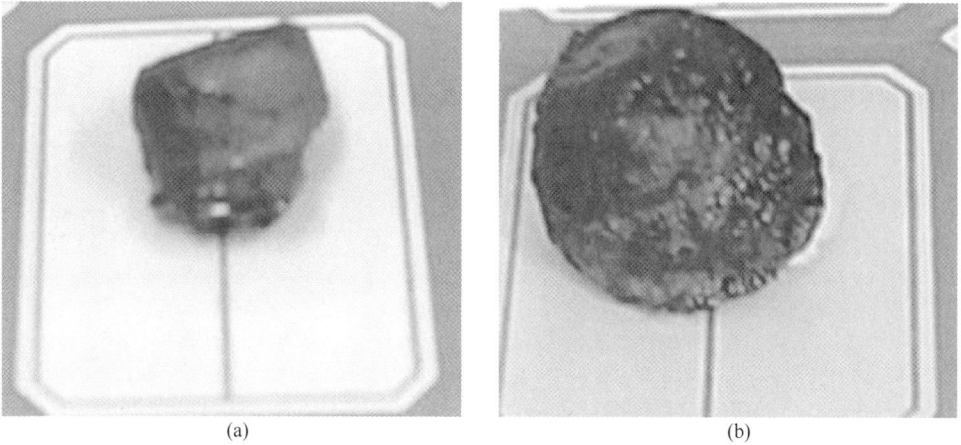

图 6-10　1350 ℃水淬烧结矿的手标本

（a）赤铁矿型烧结矿手标本；（b）磁铁矿型烧结矿手标本

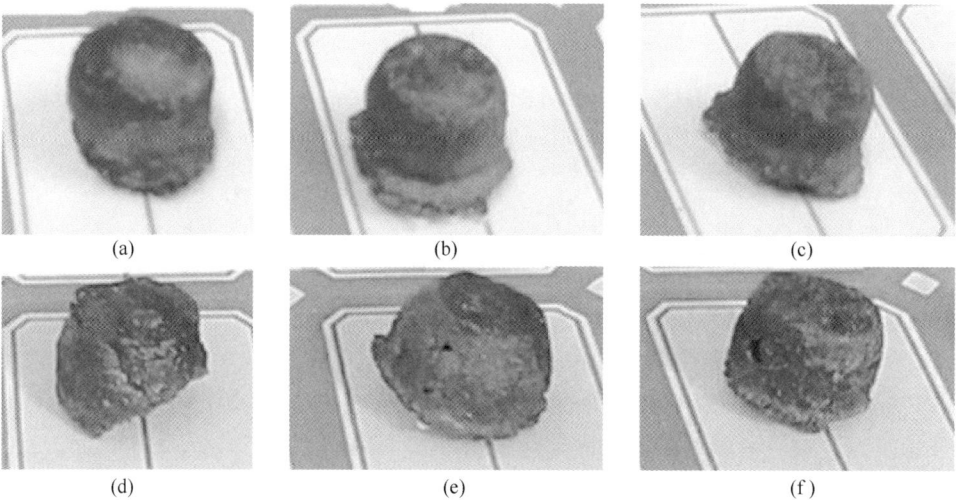

图 6-11　1280~1100 ℃水淬烧结矿的手标本

（a）1280 ℃赤铁矿型烧结矿手标本；（b）1200 ℃赤铁矿型烧结矿手标本；
（c）1100 ℃赤铁矿型烧结矿手标本；（d）1280 ℃磁铁矿型烧结矿手标本；
（e）1200 ℃磁铁矿型烧结矿手标本；（f）1100 ℃磁铁矿型烧结矿手标本

　　随着温度的降低，不同类型烧结矿中赤铁矿的含量均呈现增加的趋势，粒径逐渐增大，骸晶赤铁矿逐渐消失，形态主要为半自形。图 6-13 为降温阶段烧结矿中赤铁矿的形成示意图。

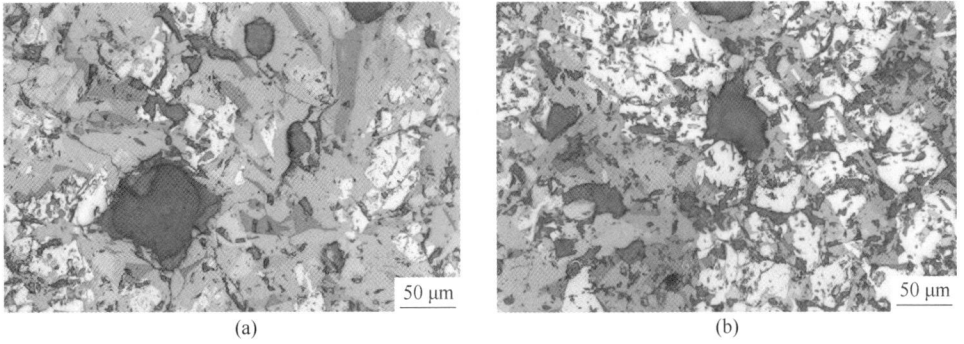

图 6-12　1280~1100 ℃烧结矿中赤铁矿的显微特点（反射光）

（a）赤铁矿型烧结矿中赤铁矿显微特点；（b）磁铁矿型烧结矿中赤铁矿显微特点

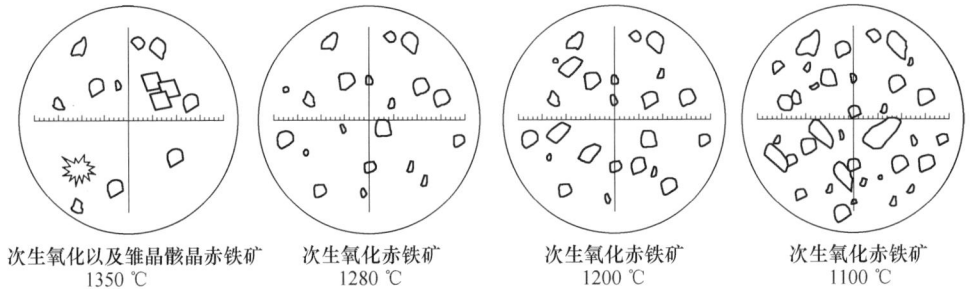

| 次生氧化以及雏晶骸晶赤铁矿 | 次生氧化赤铁矿 | 次生氧化赤铁矿 | 次生氧化赤铁矿 |
| 1350 ℃ | 1280 ℃ | 1200 ℃ | 1100 ℃ |

图 6-13　降温阶段烧结矿中赤铁矿的形成示意图

6.2.2　磁铁矿的形成

6.2.2.1　升温阶段

不同类型烧结矿的形成规律较为一致。

900~1150 ℃水淬：不同类型烧结矿中均没有磁铁矿生成，磁铁矿型烧结矿和钒钛型烧结矿中磁铁矿被氧化反应成赤铁矿。

1280 ℃水淬：赤铁矿部分分解和还原成为他形粒状磁铁矿，部分形成铁酸钙（图 6-14）。

1400 ℃水淬：不同类型烧结矿中均生成自形–半自形磁铁矿（图 6-15）。

随着温度的升高，不同类型烧结矿中磁铁矿的含量均呈现增加的趋势，形态由他形粒状逐渐转变为自形–半自形；磁铁矿型烧结矿和钒钛型烧结矿中磁铁矿的形成温度较低，在 1280 ℃可见大量他形磁铁矿生成。图 6-16 为升温阶段不同类型烧结矿中磁铁矿的形成示意图。

6.2.2.2　降温阶段

1350~1100 ℃水淬：三种类型烧结矿中磁铁矿的变化规律较为一致，

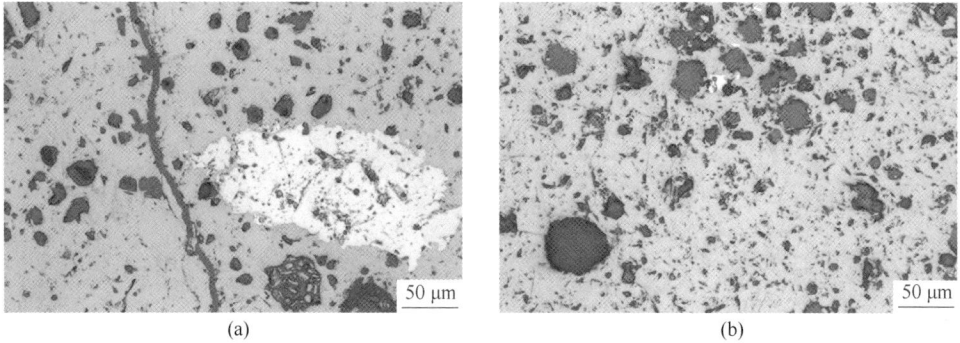

图 6-14　1280 ℃水淬烧结矿中磁铁矿的显微特点（反射光）

（a）赤铁矿型烧结矿中磁铁矿显微特点；（b）磁铁矿型烧结矿中磁铁矿显微特点

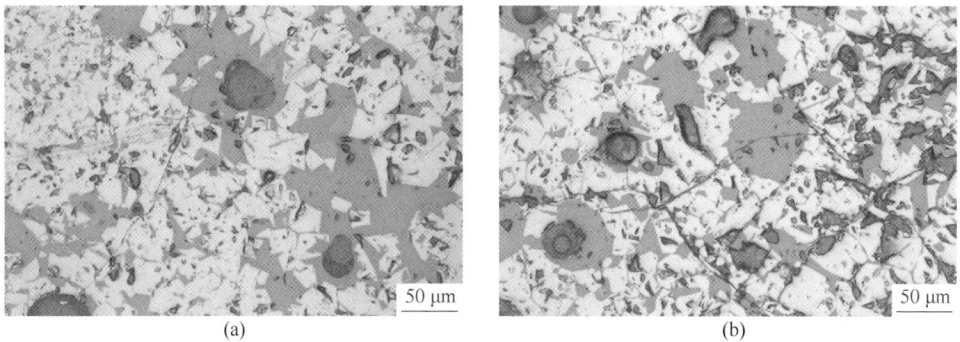

图 6-15　1400 ℃水淬烧结矿中磁铁矿的显微特点（反射光）

（a）赤铁矿型烧结矿中磁铁矿显微特点；（b）磁铁矿型烧结矿中磁铁矿显微特点

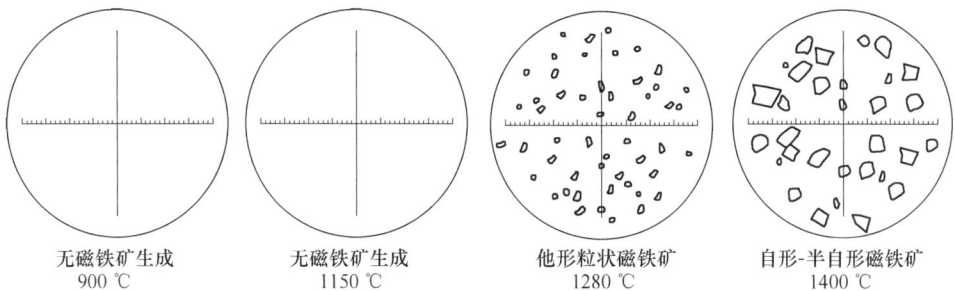

| 无磁铁矿生成 | 无磁铁矿生成 | 他形粒状磁铁矿 | 自形-半自形磁铁矿 |
| 900 ℃ | 1150 ℃ | 1280 ℃ | 1400 ℃ |

图 6-16　升温阶段烧结矿中磁铁矿的形成示意图

1350 ℃水淬的样品中，磁铁矿的含量及形态与升温阶段 1400 ℃冷却的样品一致；随着水淬温度的降低，三种类型烧结矿中磁铁矿的含量均呈现降低的趋势，且形态随着水淬温度的降低转变为他形粒状（图6-17）。图6-18为降温阶段烧结矿中磁铁矿的形成示意图。

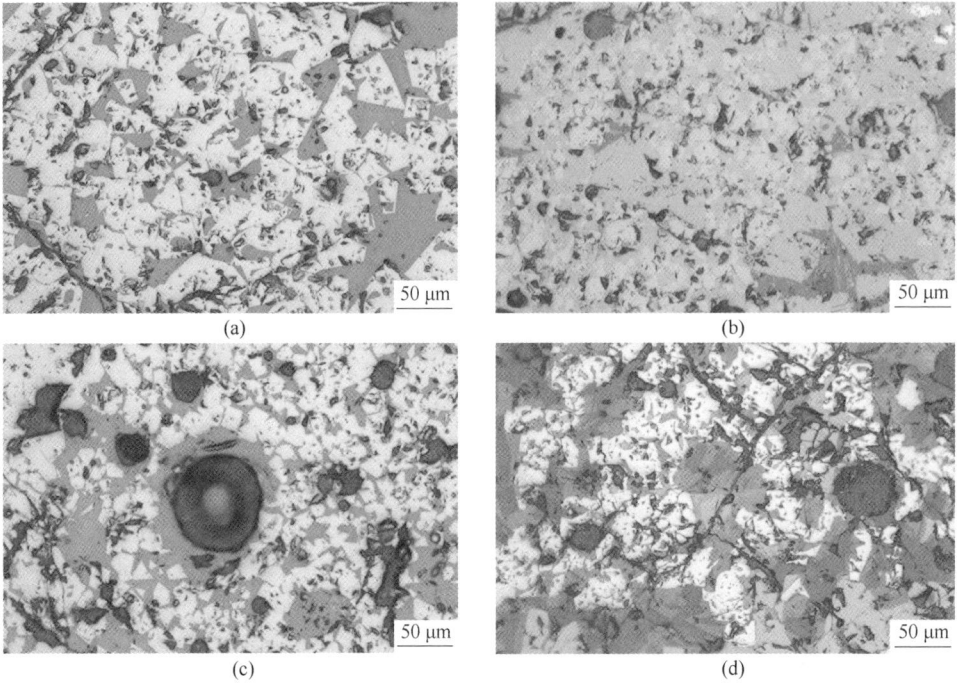

图 6-17　1350~1100 ℃水淬烧结矿中磁铁矿的显微特点（反射光）

（a）1350 ℃烧结矿中磁铁矿显微特点；（b）1280 ℃烧结矿中磁铁矿显微特点

（c）1200 ℃烧结矿中磁铁矿显微特点；（d）1100 ℃烧结矿中磁铁矿显微特点

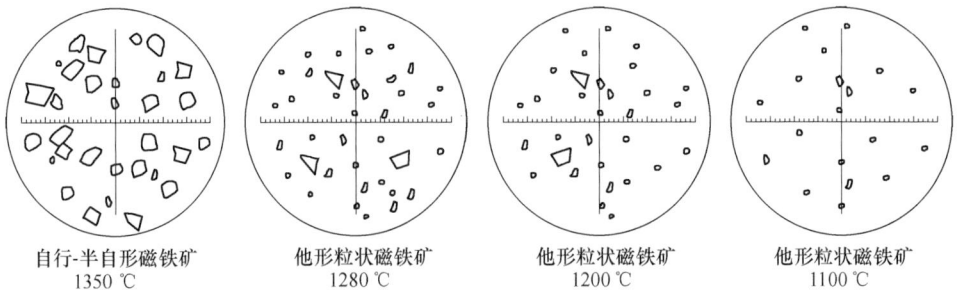

图 6-18　降温阶段烧结矿中磁铁矿的形成示意图

6.2.3　铁酸钙的形成

6.2.3.1　升温阶段

900 ℃水淬：烧结温度过低，没有铁酸钙生成。

1150 ℃水淬：CaO 与 Fe_2O_3 开始发生固相反应，生成大量不规则状固相铁酸钙（图 6-19）。

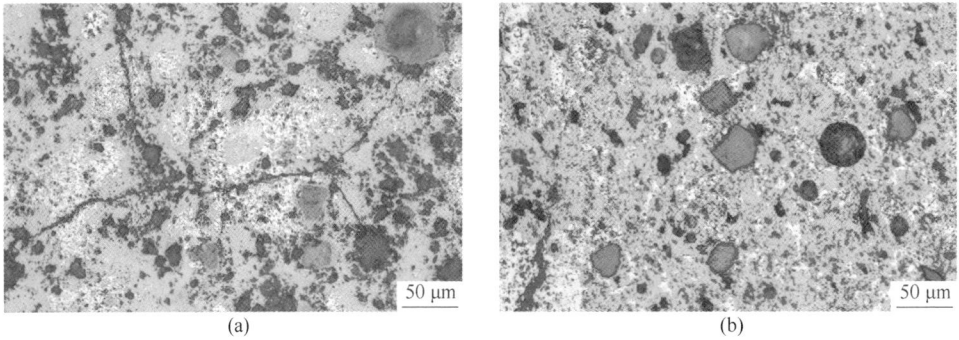

图 6-19　900~1150 ℃水淬烧结矿中铁酸钙的显微特点（反射光）

（a）赤铁矿型烧结矿中磁铁矿显微特点；（b）磁铁矿型烧结矿中磁铁矿显微特点

1280 ℃水淬：铁酸钙生成的最佳温度，在此温度下水淬的样品中有大量他形铁酸钙生成（图 6-20）。

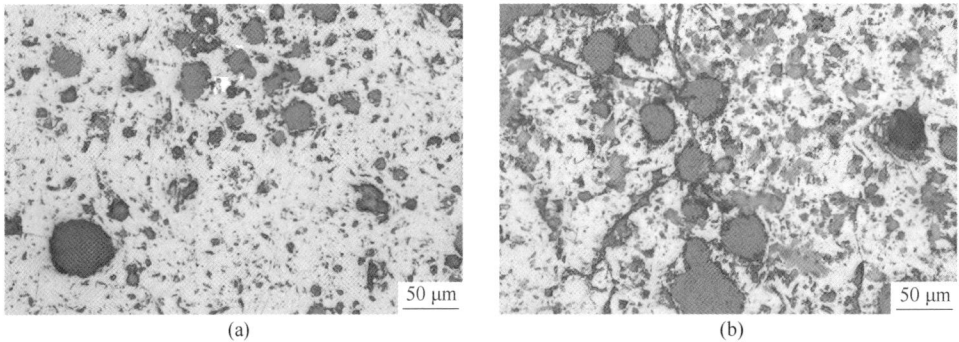

图 6-20　1280 ℃水淬烧结矿中铁酸钙的显微特点（反射光）

（a）赤铁矿型烧结矿中铁酸钙显微特点；（b）磁铁矿型烧结矿中铁酸钙显微特点

1400 ℃水淬：随着温度的进一步升高，当温度达到 1400 ℃时，铁酸钙分解熔融成液相（图 6-21）。

随着温度的升高，烧结矿中铁酸钙的含量先增加后降低，铁酸钙以他形为主。在 1150 ℃时 CaO 和 Fe_2O_3 接触发生固相反应，可见大量固相铁酸钙生成；当温度在 1280 ℃时，大量液相铁酸钙开始生成；随着温度的进一步升高，铁酸钙全部熔融为液相，1400 ℃水淬的样品中只出现了大量硅酸盐玻璃相。图 6-22 为升温阶段烧结矿中铁酸钙的形成示意图。

6.2.3.2　降温阶段

1350~1100 ℃阶段：三种类型烧结矿中铁酸钙的形成规律较为一致。当降温

图 6-21　1400 ℃水淬烧结矿中铁酸钙显微特点（反射光）

（a）赤铁矿型烧结矿中铁酸钙显微特点；（b）磁铁矿型烧结矿中铁酸钙显微特点

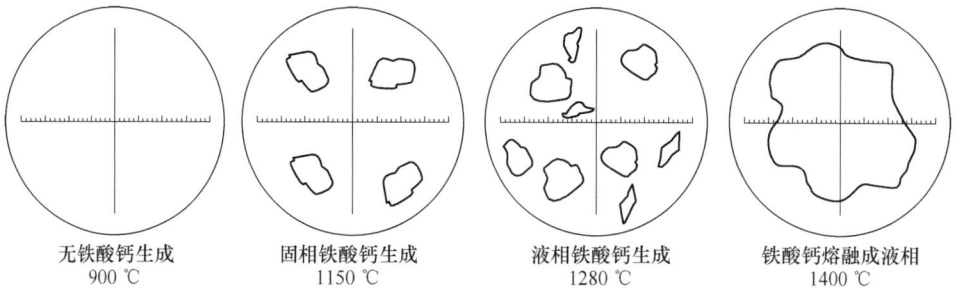

| 无铁酸钙生成 | 固相铁酸钙生成 | 液相铁酸钙生成 | 铁酸钙熔融成液相 |
| 900 ℃ | 1150 ℃ | 1280 ℃ | 1400 ℃ |

图 6-22　升温阶段烧结矿中铁酸钙的形成示意图

温度为 1350 ℃时，三种类型烧结矿中均开始出现少量雏晶状铁酸钙；随着温度的降低，铁酸钙的含量显著增加，且形态由雏晶状发育成板柱状；随着温度的进一步降低，铁酸钙形态逐渐由板柱状发育成他形片状，水淬温度为 1100 ℃的样品中铁酸钙的含量最高，且均以他形片状为主（图 6-23）。图 6-24 为降温阶段烧结矿中铁酸钙的形成示意图。

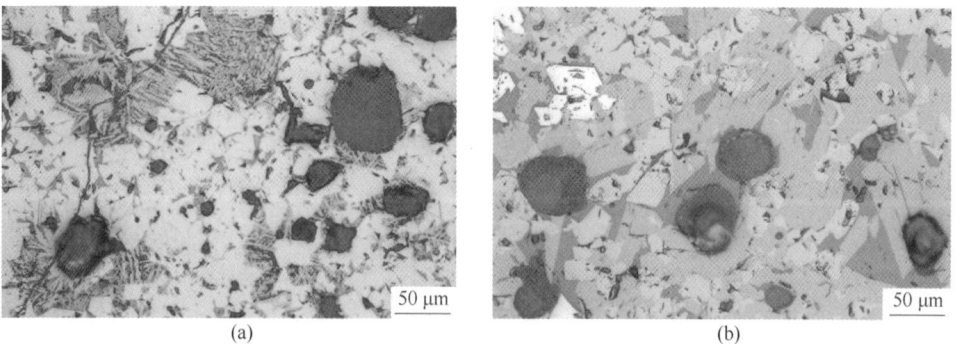

（a）　　　　　　　　　　　　　　　　（b）

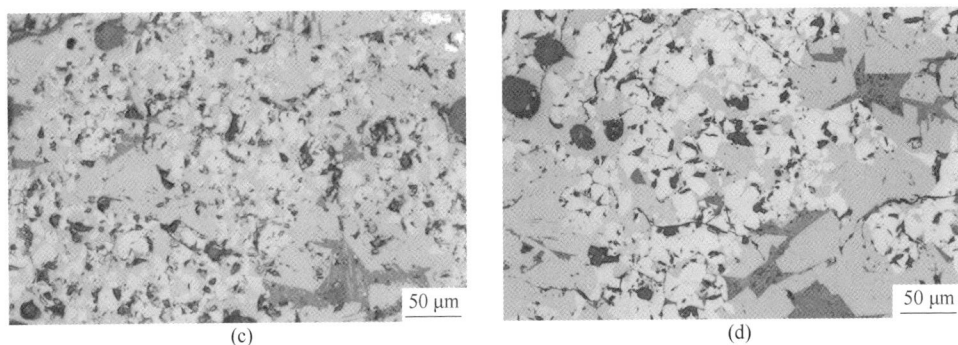

图 6-23　1350~1100 ℃水淬烧结矿中铁酸钙显微特点（反射光）

（a）1350 ℃烧结矿中铁酸钙显微特点；（b）1280 ℃烧结矿中铁酸钙显微特点

（c）1200 ℃烧结矿中铁酸钙显微特点；（d）1100 ℃烧结矿中铁酸钙显微特点

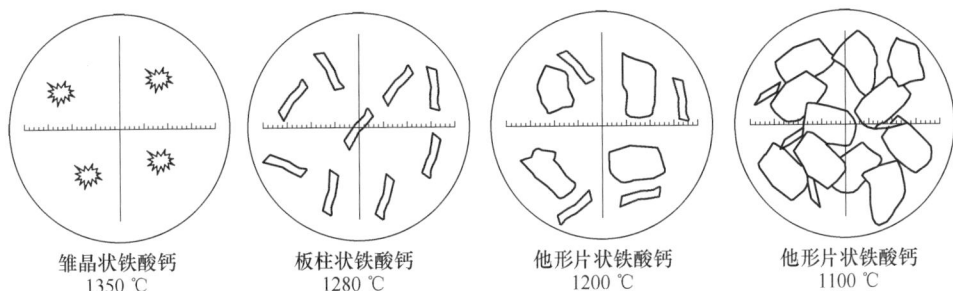

| 雏晶状铁酸钙 | 板柱状铁酸钙 | 他形片状铁酸钙 | 他形片状铁酸钙 |
| 1350 ℃ | 1280 ℃ | 1200 ℃ | 1100 ℃ |

图 6-24　降温阶段烧结矿中铁酸钙的形成示意图

6.2.4　钙钛矿的形成

由于赤铁矿型烧结矿和磁铁矿型烧结矿中 TiO_2 含量极低，无法生成钙钛矿，因此，仅研究了钒钛磁铁矿型烧结矿成矿过程中钙钛矿的形成。

6.2.4.1　升温阶段

900~1280 ℃水淬：烧结矿中没有钙钛矿出现。

1400 水淬：出现了 10%~15% 的十字形的钙钛矿，在整个烧结成矿阶段，在此温度下生成的钙钛矿含量最高（图 6-25）。

6.2.4.2　降温阶段

1350~1100 ℃水淬：钙钛矿在 1350 ℃、1280 ℃这两个温度水淬的样品中都有出现，但较 1400 ℃水淬的样品含量显著降低，1150 ℃、1100 ℃水淬的样品中没有钙钛矿的出现。此外，钙钛矿与铁酸钙呈相互消长的关系，高温有利于钙钛矿的发展，同时使得铁酸钙分解为 Fe_2O_3 与 CaO，导致铁酸钙的含量急剧减少（图 6-26）。

(a)　　　　　　　　　　　　　　　　　(b)

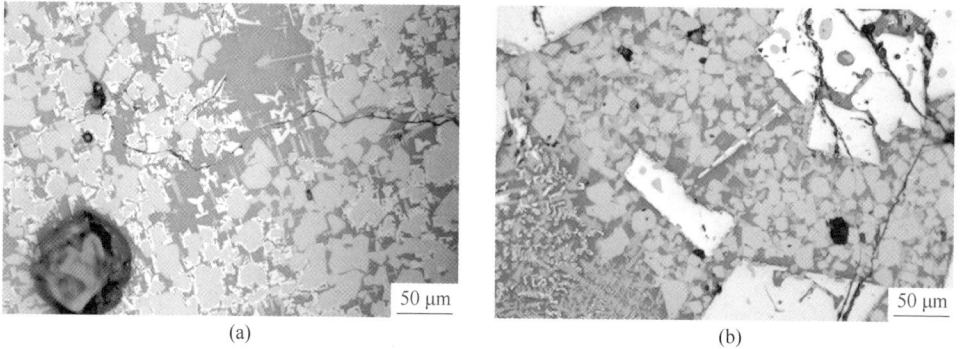

图 6-25　1400 ℃水淬烧结矿中钙钛矿显微特点（反射光）

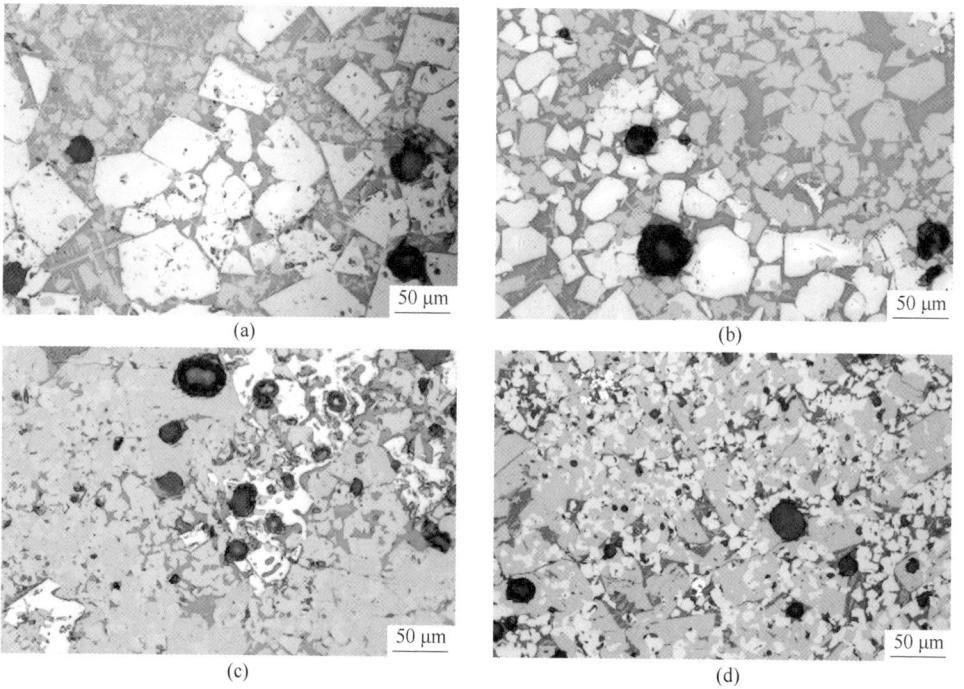

(a)　　　　　　　　　　　　　　　　　(b)

(c)　　　　　　　　　　　　　　　　　(d)

图 6-26　1350~1100 ℃水淬烧结矿中钙钛矿显微特点（反射光）

（a）1350 ℃烧结矿中钙钛矿显微特点；（b）1280 ℃烧结矿中钙钛矿显微特点
（c）1200 ℃烧结矿中钙钛矿显微特点；（d）1100 ℃烧结矿中钙钛矿显微特点

　　烧结成矿阶段，钙钛矿形成所需要的温度较高，在低温阶段不会形成。在
1400 ℃时，钙钛矿的含量最多，之后随着温度的降低含量逐渐减少。图 6-27 为
烧结成矿阶段烧结矿中钙钛矿的形成示意图。

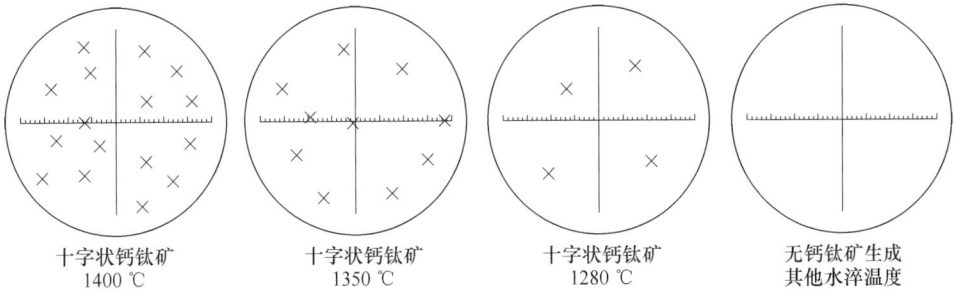

图 6-27　烧结成矿阶段烧结矿中钙钛矿的形成示意图

6.3　烧结成矿过程中显微结构的形成

采用蔡司透/反两用研究型偏光显微镜对三种不同类型烧结矿的显微结构进行了观察。分析发现，赤铁矿型烧结矿和磁铁矿型烧结矿烧结成矿阶段的显微结构变化较为一致，但钒钛型烧结矿由于有钙钛矿的形成，显微结构略有不同。不同类型烧结矿液相形成后的降温阶段均形成了典型的熔蚀结构和斑状结构，而这两种结构对烧结矿的质量具有重要影响，为此对降温阶段烧结矿中熔蚀结构和斑状结构的形成过程进行了分析。

6.3.1　不同阶段赤铁矿型烧结矿和磁铁矿型烧结矿显微结构的变化

随着水淬温度的变化，烧结矿的显微结构具有明显的变化。由 900~1400 ℃，烧结矿显微结构依次表现为松散的粉末状结构、胶结状结构、熔蚀结构、斑状结构；由 1350~1100 ℃烧结矿的显微结构依次表现为斑状结构、交织-熔蚀结构。

6.3.1.1　升温阶段

图 6-28 为升温阶段赤铁矿型烧结矿和磁铁矿型烧结矿中显微结构的形成过程。

900 ℃水淬：结构疏松，各分析纯仍以粉末状存在，受粉末状赤铁矿的影响，样品整体显红褐色。

1150 ℃水淬：不规则片状铁酸钙胶结再结晶赤铁矿，其间分布有石英。

1280 ℃水淬：他形铁酸钙胶结磁铁矿形成熔蚀结构。

1400 ℃水淬：玻璃相胶结磁铁矿形成斑状结构。

6.3.1.2　降温阶段

图 6-29 为降温阶段赤铁矿型烧结矿和磁铁矿型烧结矿中显微结构的形成过程。

1350 ℃水淬：主要为玻璃相胶结磁铁矿形成斑状结构，黏结相以玻璃相为

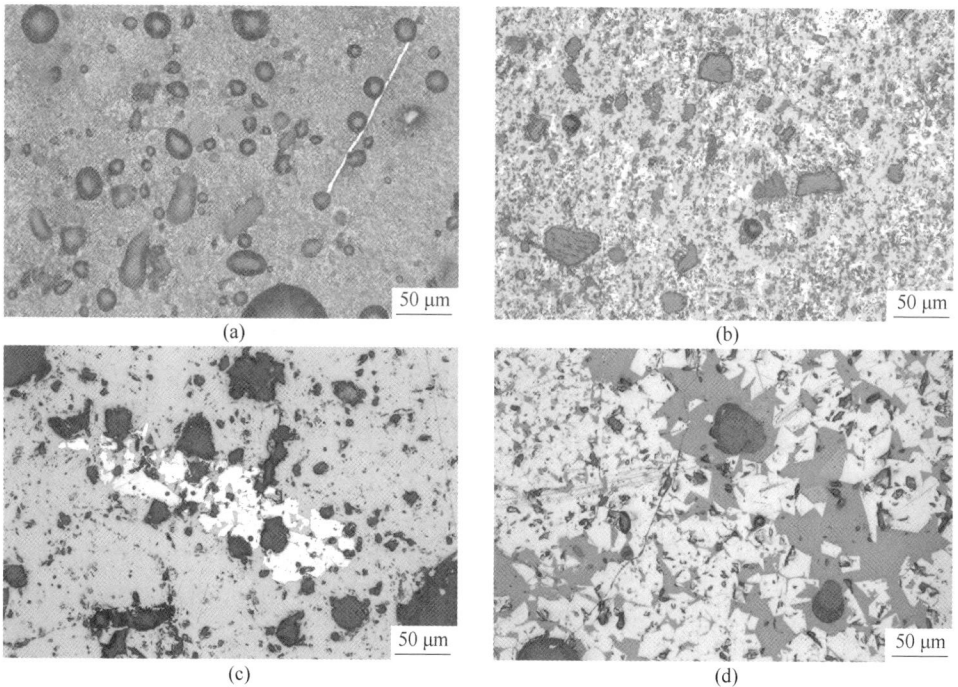

图 6-28　升温阶段赤铁矿型烧结矿和磁铁矿型烧结矿中显微结构的形成过程（反射光）

(a) 900 ℃，粉末状结构；(b) 1150 ℃，胶状结构；

(c) 1280 ℃，熔蚀结构；(d) 1400 ℃，斑状结构

主，有少量雏晶铁酸钙生成。

　　1280 ℃水淬：交织-熔蚀结构初期，黏结相以铁酸钙为主，多呈针柱状胶结金属相矿物。

　　1200 ℃水淬：交织-熔蚀结构中期，黏结相以铁酸钙为主，较上一阶段，板柱状铁酸钙含量增多。

　　1100 ℃水淬：交织-熔蚀结构末期，黏结相以铁酸钙为主，但形态由针柱状、板柱状转变为他形。

6.3.2　不同阶段钒钛型烧结矿显微结构的变化

　　随着水淬温度的变化，钒钛型烧结矿的显微结构也具有明显的变化。由 900~1400 ℃，烧结矿显微结构依次表现为松散的粉末状结构、胶结状结构、熔蚀结构、斑状结构；由 1350~1100 ℃烧结矿的显微结构依次表现为斑状结构、交织-熔蚀结构。

6.3.2.1　升温阶段

　　图 6-30 为升温阶段钒钛型烧结矿中显微结构的形成过程。

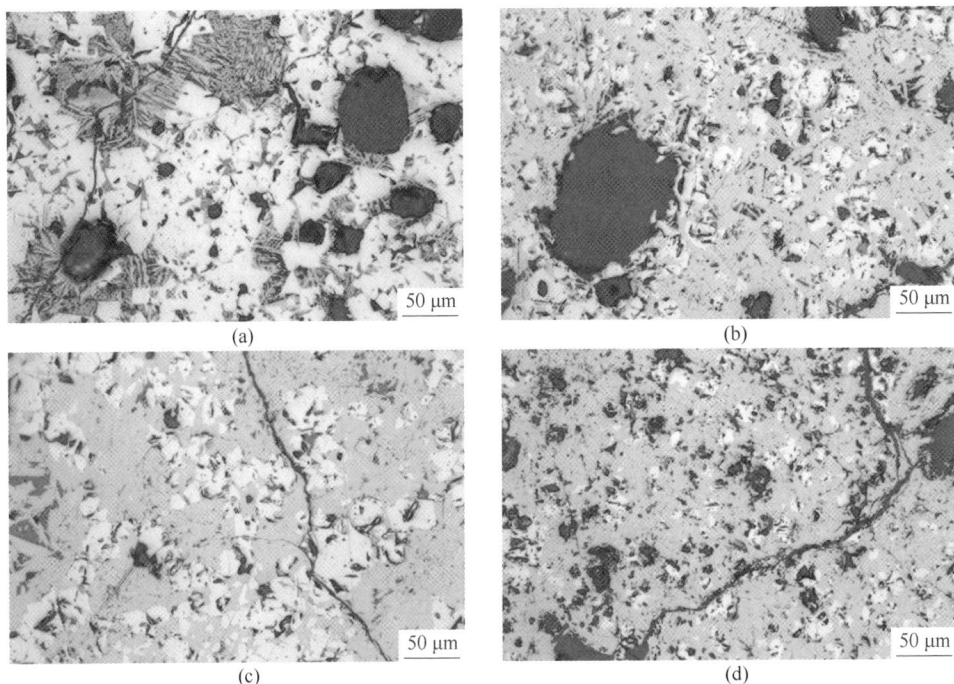

图 6-29　降温阶段赤铁矿型烧结矿和磁铁矿型烧结矿中显微结构的形成过程（反射光）

(a) 1350 ℃，斑状结构；(b) 1280 ℃，交织-熔蚀结构初期；

(c) 1200 ℃，交织-熔蚀结构中期；(d) 1100 ℃，交织-熔蚀结构末期

900 ℃水淬：结构疏松，钒钛烧结矿中分布有大量的氧化钛赤铁矿和石英，其他各原料仍以粉末状存在于钒钛烧结矿间尚未发生反应。

1150 ℃水淬：为不规则片状铁酸钙胶结再结晶钛赤铁矿，其间分布有石英。

1280 ℃水淬：随着温度和液相浓度的变化使得已经结晶的钛赤铁矿物质部分融入液相中，再重新结晶出新的钛赤铁矿晶体，金属相主要为再结晶钛赤铁矿，黏结相主要为液相铁酸钙大片存在。

1400 ℃水淬：钛赤铁矿沿着钛磁铁矿晶粒边缘形成花瓣结构，有的钛赤铁矿和钛磁铁矿形成网格状结构，并且这个温度段出现了骸晶状的钛赤铁矿和钛磁铁矿，根据布拉维法则，金属矿物的生长是从其金属质点开始，液相对金属质点的供给主要以扩散的方式进行，所以晶体生长时晶体尚容易接受金属质点的棱角部位优先生长，晶面生长较慢，形成骸晶状赤铁矿，在这个温度段钙钛矿含量最多，主要以典型的十字状分布在矿物间。

6.3.2.2　降温阶段

图 6-31 为降温阶段钒钛型烧结矿中显微结构的形成过程。

1350 ℃水淬：相较于 1400 ℃水淬试样而言，骸晶状赤铁矿和钙钛矿的含量

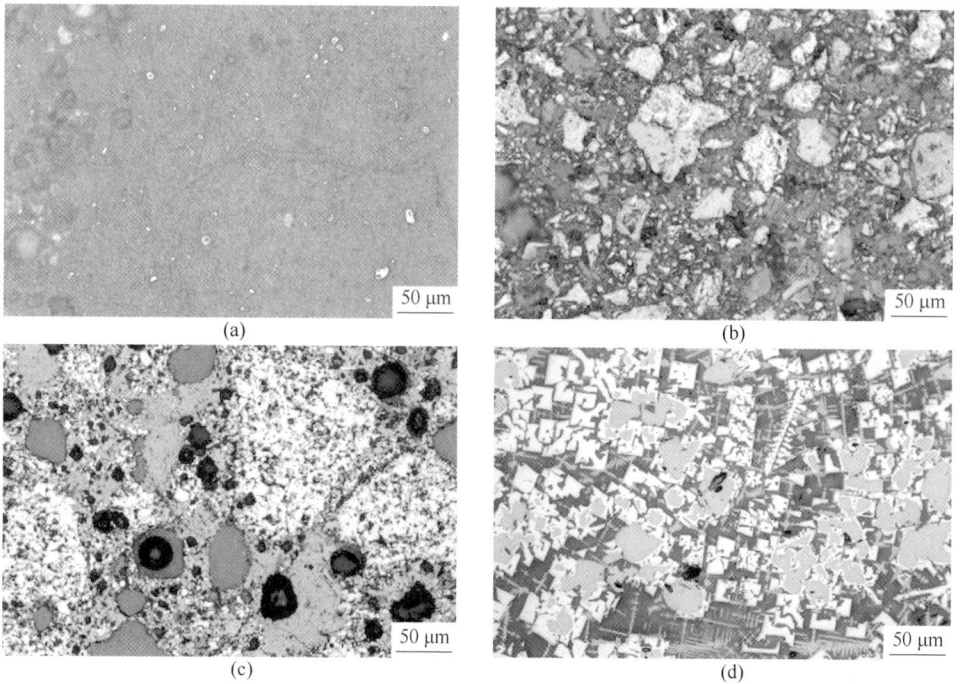

图 6-30　升温阶段钒钛型烧结矿中显微结构的形成过程（反射光）
(a) 900 ℃，粉末状结构；(b) 1150 ℃，粉末状结构；
(c) 1280 ℃，熔融状结构；(d) 1400 ℃，斑状结构

减少，结构以斑状结构为主，黏结相主要为玻璃质。

1280 ℃水淬：黏结相中玻璃质减少，板柱状铁酸钙变化相反，钛磁铁矿和次生氧化钛赤铁矿为主要的金属相，仅见少量骸晶钛赤铁矿。

1200 ℃水淬：相较 1280 ℃水淬试样而言，板柱状铁酸钙增多，且出现微量的钙钛矿，同时玻璃质含量减少。

1100 ℃水淬：板柱状铁酸钙更加发育，使得铁酸钙和钛磁铁矿形成熔蚀结构。

6.3.3　烧结成矿过程中熔蚀结构的形成

熔蚀结构主要在降温阶段形成，形成过程见图 6-32。

1350 ℃水淬：最早出现的铁酸钙多为细小针状雏晶，分别生长在液相中和磁铁矿边缘。

1280 ℃水淬：铁酸钙晶体明显长大，晶体形态呈紧密排列的短柱状，被铁酸钙胶结的磁铁矿晶体粒径明显变小。

1200 ℃水淬：铁酸钙晶体继续长大，晶体形态由短柱状向板柱状发展，部

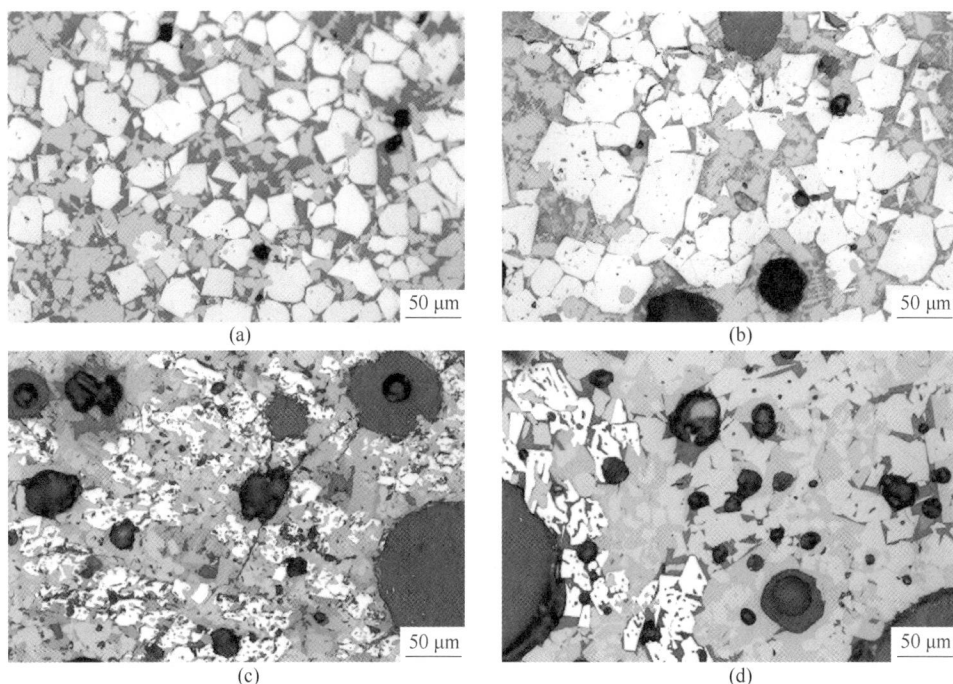

图 6-31　降温阶段钒钛型烧结矿中显微结构的形成过程（反射光）

（a）1350 ℃，斑状结构；（b）1280 ℃，交织-熔蚀结构（初期）；
（c）1200 ℃，交织-熔蚀结构（中期）；（d）1100 ℃，交织-熔蚀结构（末期）

分磁铁矿被铁酸钙完全包围，在离子扩散的过程中，由自形晶向浑圆粒状发展。

1100 ℃水淬：铁酸钙进一步长大，各板柱状晶体相互融合形成他形片状的铁酸钙连晶，磁铁矿进一步被熔蚀成细小条状。

6.3.4　烧结成矿过程中斑状结构的形成

斑状主要在降温阶段形成，形成过程见图 6-33。

1350 ℃水淬：烧结矿中心区域的熔体多为液相和自形磁铁矿共同组成。此时，磁铁矿周围尚未出现铁酸钙晶体。

1280 ℃水淬：磁铁矿周围开始出现铁酸钙晶体，但相比于烧结矿外侧出现的短柱状铁酸钙晶体，磁铁矿周围的铁酸钙晶体结晶程度较差。

1200 ℃水淬：磁铁矿周围的铁酸钙形态多变为较细的短小针状。

1100 ℃水淬：样品中开始出现片状铁酸钙，但磁铁矿附近的液相中原本存在的细小铁酸钙晶体基本消失，磁铁矿与周围液相凝固形成的新相相互胶结，形成了与冷却到室温时相似的斑状结构。

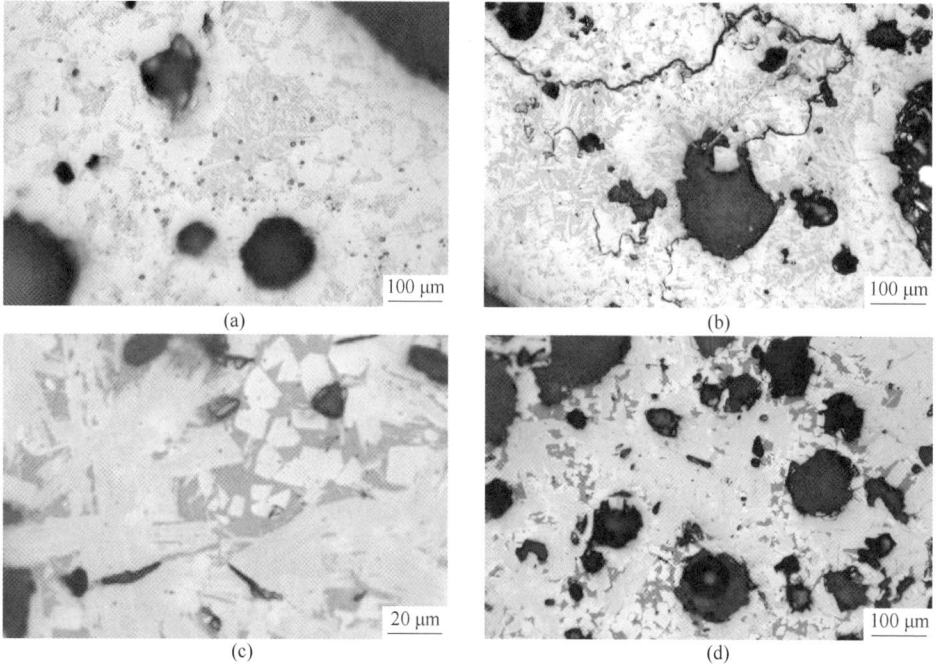

(a)　　　　　　　　　　　　　　　　(b)

(c)　　　　　　　　　　　　　　　　(d)

图 6-32　熔蚀结构的形成过程

（a）1350 ℃；（b）1280 ℃；（c）1200 ℃；（d）1100 ℃

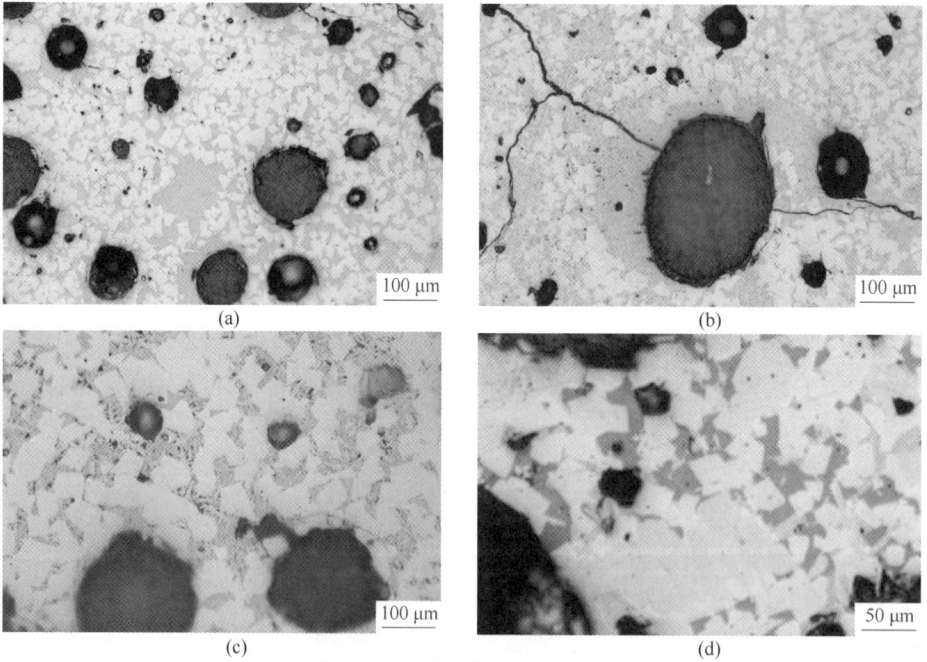

(a)　　　　　　　　　　　　　　　　(b)

(c)　　　　　　　　　　　　　　　　(d)

图 6-33　斑状结构的形成过程

（a）1350 ℃；（b）1280 ℃；（c）1200 ℃；（d）1100 ℃

6.4 矿相结构对烧结矿低温还原粉化的影响机理

6.4.1 矿物组成对烧结矿低温还原粉化的影响机理

研究表明，影响烧结矿低温还原粉化的矿物主要为骸晶赤铁矿、钙钛矿以及铁酸钙，具体影响机理详述如下：

（1）赤铁矿对烧结矿低温还原粉化的影响机理。高碱度烧结矿最终保留下来的赤铁矿多是在降温阶段所形成，主要包括次生氧化赤铁矿、重结晶的骸晶赤铁矿和原生粒状赤铁矿。赤铁矿的相转变是影响低温还原粉化的根本原因，次生氧化赤铁矿一般处于烧结矿的边缘或气孔周围，对烧结矿整个样品影响较小；骸晶状赤铁矿多分布于样品内部，多颗粒呈菱形局部集中出现，在相转变过程中，使内应力集中于一点爆发，会极大恶化烧结矿的低温粉化性能。为此，对骸晶状的赤铁矿分别从生长特征和形成机理进行了研究。

由上述研究可知，骸晶赤铁矿主要形成于高温阶段，结合晶体的生长理论，得出骸晶状赤铁矿的生长机理。

高温阶段，由于硅酸盐液相的存在致使熔体的黏度较大，在黏度较大的情况下，熔体中金属相质点的供给主要以扩散的方式进行。在这种情况下，赤铁矿晶体上容易接受金属相质点的棱、角部分最先生长，而晶面部分生长较慢形成骸晶赤铁矿。同时，结晶速度越快，则形成的结晶中心越多，在围绕多个结晶中心生长的情况下，晶体生长不完全，多呈粗大的骸晶状。气孔周围之所以经常分布有骸晶赤铁矿，就是因为气孔周围冷却较快，无法提供充分的结晶速度。

（2）铁酸钙矿对烧结矿低温还原粉化的影响机理。上述实验研究表明，铁酸钙分为两种，一种是固相反应形成的铁酸钙，多呈无定形，他形片状大量出现；另一种是液相结晶析出的铁酸钙，具有针状柱状晶形、分布较均匀。铁酸钙作为黏结相，尤其是针柱状铁酸钙胶结金属相形成的交织-熔蚀结构，各矿物间具有良好的间隙，能够释放金属矿物相转变产生的应力。而且，铁酸钙本身具有良好的强度，因此铁酸钙的存在有利于高碱度烧结矿低温还原粉化指数的改善。总体来看，1280~1100 ℃最适合黏结性能以及强度良好的铁酸钙发育。

（3）钙钛矿对烧结矿低温还原粉化的影响机理。由上述研究可知，升温阶段1350 ℃水淬时，样品中有钙钛矿生成，该温度下，铁酸钙分解，液相中 CaO 浓度提高，为钙钛矿的形成提供了有利条件。随着温度增加，钙钛矿含量增多，并与铁酸钙分解析出的赤铁矿和玻璃相胶结形成网状结构，同时交织-熔蚀结构相应减少。由于玻璃相强度低，钙钛矿硬而脆，使网状结构在金属相在还原相变过程中产生裂纹，低温还原粉化性能恶化。

6.4.2　显微结构对烧结矿低温还原粉化的影响机理

通过对赤铁矿型、磁铁矿型、钒钛型三种类型烧结矿矿相结构的形成过程进行分析发现，恶化低温粉化性能的骸晶状赤铁矿出现于1400 ℃、1350 ℃高温阶段，同时出现了以磁铁矿和玻璃相为主的斑状或粒状结构。此外，在钒钛型烧结矿中，在此温度下发现大量十字形钙钛矿。骸晶状赤铁矿、钙钛矿以及斑状、粒状结构的出现，都会影响烧结矿的强度，恶化烧结矿的低温还原粉化。三种不同类型烧结矿中，冶金性能良好的交织-熔蚀结构在1280~1100 ℃最为发育。

在烧结生产时，应该尽可能地减少高温阶段的持续时间，减少骸晶状赤铁矿、钙钛矿以及斑状、粒状结构的出现；增加低温阶段的烧结时间，有利于生成更多的铁酸钙黏结相，有利于交织-熔蚀结构的形成，以此生产出矿相结构和冶金性能优良的高碱度烧结矿。

7 高碱度烧结矿中元素运移规律研究

近年来，由于国外铁矿粉和国内铁精粉的配加使用，烧结原料化学成分更加复杂。原料中的 Al_2O_3、MgO 以及 TiO_2 是影响烧结矿矿相结构和冶金性能的重要因素，研究 Mg、Al、Ti 元素的赋存状态及运移规律对高碱度烧结矿矿物含量、形态以及冶金性能等具有较大的影响。

7.1 Mg 在烧结成矿过程中的运移规律

7.1.1 原料成分及实验方案

为了探讨高碱度烧结矿中元素的运移规律，根据现场烧结料层温度分布特点，设计了不同温度梯度实验室烧结实验。以化学纯试剂为主要原料进行配料，固定碱度 2.0，按表 6-1 实验方案，进行了微型烧结实验，具体配料方案见表 7-1。

表 7-1 烧结矿配料方案 　　　　　　　　　(w_B/%)

编号	Fe_3O_4	SiO_2	CaO	MgO	Al_2O_3	碱度
M1	82.5	5	10	1.0	1.5	2.0
M2	82	5	10	1.5	1.5	2.0
M3	81.5	5	10	2.0	1.5	2.0
M4	81	5	10	2.5	1.5	2.0
M5	80.5	5	10	3.0	1.5	2.0

7.1.2 温度对镁的运移规律影响

固定 MgO 的含量为 1%，采用偏光显微镜统计了不同温度梯度下烧结矿中各矿物含量（表 7-2）。

表 7-2 MgO 含量为 1.0%时烧结矿矿物组成 　　　　　　　　　(%)

温度/℃	赤铁矿	磁铁矿	铁酸钙	石英	硅酸二钙	玻璃质
900	90~95	—	—	5~10	—	—
1150	60~65	少量	25~30	5~10	—	少量

温度/℃	赤铁矿	磁铁矿	铁酸钙	石英	硅酸二钙	玻璃质
1280	25~30	20~25	40~45	—	—	5~10
1400	2~5	65~70	2~4	—	—	25~30
1350	1~2	65~70	5~10	—	—	20~25
1280	5~10	55~60	10~15	—	—	20~25
1200	10~15	35~40	30~35	—	微量	15~20
1100	10~15	30~35	35~40	—	2~3	10~15

对不同温度条件下烧结矿中各种矿物化学成分进行了电子探针测试分析，分析结果如下。

7.1.2.1　升温阶段

900 ℃水淬：显微镜下观察发现，此阶段仅发生了磁铁矿的氧化反应，试样中以粉末状氧化赤铁矿为主，并存在少量石英，该阶段 Mg 主要赋存在原料中，还未进入到烧结矿中各矿物。

1150 ℃水淬：氧化赤铁矿再结晶长大，主要发生离子扩散，MgO 与 Fe_2O_3 颗粒相互接触，Mg^{2+} 固溶进入赤铁矿。同时 Fe_2O_3 与 CaO 等原料接触反应，形成他形不规则状铁酸钙。由含量和电子探针测试数据（表 7-3）计算获得，Mg 在赤铁矿和铁酸钙的配分比分别为 77% 和 23%。

表 7-3　1150 ℃水淬烧结矿中各矿物电子探针数据　　　　（%）

矿物成分	Fe_2O_3	CaO	MgO	SiO_2	Al_2O_3	合计
赤铁矿	97.937	—	0.051	0.013	0.072	98.073
赤铁矿	98.394	—	0.076	0.014	0.031	98.515
赤铁矿	98.411	—	0.058	—	0.039	98.508
赤铁矿	98.446	—	0.043	0.003	0.038	98.53
铁酸钙	68.976	29.074	0.017	—	0.017	98.084
铁酸钙	68.991	30.369	0.059	0.159	0.079	98.757

1280 ℃水淬：此阶段烧结矿中铁酸钙呈短柱状，磁铁矿呈自形-半自形，赤铁矿呈大颗粒他形，并出现少量玻璃质。较上一阶段，赤铁矿中的 Mg 含量变化不大，铁酸钙中的 Mg 含量明显增加，磁铁矿和玻璃质中的 Mg 含量明显增加。赤铁矿中的 Fe^{3+} 与 Mg^{2+} 的离子半径差异较大，不容易发生离子置换，因此 Mg^{2+} 借助液相向其他矿物运移。由于该温度是铁酸钙形成的最佳温度，Mg 主要运移到铁酸钙中，参与铁酸钙的形成。由含量和电子探针测试数据（表 7-4）计算获得，Mg 在赤铁矿、铁酸钙、磁铁矿以及玻璃质中的配分比分别为 2%、89%、1%、7%。

表 7-4　1280 ℃水淬烧结矿中各矿物电子探针数据　　　　　（%）

矿物成分	Fe_3O_4	Fe_2O_3	CaO	MgO	SiO_2	Al_2O_3	合计
赤铁矿	—	98.483	—	0.058	0.021	0.172	98.734
赤铁矿	—	97.968	—	0.049	0.012	0.295	98.324
赤铁矿	—	98.063	—	0.061	0	0.648	98.772
铁酸钙	—	65.660	16.748	1.724	8.807	5.469	98.408
铁酸钙	—	67.404	14.963	1.840	8.967	5.103	98.277
铁酸钙	—	68.406	15.358	1.867	8.429	4.466	98.526
铁酸钙	—	67.485	16.324	1.844	8.575	4.379	98.607
磁铁矿	98.590	—	—	0.069	0.038	0.289	98.986
磁铁矿	98.208	—	—	0.059	0.012	0.195	98.474
磁铁矿	98.236	—	—	0.044	0.024	0.422	98.726
玻璃质	17.120	—	42.954	0.974	35.658	3.722	100.428
玻璃质	17.394	—	43.678	1.085	35.056	3.292	100.505
玻璃质	16.994	—	43.227	0.475	35.982	3.544	100.222

　　1400 ℃水淬：最高温阶段，赤铁矿在高温下分解成自形-半自形磁铁矿，仅存在少量次生赤铁矿和原生粒状赤铁矿，烧结矿中低熔点矿物几乎全部熔融为液相。较上一阶段，赤铁矿中的 Mg 含量略有降低，铁酸钙中的 Mg 含量显著降低，磁铁矿中的 Mg 含量显著增加，玻璃质中的 Mg 含量略有降低。磁铁矿中的 Fe^{2+} 与 Mg^{2+} 的离子半径相近，Mg^{2+} 能够离子置换进入到磁铁矿晶格中形成结构稳定的含镁磁铁矿，部分进入到硅酸盐玻璃质中。由含量和电子探针测试数据（表 7-5）计算获得，Mg 在赤铁矿、铁酸钙、磁铁矿以及玻璃质中的配分比分别为 0%、1%、85%、13%。

表 7-5　1400 ℃水淬烧结矿中各矿物电子探针数据　　　　　（%）

矿物成分	Fe_3O_4	Fe_2O_3	CaO	MgO	SiO_2	Al_2O_3	合计
赤铁矿	—	96.196	0.534	0.033	0.062	3.278	100.103
赤铁矿	—	96.504	0.538	0.048	0.082	2.883	100.055
赤铁矿	—	96.381	0.377	0.039	0.031	2.227	99.055
铁酸钙	—	64.616	19.550	0.274	9.851	4.019	98.310
铁酸钙	—	65.336	19.726	0.443	9.480	3.917	98.902
铁酸钙	—	65.870	19.051	0.263	9.357	3.679	98.220
铁酸钙	—	65.736	19.231	0.253	10.611	3.574	99.405
磁铁矿	95.945	—	0.699	1.137	0.044	1.727	99.552

矿物成分	Fe_3O_4	Fe_2O_3	CaO	MgO	SiO_2	Al_2O_3	合计
磁铁矿	96.158	—	0.785	1.149	0.007	1.624	99.723
磁铁矿	95.793	—	0.703	1.291	—	1.791	99.578
玻璃质	18.987	—	42.041	0.485	34.842	3.448	99.803
玻璃质	18.64	—	43.286	0.486	34.159	3.621	100.192
玻璃质	18.447	—	43.661	0.416	34.793	3.143	100.460

7.1.2.2　降温阶段

1350 ℃水淬：自形-半自形磁铁矿大量出现，玻璃质中开始析出少量雏晶状铁酸钙。该阶段赤铁矿和玻璃质中的 Mg 含量变化不大，铁酸钙和磁铁矿中的 Mg 含量略有增加。由含量和电子探针测试数据（表 7-6）计算获得，Mg 在赤铁矿、铁酸钙、磁铁矿以及玻璃质中的配分比分别为 0%、5%、87%、8%。

表 7-6　1350 ℃水淬烧结矿中各矿物电子探针数据　　　　　（%）

矿物成分	Fe_3O_4	Fe_2O_3	CaO	MgO	SiO_2	Al_2O_3	合计
赤铁矿	—	97.528	0.069	0.025	0.014	1.890	99.526
赤铁矿	—	97.562	0.104	0.031	0.043	1.909	99.649
赤铁矿	—	96.973	—	0.046	0.023	2.139	99.181
赤铁矿	—	97.686	—	0.053	0.019	2.079	99.837
铁酸钙	—	63.999	17.945	0.802	11.499	4.033	98.278
磁铁矿	94.881	—	0.996	1.367	0.015	1.724	98.983
磁铁矿	95.206	—	0.944	1.526	—	1.723	99.399
磁铁矿	94.844	—	1.019	1.449	0.022	1.661	98.995
玻璃质	21.383	—	39.609	0.393	33.974	3.365	98.724
玻璃质	21.083	—	39.057	0.412	34.587	3.238	98.377
玻璃质	20.657	—	40.184	0.416	34.372	3.649	99.278

1280 ℃水淬：金属相以半自形-他形磁铁矿和次生赤铁矿为主，铁酸钙以针柱状、他形、雏晶的形式析出，玻璃质含量明显减少。较 1350 ℃水淬试样，Mg 的运移变化不明显。由含量和电子探针测试数据（表 7-7）计算获得，Mg 在赤铁矿、铁酸钙、磁铁矿以及玻璃质中的配分比分别为 0%、9%、83%、8%。

表 7-7 1280 ℃水淬烧结矿中各矿物电子探针数据 （％）

矿物成分	Fe_3O_4	Fe_2O_3	CaO	MgO	SiO_2	Al_2O_3	合计
赤铁矿	—	97.189	0.017	0.026	0.006	1.383	98.621
赤铁矿	—	97.259	—	0.036	0.026	1.349	98.670
赤铁矿	—	97.415	0.211	0.03	0.019	1.365	99.040
铁酸钙	—	64.141	18.772	1.094	11.067	4.043	99.117
铁酸钙	—	64.696	17.645	0.652	9.789	4.392	97.174
铁酸钙	—	67.059	16.888	0.577	8.957	3.895	97.376
磁铁矿	95.422	—	1.412	1.603	0.011	1.300	99.748
磁铁矿	94.323	—	1.415	1.623	0.005	1.400	98.766
磁铁矿	94.722	—	1.321	1.566	0.031	1.413	99.053
玻璃质	19.786	—	41.050	0.383	34.038	3.064	98.321
玻璃质	16.622	—	43.390	0.402	35.348	3.412	99.174
玻璃质	17.244	—	42.850	0.367	34.747	3.406	98.614

1200 ℃水淬：相比 1280 ℃水淬试样，次生赤铁矿和铁酸钙含量明显增加，磁铁矿和玻璃质含量明显减少。赤铁矿中 Mg 含量略有降低，磁铁矿、铁酸钙和玻璃质中 Mg 含量变化不大。由含量和电子探针测试数据（表 7-8）计算获得，Mg 在赤铁矿、铁酸钙、磁铁矿以及玻璃质中的配分比分别为 0％、65％、29％、6％。

表 7-8 1200 ℃水淬烧结矿中各矿物电子探针数据 （％）

矿物成分	Fe_3O_4	Fe_2O_3	CaO	MgO	SiO_2	Al_2O_3	合计
赤铁矿	—	98.200	—	0.029	—	1.037	99.266
赤铁矿	—	98.569	0.008	0.016	1.015		99.608
赤铁矿	—	98.251	—	0.003	0.016	0.986	99.256
铁酸钙	—	68.766	15.712	0.821	8.711	4.500	98.510
铁酸钙	—	68.661	15.896	0.839	8.276	4.225	97.897
铁酸钙	—	69.039	16.277	0.845	8.268	4.417	98.846
磁铁矿	94.555	—	1.088	1.663	0.042	0.922	98.27
磁铁矿	95.460	—	1.227	1.698	0.057	0.782	99.224
磁铁矿	94.682	—	1.192	1.693	0.029	0.833	98.429
玻璃质	16.743	—	42.328	0.372	37.160	3.691	100.294
玻璃质	16.566	—	41.746	0.322	37.287	3.375	99.296
玻璃质	16.556	—	42.08	0.352	37.26	2.899	99.147

　　1100 ℃水淬：铁酸钙更加发育，其他矿物含量较上阶段减少。赤铁矿、磁铁矿和铁酸钙中的 Mg 含量略有增加，玻璃质中的 Mg 含量显著降低。由含量和电子探针测试数据（表 7-9）计算获得，Mg 在赤铁矿、铁酸钙、磁铁矿以及玻璃质中的配分比分别为 0%、60%、40%、0%。

表 7-9　1100 ℃水淬烧结矿中各矿物电子探针数据　　　　　　（%）

矿物成分	Fe₃O₄	Fe₂O₃	CaO	MgO	SiO₂	Al₂O₃	合计
赤铁矿	—	98.706	—	0.033	—	1.038	99.777
赤铁矿	—	98.255	0.047	0.002	—	1.004	99.308
铁酸钙	—	67.462	16.609	1.067	8.557	4.614	98.309
铁酸钙	—	67.154	16.128	1.146	8.879	4.814	98.121
铁酸钙	—	67.608	16.310	0.761	8.542	4.868	98.089
磁铁矿	95.723	—	1.034	1.716	0.015	0.809	99.297
磁铁矿	95.892	—	1.043	1.710	0.021	0.769	99.435
磁铁矿	96.462	—	0.976	1.751	0.024	0.715	99.928
玻璃质	21.531	—	42.961	0.012	31.890	2.601	98.295

　　结合烧结矿成矿过程中矿物含量变化和电子探针数据分析，升温过程中，固相反应阶段，Mg 从原料中扩散进入赤铁矿和铁酸钙中；随着温度的升高，大量液相生成，Mg 通过液相在矿物中迅速扩散，部分进入磁铁矿晶格形成类质同象，部分参与铁酸钙的合成。高温阶段 Mg 主要赋存在磁铁矿中，部分固溶于硅酸盐玻璃质。降温阶段，随着温度的降低铁酸钙开始析出，玻璃质中 Mg 含量减少，Mg 主要赋存在铁酸钙和磁铁矿中。

7.1.3　不同 MgO 含量对镁的运移规律的影响

　　MgO 含量不同，烧结成矿过程中矿物含量存在区别。随着水淬温度的变化，烧结矿中赤铁矿含量随 MgO 含量变化较小，仅在降温阶段 MgO 含量的增加时，赤铁矿含量有所减少；不同水淬温度下，烧结矿中磁铁矿含量随原料中 MgO 含量的升高均呈现上升趋势，铁酸钙含量随原料中 MgO 含量的增加而降低，玻璃质含量随原料中 MgO 含量的升高而降低。原料中的 Mg^{2+} 与磁铁矿中 Fe^{2+} 离子半径接近，容易发生离子间的置换反应，进入磁铁矿晶格形成结构稳定的含镁磁铁矿，从而抑制了磁铁矿向赤铁矿的转变。铁酸钙是由赤铁矿和氧化钙反应形成，烧结矿中赤铁矿含量降低，铁酸钙的含量也会随之减少。此外，MgO 含量的增加能够降低液相出现的温度和液相黏度，增加液相量和液相表面张力，有利于矿物晶体的形成，故玻璃质含量相应减少。不同水淬温度下，烧结矿中各矿物含量随原料中 MgO 含量的变化见图 7-1。

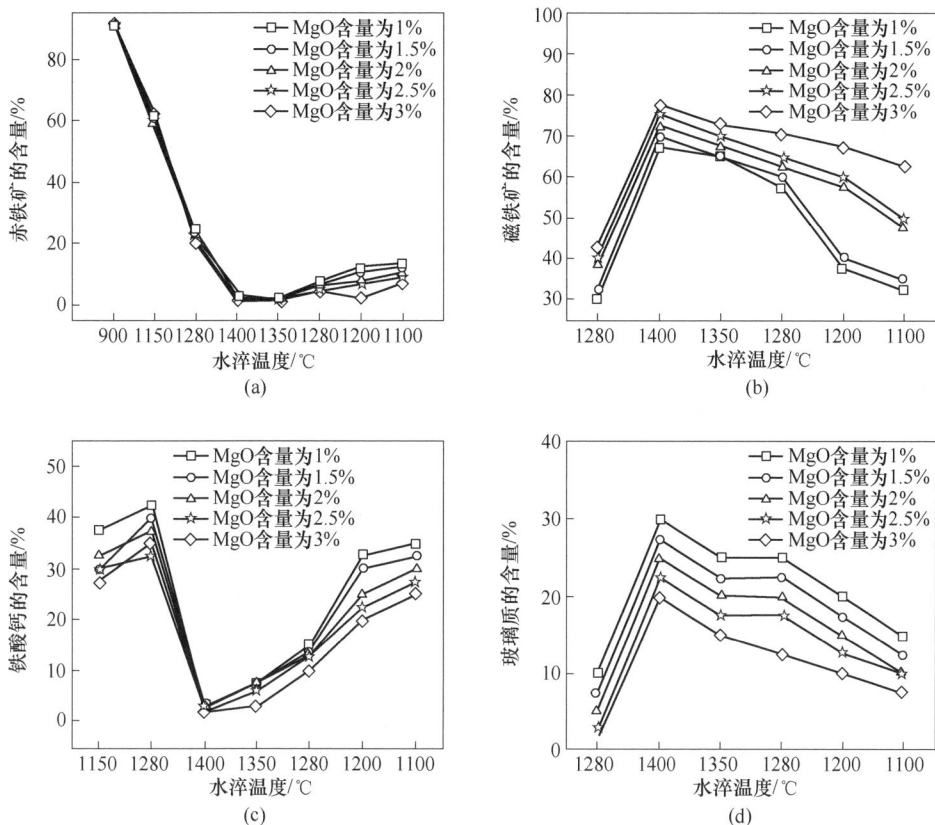

图 7-1　不同水淬温度下，烧结矿中各矿物含量随原料中 MgO 含量的变化

（a）烧结矿中赤铁矿含量随原料中 MgO 含量的变化；

（b）烧结矿中磁铁矿含量随原料中 MgO 含量的变化；

（c）烧结矿中铁酸钙含量随原料中 MgO 含量的变化；

（d）烧结矿中玻璃质含量随原料中 MgO 含量的变化

7.1.3.1　升温阶段

对不同 MgO 含量烧结矿不同成矿阶段的磁铁矿、赤铁矿、铁酸钙和玻璃质进行电子探针分析，结果如下。

900 ℃水淬：MgO 主要赋存在原料中，少量进入到烧结矿中各矿物。

1150 ℃水淬：随着原料中 MgO 含量的增加，赤铁矿中 MgO 含量呈上升趋势，整体变化较小；铁酸钙中 MgO 含量显著增加。由含量和电子探针测试数据（图 7-1 和表 7-10）计算获得，随着原料中 MgO 含量的增加，烧结矿中 MgO 在赤铁矿和铁酸钙中的配分比见表 7-11。

表 7-10　1150 ℃水淬不同 MgO 含量烧结矿中各矿物的电子探针数据平均值　　（%）

矿物成分	Fe_2O_3	CaO	MgO	SiO_2	Al_2O_3	合计	MgO 含量
赤铁矿	98.297	0	0.057	0.010	0.045	98.407	1.0
铁酸钙	68.984	29.722	0.038	0.159	0.048	98.421	
赤铁矿	98.213	0.252	0.061	0.041	0.044	98.611	1.5
铁酸钙	70.466	29.166	0.087	0.092	0.067	99.878	
赤铁矿	98.166	0.258	0.064	0.078	0.045	98.48	2.0
铁酸钙	71.288	28.670	0.128	0.023	0.108	100.217	
赤铁矿	98.539	0.312	0.068	0.106	0.056	99.081	2.5
铁酸钙	70.626	28.120	0.153	0.012	0.072	98.983	
赤铁矿	98.720	0.378	0.074	0.143	0.063	99.377	3.0
铁酸钙	70.126	27.828	0.176	0	0.019	98.149	

表 7-11　1150 ℃水淬不同 MgO 含量条件下，烧结矿中主要矿物的 Mg 含量配分比（%）

原料中 MgO 含量	1.0	1.5	2.0	2.5	3.0
赤铁矿中 MgO 的占比	70	58	48	47	49
铁酸钙中 MgO 的占比	30	42	52	53	51

1280 ℃水淬：随着原料中 MgO 含量的增加，铁酸钙中 MgO 含量先降低后略有升高，其他矿物中 Mg 含量变化不大。由含量和电子探针测试数据（图 7-1 和表 7-12）计算获得，不同 MgO 含量，随着原料中 MgO 含量的增加，烧结矿中 MgO 在赤铁矿、铁酸钙、磁铁矿以及玻璃质中的配分比见表7-13。

表 7-12　1280 ℃水淬不同 MgO 含量烧结矿中各矿物的电子探针数据平均值（%）

矿物成分	Fe_3O_4	Fe_2O_3	CaO	MgO	SiO_2	Al_2O_3	合计	MgO 含量
赤铁矿	—	98.171		0.056	—	0.372	98.610	1.0
铁酸钙	—	67.239	15.848	1.819	8.6945	4.854	98.455	
磁铁矿	98.345			0.057	0.074	0.302	98.729	
玻璃质	17.169	—	43.286	0.845	35.565	3.519	100.385	
赤铁矿		98.122		0.051	—	0.331	98.504	1.5
铁酸钙	—	68.876	15.820	1.701	7.645	4.820	98.862	
磁铁矿	97.867	—	0.076	0.0485	0.051	0.642	98.685	
玻璃质	16.140	—	43.286	0.818	35.648	4.732	100.624	

续表 7-12

矿物成分	Fe_3O_4	Fe_2O_3	CaO	MgO	SiO_2	Al_2O_3	合计	MgO 含量
赤铁矿	—	98.075		0.047	—	0.290	98.438	
铁酸钙	—	70.510	15.806	1.583	6.597	4.795	99.291	2.0
磁铁矿	97.389	—	0.153	0.040	0.027	0.986	98.596	
玻璃质	15.114	—	43.833	0.791	35.731	5.944	101.412	
赤铁矿	—	98.426		0.049	—	0.253	98.728	
铁酸钙	0	70.105	15.933	1.740	7.122	3.882	98.782	2.5
磁铁矿	96.676	—	1.05	0.049	0.021	1.227	99.023	
玻璃质	15.313	—	44.017	0.846	35.579	4.892	100.647	
赤铁矿	—	98.823		0.051	—	0.217	99.094	
铁酸钙	—	69.7	16.061	1.899	7.673	2.969	98.302	3.0
磁铁矿	95.962	—	1.947	0.059	0.016	1.4683	99.452	
玻璃质	15.549	—	44.201	0.903	35.426	3.839	99.9165	

表 7-13 1280 ℃水淬不同 MgO 含量条件下，烧结矿中主要矿物的 Mg 含量配分比

（％）

原料中 MgO 含量	1.0	1.5	2.0	2.5	3.0
赤铁矿中 MgO 的占比	1	2	2	2	1
铁酸钙中 MgO 的占比	87	88	90	91	93
磁铁矿中 MgO 的占比	2	2	2	3	4
玻璃质中 MgO 的占比	10	8	6	4	2

1400 ℃水淬：随着原料中 MgO 含量的增加赤铁矿中 MgO 含量略有降低，磁铁矿中的 Mg 含量显著增加，铁酸钙和玻璃质中的 Mg 含量略有增加。由含量和电子探针测试数据（图 7-1 和表 7-14）计算获得，随着原料中 MgO 含量的增加，烧结矿中 MgO 在赤铁矿、铁酸钙、磁铁矿以及玻璃质中的配分比见表 7-15。

表 7-14 1400 ℃水淬不同 MgO 含量烧结矿中各矿物的电子探针数据平均值

（％）

矿物成分	Fe_3O_4	Fe_2O_3	CaO	MgO	SiO_2	Al_2O_3	合计	MgO 含量
赤铁矿	—	96.360	0.483	0.04	0.058	2.796	99.738	
铁酸钙	—	65.390	19.390	0.308	9.825	3.797	98.709	1.0
磁铁矿	95.965	—	0.729	1.192	0.007	1.714	99.618	
玻璃质	18.691	—	42.996	0.462	34.598	3.404	100.152	

矿物成分	Fe_3O_4	Fe_2O_3	CaO	MgO	SiO_2	Al_2O_3	合计	MgO 含量
赤铁矿	—	96.887	0.251	0.033	0.035	2.079	99.285	1.5
铁酸钙	—	66.145	18.740	0.586	9.619	3.550	98.640	
磁铁矿	94.961	—	0.621	1.891	0.007	1.640	99.120	
玻璃质	17.884	—	41.110	0.496	35.075	4.623	99.188	
赤铁矿	—	97.415	—	0.025	0.013	1.362	98.821	2.0
铁酸钙	—	66.90	18.097	0.864	9.413	3.303	98.577	
磁铁矿	93.953	—	0.512	2.591	—	1.567	98.630	
玻璃质	17.081	—	39.223	0.53	35.552	5.842	98.228	
赤铁矿	—	97.806	0.058	0.021	0.011	1.077	98.973	2.5
铁酸钙	—	67.694	18.26	0.806	8.789	2.921	98.470	
磁铁矿	93.091	—	0.866	3.120	0.014	1.502	98.593	
玻璃质	18.398	—	39.971	0.669	33.966	5.38	98.384	
赤铁矿	—	98.198	0.098	0.015	0.007	0.793	99.110	3.0
铁酸钙	—	68.487	18.422	0.748	8.165	2.539	98.360	
磁铁矿	92.230	—	1.22	3.648	0.020	1.437	98.550	
玻璃质	19.715	—	40.718	0.808	32.380	4.916	98.538	

表 7-15　1400 ℃水淬不同 MgO 含量条件下，烧结矿中主要矿物的 Mg 含量配分比

(%)

原料中 MgO 含量	1.0	1.5	2.0	2.5	3.0
赤铁矿中 MgO 的占比	0	0	0	0	0
铁酸钙中 MgO 的占比	1	1	1	1	1
磁铁矿中 MgO 的占比	84	90	92	93	94
玻璃质中 MgO 的占比	15	9	7	6	5

7.1.3.2　降温阶段

1350 水淬：随着原料中 MgO 含量的增加，磁铁矿中 MgO 含量显著增加，其他矿物中 MgO 含量变化不大。由含量和电子探针测试数据（图 7-1 和表 7-16）计算获得，随着原料中 MgO 含量的增加，烧结矿中 MgO 在赤铁矿、铁酸钙、磁铁矿以及玻璃质中的配分比见表 7-17。

表 7-16　1350 ℃水淬不同 MgO 含量烧结矿中各矿物的电子探针数据平均值　（%）

矿物成分	Fe_3O_4	Fe_2O_3	CaO	MgO	SiO_2	Al_2O_3	合计	MgO 含量
赤铁矿	—	97.437	0.086	0.039	0.025	2.004	99.548	
铁酸钙	—	63.999	17.945	0.802	11.499	4.033	98.278	1.0
磁铁矿	94.977	—	0.986	1.447	0.019	1.707	99.126	
玻璃质	21.041	—	39.617	0.407	34.311	3.417	98.793	
赤铁矿	—	97.563	0.086	0.033	0.016	1.374	99.072	
铁酸钙	—	66.697	17.712	0.76	9.717	3.686	98.572	1.5
磁铁矿	94.525	—	1.54	2.198	0.030	1.476	99.769	
玻璃质	19.627	—	43.095	0.448	33.071	3.596	99.837	
赤铁矿	—	97.688	—	0.028	0.008	0.744	98.525	
铁酸钙	—	69.395	17.479	0.719	7.934	3.339	98.866	2.0
磁铁矿	94.072	—	2.093	2.949	—	1.244	100.385	
玻璃质	18.212	—	46.573	0.489	31.831	3.785	100.89	
赤铁矿	—	97.617	0.087	0.028	0.009	0.751	98.492	
铁酸钙	—	68.297	18.070	0.653	8.309	3.311	98.64	2.5
磁铁矿	93.009	—	2.110	3.675	0.026	1.257	100.077	
玻璃质	18.619	—	44.311	0.587	32.429	4.049	99.995	
赤铁矿	—	97.545	0.087	0.028	0.009	0.747	98.415	
铁酸钙	—	67.199	18.652	0.587	8.683	3.261	98.382	3.0
磁铁矿	91.945	—	2.107	4.401	—	1.270	99.727	
玻璃质	19.026	—	42.250	0.685	33.026	4.314	99.301	

表 7-17　1350 ℃水淬不同 MgO 含量条件下，烧结矿中主要矿物的 Mg 含量配分比（%）

原料中 MgO 含量	1.0	1.5	2.0	2.5	3.0
赤铁矿中 MgO 的占比	0	0	0	0	0
铁酸钙中 MgO 的占比	6	4	3	1	1
磁铁矿中 MgO 的占比	85	90	93	95	96
玻璃质中 MgO 的占比	9	6	4	4	3

1280 ℃水淬阶段：随着原料中 MgO 含量的增加，烧结矿各矿物中 MgO 含量较 1350 ℃水淬阶段的样品无明显变化。由含量和电子探针测试数据（图 7-1 和表 7-18）计算获得，随着原料中 MgO 含量的增加，烧结矿中 MgO 在赤铁矿、铁酸钙、磁铁矿以及玻璃质中的配分比见表 7-19。

表 7-18　1280 ℃水淬不同 MgO 含量烧结矿中各矿物的电子探针数据平均值　　（%）

矿物成分	Fe₃O₄	Fe₂O₃	CaO	MgO	SiO₂	Al₂O₃	合计	MgO 含量
赤铁矿	—	97.288	0.114	0.031	0.017	1.366	98.815	
铁酸钙	—	65.299	17.768	0.774	6.958	4.110	94.910	1.0
磁铁矿	94.822	—	1.383	1.597	0.016	1.371	99.189	
玻璃质	17.884	—	42.430	0.384	34.711	3.294	98.703	
赤铁矿	—	97.869	0.105	0.029	0.016	1.221	99.240	
铁酸钙	—	66.525	18.109	0.823	7.268	3.906	96.631	1.5
磁铁矿	94.112	—	1.512	2.234	0.014	1.291	99.163	
玻璃质	18.234	—	44.686	0.423	33.264	3.368	99.975	
赤铁矿	—	98.417	0.006	0.026	0.016	1.063	99.528	
铁酸钙	—	67.669	18.505	0.854	8.589	3.491	99.108	2.0
磁铁矿	93.481	—	1.816	3.062	0.011	0.833	99.204	
玻璃质	18.595	—	45.982	0.464	31.456	3.432	99.929	
赤铁矿	—	97.923	0.102	0.030	0.010	0.923	98.988	
铁酸钙	—	67.256	18.967	0.781	8.426	3.511	98.941	2.5
磁铁矿	92.535	—	1.923	3.756	0.007	1.013	99.234	
玻璃质	17.375	—	42.262	0.554	32.112	3.686	95.989	
赤铁矿	—	97.441	0.117	0.032	0.006	0.653	98.248	
铁酸钙	—	66.985	19.021	0.714	8.336	3.642	98.697	3.0
磁铁矿	91.720	—	2.020	4.236	0.000	1.053	99.029	
玻璃质	16.295	—	47.375	0.666	32.904	3.933	101.172	

表 7-19　1280 ℃水淬不同 MgO 含量条件下，烧结矿中主要矿物的 Mg 含量配分比（%）

原料中 MgO 含量	1.0	1.5	2.0	2.5	3.0
赤铁矿中 MgO 的占比	0	0	0	0	0
铁酸钙中 MgO 的占比	10	7	5	3	3
磁铁矿中 MgO 的占比	81	87	91	93	95
玻璃质中 MgO 的占比	9	6	4	4	2

　　1200 ℃水淬：随着原料中 MgO 含量的增加，赤铁矿中 MgO 含量略有增加，磁铁矿中 MgO 含量增加显著，铁酸钙和玻璃质中 MgO 含量变化不大。由含量和电子探针测试数据（表 7-1 和表 7-20）计算获得，随着原料中 MgO 含量的增加，烧结矿中 MgO 在赤铁矿、铁酸钙、磁铁矿以及玻璃质中的配分比见表 7-21。

表 7-20　1200 ℃水淬不同 MgO 含量烧结矿中各矿物的电子探针数据平均值 （%）

矿物成分	Fe_3O_4	Fe_2O_3	CaO	MgO	SiO_2	Al_2O_3	合计	MgO 含量
赤铁矿	—	98.340	—	0.013	0.011	1.013	99.377	
铁酸钙	—	68.822	15.962	0.835	8.418	4.381	98.418	
磁铁矿	94.899	—	1.169	1.685	0.043	0.846	98.641	1.0
玻璃质	16.622	—	42.051	0.349	37.236	3.322	99.579	
赤铁矿	—	98.533	0.003	0.023	0.013	0.998	99.570	
铁酸钙	—	69.234	15.812	1.018	8.108	4.024	98.196	
磁铁矿	94.786	—	1.136	2.168	0.038	0.798	98.926	1.5
玻璃质	16.989	—	43.812	0.378	36.289	3.321	100.789	
赤铁矿	—	98.743	0.005	0.037	0.023	0.961	99.769	
铁酸钙	—	69.800	15.706	1.180	7.761	3.664	98.111	
磁铁矿	94.043	—	1.125	3.297	0.018	0.717	99.200	2.0
玻璃质	17.228	—	44.968	0.431	33.967	3.320	99.915	
赤铁矿	—	98.256	0.186	0.036	0.014	0.764	99.256	
铁酸钙	—	70.583	15.812	1.018	7.165	3.698	98.276	
磁铁矿	93.098	—	1.254	4.364	0.013	0.776	99.505	2.5
玻璃质	17.879	—	44.749	0.457	33.998	3.686	100.769	
赤铁矿	—	97.915	0.254	0.034	0.004	0.594	98.800	
铁酸钙	—	71.381	15.867	0.868	6.659	3.724	98.500	
磁铁矿	91.529	—	1.313	4.822	0.011	0.797	98.472	3.0
玻璃质	18.030	—	44.350	0.484	34.081	3.886	100.830	

表 7-21　1200 ℃水淬不同 MgO 含量条件下，烧结矿中主要矿物的 Mg 含量配分比（%）

原料中 MgO 含量	1.0	1.5	2.0	2.5	3.0
赤铁矿中 MgO 的占比	0	0	0	0	0
铁酸钙中 MgO 的占比	28	25	13	8	6
磁铁矿中 MgO 的占比	65	70	84	90	92
玻璃质中 MgO 的占比	7	5	3	2	2

1100 ℃水淬阶段：随着原料中 MgO 含量的增加，铁酸钙中 MgO 含量略有增加，磁铁矿中 MgO 含量显著升高，赤铁矿和玻璃质中 MgO 含量变化较小。由含量和电子探针测试数据（表 7-1 和表 7-22）计算获得，随着原料中 MgO 含量的增加，烧结矿中 MgO 在赤铁矿、铁酸钙、磁铁矿以及玻璃质中的配分比见表 7-23。

表 7-22　1100 ℃水淬不同 MgO 含量烧结矿中各矿物的电子探针数据平均值　（%）

矿物成分	Fe₃O₄	Fe₂O₃	CaO	MgO	SiO₂	Al₂O₃	合计	MgO 含量
赤铁矿	—	98.481	—	0.040	0.002	1.021	99.543	
铁酸钙	—	67.408	16.349	0.991	8.659	4.765	98.173	1.0
磁铁矿	96.026	—	1.018	1.726	0.020	0.764	99.553	
玻璃质	21.531	—	42.961	0.012	31.890	2.601	98.295	
赤铁矿	—	98.354	0.057	0.037	0.008	0.902	99.358	
铁酸钙	—	70.041	15.835	1.181	7.562	4.277	98.895	1.5
磁铁矿	95.047	—	0.974	2.761	0.028	0.694	99.503	
玻璃质	19.574	—	43.685	0.219	32.853	2.936	99.267	
赤铁矿	—	98.228	0.057	0.035	0.013	0.783	99.088	
铁酸钙	—	72.675	15.320	1.370	6.464	3.788	99.617	2.0
磁铁矿	94.067	—	0.930	3.796	0.036	0.624	99.441	
玻璃质	17.617	—	44.410	0.426	33.817	3.271	99.539	
赤铁矿	—	98.138	0.170	0.038	0.170	0.658	99.173	
铁酸钙	—	71.884	15.512	1.206	6.501	3.809	98.911	2.5
磁铁矿	93.286	—	0.766	4.327	0.024	0.689	99.092	
玻璃质	16.228	—	44.483	0.448	35.226	3.578	99.963	
赤铁矿	—	98.048	0.282	0.042	0.326	0.532	99.229	
铁酸钙	—	71.093	15.704	1.042	6.538	3.830	98.206	3.0
磁铁矿	92.504	—	0.602	4.858	0.013	0.754	98.726	
玻璃质	14.838	—	44.556	0.471	36.635	3.886	100.386	

表 7-23　1100 ℃水淬不同 MgO 含量条件下，烧结矿中主要矿物的 Mg 含量配分比（%）

原料中 MgO 含量	1.0	1.5	2.0	2.5	3.0
赤铁矿中 MgO 的占比	0	0	0	0	0
铁酸钙中 MgO 的占比	38	28	18	16	8
磁铁矿中 MgO 的占比	61	70	80	82	91
玻璃质中 MgO 的占比	1	2	2	2	1

7.1.4　Mg 的运移规律对烧结矿低温还原粉化的影响

上述研究表明，烧结矿中的 MgO 主要赋存在磁铁矿、铁酸钙及玻璃相中。1400 ℃水淬的样品中，主要以玻璃相胶结磁铁矿形成的斑状结构为主；1100 ℃水淬的样品中，主要以铁酸钙胶结磁铁矿形成的熔蚀结构为主。为探究 Mg 的运移规律对烧结矿低温还原粉化的影响，分别对上述两个阶段的烧结矿样品进行低温还原粉化实验。由图 7-2 可以看出，随着温度的升高，烧结矿的低温还原粉化指数 $RDI_{+3.15\ mm}$ 降低；随着烧结矿中 MgO 含量的增加，烧结矿的低温还原粉化指数 $RDI_{+3.15\ mm}$ 增加。

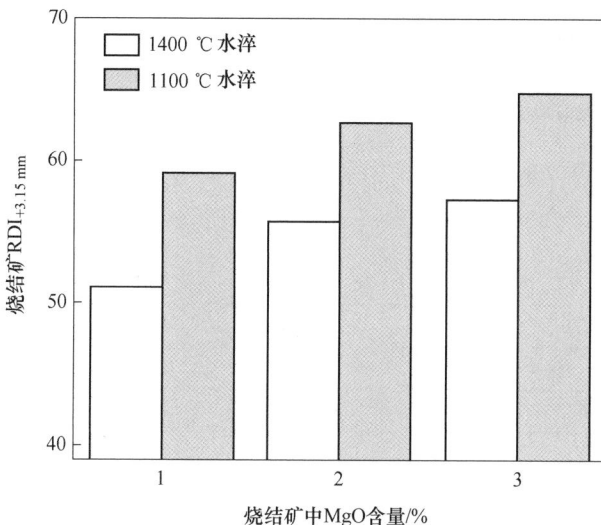

图 7-2 不同 MgO 含量不同水淬阶段烧结矿 $RDI_{+3.15\ mm}$

随着温度的升高，烧结矿中铁酸钙分解成为液相，部分 Mg^{2+} 从铁酸钙中转移到磁铁矿中，部分转移到硅酸盐玻璃相中，形成的大量斑状结构，导致了烧结矿低温还原性能的恶化。随着烧结矿中 MgO 含量的增加，Mg^{2+} 会与磁铁矿中的 Fe^{2+} 进行离子置换反应，形成类质同相，生成结构稳定的含镁磁铁矿，抑制了磁铁矿向赤铁矿的转变，烧结矿的低温还原粉化指数 $RDI_{+3.15\ mm}$ 得到明显改善。

7.2 Al 在烧结成矿过程中的运移规律

7.2.1 原料成分及实验条件

以化学纯试剂为主要原料进行配料，固定碱度 2.0，按表 6-1 实验方案，进行了微型烧结实验，具体配料方案见表 7-24。

表 7-24 烧结矿配料方案 （%）

编号	Fe_3O_4	SiO_2	CaO	MgO	Al_2O_3	碱度
A1	82.5	5	10	1.5	1.0	2.0
A2	82	5	10	1.5	1.5	2.0
A3	81.5	5	10	1.5	2.0	2.0

编号	Fe_3O_4	SiO_2	CaO	MgO	Al_2O_3	碱度
A4	81	5	10	1.5	2.5	2.0
A5	80.5	5	10	1.5	3.0	2.0

7.2.2　温度对 Al 的运移规律影响

固定 Al_2O_3 的含量为 1%，采用偏光显微镜统计了不同温度梯度下烧结矿中各矿物含量（表 7-25）。

表 7-25　Al_2O_3 含量为 1.0% 时烧结矿矿物组成及体积百分含量　　　　（%）

温度/℃	赤铁矿	磁铁矿	铁酸钙	石英	硅酸二钙	玻璃质
900	90~95	—	—	5~10	—	—
1150	50~55	—	35~40	5~10	—	—
1280	30~35	20~25	40~45	—	—	3~5
1400	1~5	70~75	1~2	—	—	20~25
1350	1~3	65~70	5~10	—	—	20~25
1280	7~9	60~65	10~15	—	—	15~20
1200	7~9	55~60	15~20	—	微量	15~20
1100	5~10	30~35	25~30	—	1~3	10~15

对不同温度条件下烧结矿中各种矿物化学成分进行了电子探针测试分析，分析结果如下。

7.2.2.1　升温阶段

900 ℃水淬：显微镜下观察发现，此阶段仅发生了磁铁矿的氧化反应，试样中以粉末状氧化赤铁矿为主，并存在少量石英，该阶段 Al 主要赋存在原料中，还未进入到烧结矿中各矿物。

1150 ℃水淬：由含量和电子探针测试数据（表 7-26）计算获得，Al 在赤铁矿和铁酸钙的配分比分别为 59% 和 41%。

表 7-26　1150 ℃水淬烧结矿中各矿物电子探针数据　　　　（%）

矿物成分	Fe_2O_3	CaO	MgO	SiO_2	Al_2O_3	合计
赤铁矿	98.216	0.294	0.056	0.188	0.07	98.824
铁酸钙	76.782	17.159	6.564	0.075	0.096	100.676
铁酸钙	77.105	17.797	5.366	0.191	0.043	100.502

1280 ℃水淬：当温度升高，液相增多，大量矿物熔融成液相尤其是低熔点

的铁酸钙，为 Al 的扩散进入铁酸钙中提供条件；Al^{3+} 与铁酸钙中的 Fe^{3+} 离子半径相似，能够发生离子间的置换反应。由含量和电子探针测试数据（表 7-27）计算获得，Al 在赤铁矿、铁酸钙、磁铁矿以及玻璃质中的配分比分别为 3%、79%、14%、4%。

表 7-27　1280 ℃水淬烧结矿中各矿物电子探针数据　　　　　（%）

矿物成分	Fe_3O_4	Fe_2O_3	CaO	MgO	SiO_2	Al_2O_3	合计
赤铁矿	—	98.022	—	0.061	0.033	0.221	98.337
赤铁矿	—	98.574	—	0.062	0.01	0.123	98.769
赤铁矿	—	98.348	—	0.065	—	0.135	98.548
铁酸钙	—	69.927	15.647	1.426	8.98	3.354	99.334
铁酸钙	—	68.932	15.85	1.235	8.778	3.453	98.248
磁铁矿	89.216	—	2.038	5.94	0.016	1.21	98.42
磁铁矿	89.560	—	2.241	5.561	—	1.062	98.42
磁铁矿	89.585	—	2.169	5.527	0.024	1.053	98.36
玻璃质	17.096	—	44.857	0.603	37.398	1.912	101.866
玻璃质	16.624	—	44.248	1.049	37.546	2.174	101.641

1400 ℃水淬：铁酸钙熔融成为大量液相，铁酸钙中 Al 含量显著减少，Al 从铁酸钙中不断进入磁铁矿晶格，游离的 Al 进入到玻璃质中，在最高温 1400 ℃时达到最大。由含量和电子探针测试数据（表 7-28）计算获得，Al 在赤铁矿、铁酸钙、磁铁矿以及玻璃质中的配分比分别为 2%、1%、47%、50%。

表 7-28　1400 ℃水淬烧结矿中各矿物电子探针数据　　　　　（%）

矿物成分	Fe_3O_4	Fe_2O_3	CaO	MgO	SiO_2	Al_2O_3	合计
赤铁矿	—	97.468	0.455	1.223	0.137	1.823	101.106
赤铁矿	—	97.743	0.623	1.821	0.046	1.651	101.884
铁酸钙	—	68.786	18.379	0.51	9.396	2.05	99.121
铁酸钙	—	68.617	18.231	0.422	9.174	2.172	98.616
铁酸钙	—	69.453	18.017	0.402	8.118	2.32	98.31
铁酸钙	—	70.072	17.1	0.507	8.2	2.153	98.032
磁铁矿	92.755	—	1.148	2.599	0.047	1.598	98.15
磁铁矿	93.408	—	1.598	2.504	0.038	1.655	99.20
磁铁矿	92.450	—	1.418	2.672	0.053	1.699	98.29
玻璃质	24.259	—	40.093	1.387	29.402	5.804	100.945
玻璃质	24.859	—	39.698	1.325	29.221	5.886	100.989
玻璃质	25.661	—	39.035	1.438	29.055	5.316	100.505

7.2.2.2 降温阶段

1350 ℃水淬：磁铁矿中 Al 含量显著降低，铁酸钙中 Al 含量显著增加，Al 开始参与铁酸钙的生成。由含量和电子探针测试数据（表 7-29）计算获得，Al 在赤铁矿、铁酸钙、磁铁矿以及玻璃质中的配分比分别为 1%、11%、33%、55%。

表 7-29 1350 ℃水淬烧结矿中各矿物电子探针数据　　　　　　（%）

矿物成分	Fe_3O_4	Fe_2O_3	CaO	MgO	SiO_2	Al_2O_3	合计
赤铁矿	—	94.409	0.864	2.329	0.017	1.552	99.171
铁酸钙	—	68.022	18.142	0.42	8.285	3.154	98.023
铁酸钙	—	68.051	18.581	0.344	8.398	3.047	98.421
铁酸钙	—	69.306	18.668	0.357	8.883	2.911	100.125
磁铁矿	96.518	—	1.567	2.742	0.015	1.045	101.89
磁铁矿	93.282	—	1.691	2.561	0.016	1.019	98.57
玻璃质	25.642	—	40.378	1.325	27.517	4.612	99.474
玻璃质	23.882	—	41.453	1.156	29.243	5.315	101.049
玻璃质	25.086	—	41.648	1.177	27.418	5.484	100.813

1280 ℃水淬：较 1350 ℃水淬试样，Al 由玻璃质中向铁酸钙中运移，其他矿物中 Al 的运移变化不明显。由含量和电子探针测试数据（表 7-30）计算获得，Al 在赤铁矿、铁酸钙、磁铁矿以及玻璃质中的配分比分别为 3%、19%、31%、47%。

表 7-30 1280 ℃水淬烧结矿中各矿物电子探针数据　　　　　　（%）

矿物成分	Fe_3O_4	Fe_2O_3	CaO	MgO	SiO_2	Al_2O_3	合计
赤铁矿	—	97.771	—	0.03	0.03	0.733	98.564
赤铁矿	—	97.954	—	0.048	—	0.767	98.769
赤铁矿	—	98.003	0.073	0.058	—	0.741	98.875
铁酸钙	—	67.295	19.018	0.629	8.964	3.001	98.907
铁酸钙	—	67.583	18.998	0.55	8.288	3.094	98.513
铁酸钙	—	69.922	17.701	0.936	8.247	3.024	99.83
磁铁矿	93.232	—	1.31	2.796	0.017	0.958	98.31
磁铁矿	93.259	—	1.443	2.731	0.01	0.966	98.41
磁铁矿	93.721	—	1.517	2.621	0.004	0.958	98.82
玻璃质	24.242	—	41.878	0.807	29.527	5.137	101.591
玻璃质	23.32	—	42.153	0.794	29.983	5.363	101.613
玻璃质	21.79	—	41.01	1.128	30.996	5.136	100.06

1200 ℃水淬：较 1280 ℃水淬试样，磁铁矿中 Al 含量显著降低，铁酸钙中 Al 含量显著增加，玻璃质中 Al 含量变化不大。由含量和电子探针测试数据（表 7-31）计算获得，Al 在赤铁矿、铁酸钙、磁铁矿以及玻璃质中的配分比分别为 2%、31%、19%、47%。

表 7-31　1200 ℃水淬烧结矿中各矿物电子探针数据　　　　　（%）

矿物成分	Fe₃O₄	Fe₂O₃	CaO	MgO	SiO₂	Al₂O₃	合计
赤铁矿	—	98.571	0.111	0.018	0.016	0.548	99.264
赤铁矿	—	97.535	0.023	0.05	0.022	0.666	98.296
铁酸钙	—	71.169	15.991	1.168	7.581	3.065	98.974
铁酸钙	—	71.793	15.583	1.207	7.555	3.14	99.278
磁铁矿	93.438		1.348	2.938	0.01	0.571	98.305
磁铁矿	93.276	—	1.408	2.961	0.006	0.551	98.202
磁铁矿	93.145		1.426	3.304	0.028	0.581	98.484
玻璃质	21.234		41.337	0.854	31.359	4.466	99.25
玻璃质	23.207		42.404	0.635	30.812	4.534	101.592
玻璃质	23.111		41.285	0.634	30.498	5.11	100.638

1100 ℃水淬阶段：该温度下，磁铁矿和玻璃质中 Al 含量显著减少。由含量和电子探针测试数据（表 7-32）计算获得，Al 在赤铁矿、铁酸钙、磁铁矿以及玻璃质中的配分比分别为 3%、54%、9%、33%。

表 7-32　1100 ℃水淬烧结矿中各矿物电子探针数据　　　　　（%）

矿物成分	Fe₃O₄	Fe₂O₃	CaO	MgO	SiO₂	Al₂O₃	合计
赤铁矿	—	98.192	—	0.01	0.022	0.66	98.884
赤铁矿	—	98.942		0.019	0.001	0.693	99.655
铁酸钙	—	67.462	16.609	1.067	8.557	4.614	98.309
铁酸钙	—	71.153	15.959	0.762	7.403	3.114	98.391
铁酸钙	—	71.761	15.905	0.85	7.527	3.141	99.184
磁铁矿	93.481	—	1.125	3.067	0.005	0.516	98.194
磁铁矿	93.894	—	1.096	3.044	0.03	0.553	98.617
磁铁矿	94.284		1.094	2.967	—	0.535	98.88
玻璃质	22.116	—	41.69	0.556	30.351	4.664	99.377
玻璃质	22.817		40.35	0.457	30.145	5.266	99.035

结合烧结矿不同温度梯度下不同矿物组成和显微结构分析，可以发现烧结矿中烧结矿升温过程 Al 从原料中通过离子扩散进入各种物相中，其在玻璃质、赤铁矿和磁铁矿中的含量在最高温 1400 ℃时达到最高，随着温度降低铁酸钙析出，

Al 开始从玻璃质、赤铁矿、磁铁矿中向铁酸钙中运移。

7.2.3　不同 Al_2O_3 含量对铝的运移规律的影响

烧结原料中 Al_2O_3 含量不同，烧结成矿过程中矿物含量存在明显区别。随着烧结原料中 Al_2O_3 含量的增加，不同水淬温度下，烧结矿中赤铁矿含量略微减少；磁铁矿含量随着原料中 Al_2O_3 含量的增加显著减少；铁酸钙含量随原料中 Al_2O_3 含量的增加显著增加；当水淬温度为 1400 ℃ 时，玻璃质含量随着原料中 Al_2O_3 含量显著减少，其他水淬温度下，玻璃质含量随着原料中 Al_2O_3 含量显著增加。在烧结过程中，Al_2O_3 主要以固溶体的形式存在于铁酸钙中，促进铁酸钙的生成。随着原料中 Al_2O_3 含量的增加，铁酸钙的生成过程中会消耗大量的 Fe_2O_3，从而减少了磁铁矿的生成。此外，Al_2O_3 含量的增加会导致烧结矿液相流动性能变差，液相黏度增加，硅酸盐玻璃质的含量也会相对减少。不同水淬温度下，烧结矿中各矿物含量随原料中 Al_2O_3 含量的变化见图 7-3。

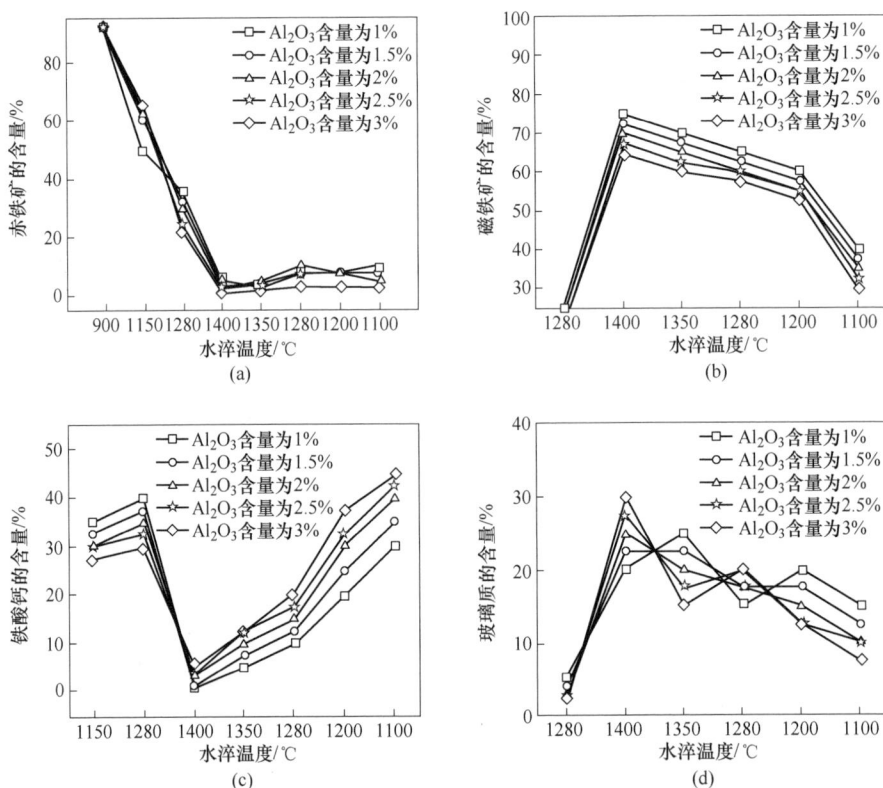

图 7-3　不同水淬温度下，烧结矿中各矿物含量随原料中 Al_2O_3 含量的变化

（a）烧结矿中赤铁矿含量随原料中 Al_2O_3 含量的变化；（b）烧结矿中磁铁矿含量随原料中 Al_2O_3 含量的变化；（c）烧结矿中铁酸钙含量随原料中 Al_2O_3 含量的变化；（d）烧结矿中玻璃质含量随原料中 Al_2O_3 含量的变化

7.2.3.1 升温阶段

对不同 Al_2O_3 含量烧结矿不同成矿阶段的磁铁矿、赤铁矿、铁酸钙和玻璃质进行电子探针分析，分析结果如下：

900 ℃水淬：显微镜下观察发现，此阶段仅发生了磁铁矿的氧化反应，试样中以粉末状氧化赤铁矿为主，并存在少量石英，该阶段 Al 主要赋存在原料中，还未进入到烧结矿中各矿物。

1150 ℃水淬：随着原料中 Al_2O_3 含量的升高，赤铁矿和铁酸钙中 Al_2O_3 含量变化较小。该阶段主要为固相反应阶段，主要为颗粒间的接触反应，由于 Al_2O_3 的熔点较高，该阶段烧结矿中的 Al_2O_3 仍然主要赋存在原料中。由含量和电子探针测试数据（图 7-3 和表 7-33）计算获得，随着原料中 Al_2O_3 含量的增加，烧结矿中 Al_2O_3 在赤铁矿和铁酸钙中的配分比见表 7-34。

表 7-33 1150 ℃水淬不同 Al_2O_3 含量烧结矿中各矿物的电子探针数据平均值 （%）

矿物成分	Fe_2O_3	CaO	MgO	SiO_2	Al_2O_3	合计	Al_2O_3 含量
赤铁矿	98.216	0.294	0.056	0.188	0.07	98.824	1.0
铁酸钙	76.944	17.478	5.965	0.133	0.07	100.59	
赤铁矿	98.412	0.213	0.062	0.125	0.082	98.894	1.5
铁酸钙	74.315	22.468	3.231	0.075	0.052	100.141	
赤铁矿	98.541	98.541	98.541	98.541	98.541	492.705	2.0
铁酸钙	72.02	26.47	0.1	0	0.04	98.63	
赤铁矿	98.324	0.213	0.062	0.125	0.072	98.796	2.5
铁酸钙	71.925	26.832	0.064	0.012	0.023	98.856	
赤铁矿	98.025	0.274	0.058	0.172	0.055	98.584	3.0
铁酸钙	71.7	27.461	0.022	0.025	0.015	99.223	

表 7-34 1150 ℃水淬不同 Al_2O_3 含量条件下，烧结矿中主要矿物的 Al 含量配分比 （%）

原料中 Al_2O_3 含量	1.0	1.5	2.0	2.5	3.0
赤铁矿中 Al_2O_3 的占比	59	74	84	87	90
铁酸钙中 Al_2O_3 的占比	41	26	16	13	10

1280 ℃水淬：随着原料中 Al_2O_3 含量的增加，铁酸钙中 Al_2O_3 含量先增加后略有降低，玻璃质中 Al_2O_3 含量显著增加，赤铁矿和磁铁矿中 Al_2O_3 含量变化较小。该阶段为液相反应阶段，大部分 Al^{3+} 主要参与铁酸钙的合成，部分熔融在硅酸盐玻璃质中。由含量和电子探针测试数据（图 7-3 和表 7-35）计算获得，随着原料中 Al_2O_3 含量的增加，烧结矿中 Al_2O_3 在赤铁矿、铁酸钙、磁铁矿以及玻璃质中的配分比见表 7-36。

表 7-35　1280 ℃水淬不同 Al$_2$O$_3$ 含量烧结矿中各矿物的电子探针数据平均值

（%）

矿物成分	Fe$_3$O$_4$	Fe$_2$O$_3$	CaO	MgO	SiO$_2$	Al$_2$O$_3$	合计	Al$_2$O$_3$ 含量
赤铁矿	—	98.315	—	0.063	0.022	0.160	98.560	
铁酸钙	—	69.430	15.75	1.330	8.879	3.404	98.793	1.0
磁铁矿	89.454	—	2.149	5.676	0.02	1.108	98.407	
玻璃质	16.860	—	44.553	0.826	37.472	2.043	101.754	
赤铁矿	—	98.212	—	0.061	0.032	0.325	98.630	
铁酸钙	—	70.021	15.421	1.423	8.032	4.423	99.320	1.5
磁铁矿			1.923	5.321	0.049	1.281	8.574	
玻璃质	—	—	43.214	0.723	34.323	3.131	81.391	
赤铁矿		98.102	0.073	0.060	0.044	0.688	98.967	
铁酸钙	—	70.18	15.213	1.647	7.177	6.620	100.837	2.0
磁铁矿	90.281	—	1.759	5.037	0.079	1.432	98.588	
玻璃质	20.202	—	41.902	0.672	31.98	3.949	98.705	
赤铁矿		98.213	0.035	0.058	0.032	0.315	98.653	
铁酸钙	—	70.232	14.645	1.732	6.842	6.321	99.772	2.5
磁铁矿	89.912		1.632	3.421	0.143	1.732	96.840	
玻璃质	19.941	—	41.731	0.649	31.732	4.232	98.285	
赤铁矿		98.368	0.006	0.057	0.022	0.09	98.543	
铁酸钙	—	70.294	14.376	1.861	6.644	5.165	98.340	3.0
磁铁矿	89.723		1.562	5.245	0.200	1.999	98.729	
玻璃质	19.740	—	41.57	0.635	31.445	5.105	98.495	

表 7-36　1280 ℃水淬不同 Al$_2$O$_3$ 含量条件下，烧结矿中主要矿物的 Al 含量配分比（%）

原料中 Al$_2$O$_3$ 含量	1.0	1.5	2.0	2.5	3.0
赤铁矿中 Al$_2$O$_3$ 的占比	3	5	7	3	1
铁酸钙中 Al$_2$O$_3$ 的占比	76	76	78	80	75
磁铁矿中 Al$_2$O$_3$ 的占比	15	13	11	13	19
玻璃质中 Al$_2$O$_3$ 的占比	6	6	4	4	5

　　1400 ℃水淬：随着原料中 Al$_2$O$_3$ 含量的增加，赤铁矿、铁酸钙、磁铁矿以及玻璃质中 Al$_2$O$_3$ 含量均略有增加。由含量和电子探针测试数据（图 7-3 和表 7-37）计算获得，随着原料中 Al$_2$O$_3$ 含量的增加，烧结矿中 Al$_2$O$_3$ 在赤铁矿、铁酸钙、磁铁矿以及玻璃质中的配分比见表 7-38。

表 7-37 1400 ℃水淬不同 Al$_2$O$_3$ 含量烧结矿中各矿物的电子探针数据平均值 （%）

矿物成分	Fe$_3$O$_4$	Fe$_2$O$_3$	CaO	MgO	SiO$_2$	Al$_2$O$_3$	合计	Al$_2$O$_3$ 含量
赤铁矿	—	97.6060	0.5390	1.5220	0.0920	1.7370	101.4960	
铁酸钙	—	69.2320	17.9320	0.4600	8.7220	2.1740	98.5200	1.0
磁铁矿	92.8710	—	1.3880	2.5920	0.0460	1.6510	98.5480	
玻璃质	24.9260	—	39.6090	1.3830	29.2260	5.6690	100.8130	
赤铁矿	—	96.3230	0.6980	1.7320	0.0630	1.8340	100.6500	
铁酸钙	—	63.3210	19.3250	0.5200	11.3210	2.9320	97.4190	1.5
磁铁矿	92.6210	—	1.3920	2.6310	0.0320	2.0350	98.7110	
玻璃质	24.4210	—	37.4230	3.3250	31.3240	6.7620	103.2550	
赤铁矿	—	94.4190	0.8540	2.3530	0.0257	2.0580	99.7097	
铁酸钙	—	59.6900	22.3600	0.6400	13.0200	3.9100	99.6200	2.0
磁铁矿	92.5130	—	1.4000	2.7050	0.0200	2.6340	99.2720	
玻璃质	24.0500	—	34.5000	0.5000	33.4630	7.8450	100.3580	
赤铁矿	—	94.6632	0.6320	1.3250	0.1560	2.7590	99.5352	
铁酸钙	—	71.3250	14.5620	0.3240	9.5410	4.0570	99.8090	2.5
磁铁矿	91.9320	—	0.9350	2.9350	0.0130	2.9650	98.7800	
玻璃质	34.2510	—	27.5610	0.9420	27.5610	7.7150	98.0300	
赤铁矿	—	94.8330	0.4990	0.0545	0.3690	3.5640	99.3195	
铁酸钙	—	85.1820	5.3410	0.1580	4.4030	4.2250	99.3090	3.0
磁铁矿	91.0630	—	0.5840	3.0530	0.0090	3.4930	198.6285	
玻璃质	48.2040	—	21.6110	1.5020	21.4900	7.6030	100.4100	

表 7-38 1400 ℃水淬不同 Al$_2$O$_3$ 含量条件下，烧结矿中主要矿物的 Al 含量配分比（%）

原料中 Al$_2$O$_3$ 含量	1.0	1.5	2.0	2.5	3.0
赤铁矿中 Al$_2$O$_3$ 的占比	4	2	1	1	1
铁酸钙中 Al$_2$O$_3$ 的占比	1	1	2	3	4
磁铁矿中 Al$_2$O$_3$ 的占比	50	48	47	47	47
玻璃质中 Al$_2$O$_3$ 的占比	46	49	50	49	48

7.2.3.2 降温阶段

1350 ℃水淬：随着原料中 Al$_2$O$_3$ 含量的增加，烧结矿中各矿物中 Al$_2$O$_3$ 含量的变化较 1400 ℃水淬试样差别不大。由含量和电子探针测试数据（图 7-3 和表 7-39）计算获得，随着原料中 Al$_2$O$_3$ 含量的增加，烧结矿中 Al$_2$O$_3$ 在赤铁矿、铁酸钙、磁铁矿以及玻璃质中的配分比见表 7-40。

表 7-39　1350 ℃水淬不同 Al_2O_3 含量烧结矿中各矿物的电子探针数据平均值　（%）

矿物成分	Fe_3O_4	Fe_2O_3	CaO	MgO	SiO_2	Al_2O_3	合计	Al_2O_3 含量
赤铁矿	—	94.409	0.864	2.329	0.017	1.552	99.171	
铁酸钙	—	68.460	18.464	0.374	8.522	3.037	98.856	
磁铁矿	94.900	—	1.629	2.652	0.016	1.032	100.228	1.0
玻璃质	24.870	—	41.160	1.219	28.059	5.137	100.445	
赤铁矿	—	95.978	0.863	0.049	0.029	1.735	98.654	
铁酸钙	—	67.245	18.164	0.538	9.392	3.336	98.675	
磁铁矿	92.372	—	1.497	2.716	0.015	1.639	98.239	1.5
玻璃质	24.179	—	40.665	0.833	29.971	5.423	101.071	
赤铁矿	—	97.492	0.000	0.043	0.043	1.804	99.381	
铁酸钙	—	65.725	17.880	0.720	9.810	4.040	98.175	
磁铁矿	65.129	—	1.348	2.796	0.013	2.130	71.417	2.0
玻璃质	23.639	—	39.315	0.461	31.535	6.242	101.191	
赤铁矿	—	96.535	0.862	0.052	0.037	2.008	99.494	
铁酸钙	—	71.358	13.485	1.259	7.984	4.085	98.171	
磁铁矿	92.001	—	0.872	2.819	0.030	2.598	98.320	2.5
玻璃质	24.951	—	35.589	0.612	30.667	7.813	99.632	
赤铁矿	—	95.881	0.861	0.055	0.031	2.709	99.536	
铁酸钙	—	75.667	9.456	1.854	6.972	4.132	98.081	
磁铁矿	92.128	—	0.446	2.835	0.041	3.199	98.647	3.0
玻璃质	26.680	—	31.440	0.703	30.027	9.640	98.490	

表 7-40　1350 ℃水淬不同 Al_2O_3 含量条件下，烧结矿中主要矿物的 Al 含量配分比（%）

原料中 Al_2O_3 含量	1.0	1.5	2.0	2.5	3.0
赤铁矿中 Al_2O_3 的占比	2	2	3	2	1
铁酸钙中 Al_2O_3 的占比	7	10	13	15	13
磁铁矿中 Al_2O_3 的占比	33	42	44	45	49
玻璃质中 Al_2O_3 的占比	58	46	40	38	37

1280 ℃水淬：随着原料中 Al_2O_3 含量的增加，烧结矿各矿物中 Al_2O_3 含量均呈现增加的趋势。由含量和电子探针测试数据（图 7-3 和表 7-41）计算获得，随着原料中 Al_2O_3 含量的增加，烧结矿中 Al_2O_3 在赤铁矿、铁酸钙、磁铁矿以及玻璃质中的配分比见表 7-42。

表 7-41 1280 ℃水淬不同 Al_2O_3 含量烧结矿中各矿物的电子探针数据平均值

（%）

矿物成分	Fe_3O_4	Fe_2O_3	CaO	MgO	SiO_2	Al_2O_3	合计	Al_2O_3 含量
赤铁矿	—	97.909	0.024	0.045	0.030	0.747	98.736	
铁酸钙		68.267	18.572	0.705	8.500	3.040	99.083	1.0
磁铁矿	93.404	—	1.423	2.716	0.010	0.961	98.513	
玻璃质	23.117		41.680	0.910	30.169	5.212	101.088	
赤铁矿	—	97.799	0.030	0.054	0.019	1.181	99.083	
铁酸钙	—	67.187	18.573	0.706	8.500	4.172	99.137	1.5
磁铁矿	93.021	—	1.312	2.832	0.008	1.463	98.636	
玻璃质	22.913	—	40.814	0.492	31.194	5.852	101.264	
赤铁矿	—	97.655	0.037	0.063	0.000	1.614	99.368	
铁酸钙	—	65.600	18.573	0.707	8.500	5.303	98.683	2.0
磁铁矿	92.828	—	1.201	2.957	0.006	1.964	98.957	
玻璃质	22.711	—	39.947	0.480	32.062	6.491	101.690	
赤铁矿	—	96.982	0.026	0.055	0.160	2.148	99.370	
铁酸钙	—	66.530	17.471	0.851	7.498	6.331	98.681	2.5
磁铁矿	92.339	—	0.908	3.124	0.110	2.492	98.974	
玻璃质	22.837	—	38.839	0.475	31.841	7.094	101.085	
赤铁矿	—	96.726	0.015	0.048	0.014	2.682	99.458	
铁酸钙	—	67.014	15.569	1.158	7.176	7.758	98.676	3.0
磁铁矿	91.790	—	0.615	3.434	0.016	3.020	98.878	
玻璃质	22.975	—	37.730	0.467	31.503	7.697	100.963	

表 7-42　1280 ℃水淬不同 Al_2O_3 含量条件下，烧结矿中主要矿物的 Al 含量配分比

（%）

原料中 Al_2O_3 含量	1.0	1.5	2.0	2.5	3.0
赤铁矿中 Al_2O_3 的占比	3	4	5	4	2
铁酸钙中 Al_2O_3 的占比	17	20	24	27	32
磁铁矿中 Al_2O_3 的占比	35	36	36	36	35
玻璃质中 Al_2O_3 的占比	45	40	35	34	31

1200 ℃水淬：随着原料中 Al_2O_3 含量的增加，烧结矿中各矿物中 Al_2O_3 含量的变化较 1280~1400 ℃水淬试样差别不大。由含量和电子探针测试数据（图 7-3 和表 7-43）计算获得，随着原料中 Al_2O_3 含量的增加，烧结矿中 Al_2O_3 在赤铁矿、铁酸钙、磁铁矿以及玻璃质中的配分比见表 7-44。

表 7-43　1200 ℃水淬不同 Al_2O_3 含量烧结矿中各矿物的电子探针数据平均值　（%）

矿物成分	Fe_3O_4	Fe_2O_3	CaO	MgO	SiO_2	Al_2O_3	合计	Al_2O_3 含量
赤铁矿	—	98.053	0.067	0.034	0.019	0.607	98.780	
铁酸钙	—	71.481	15.787	1.188	7.568	3.103	99.126	
磁铁矿	93.286	—	1.394	3.068	0.015	0.568	98.330	1.0
玻璃质	22.517	—	41.675	0.708	30.890	4.703	100.493	
赤铁矿	—	97.532	0.279	0.039	0.011	1.098	98.959	
铁酸钙	—	69.974	15.716	1.329	7.643	4.457	99.119	
磁铁矿	93.264	—	1.202	3.059	0.013	1.391	98.929	1.5
玻璃质	22.463	—	40.886	0.645	31.121	4.661	99.776	
赤铁矿	—	97.346	0.013	0.044	0.006	1.548	98.957	
铁酸钙	—	67.793	15.660	1.487	7.830	5.700	98.473	
磁铁矿	93.113	—	1.046	3.049	0.011	1.865	99.083	2.0
玻璃质	22.402	—	40.213	0.590	31.363	4.618	99.187	
赤铁矿	—	97.402	0.017	0.041	0.016	1.866	99.342	
铁酸钙	—	64.562	16.397	1.605	8.322	7.553	98.439	
磁铁矿	92.541	—	0.827	3.126	0.022	2.978	99.494	2.5
玻璃质	22.386	—	39.889	0.486	31.287	5.019	99.067	
赤铁矿	—	97.471	0.023	0.038	0.025	2.248	99.806	
铁酸钙	—	63.319	15.156	1.730	8.760	9.528	98.494	
磁铁矿	92.624	—	0.630	3.983	0.033	3.011	100.280	3.0
玻璃质	23.370	—	37.530	0.385	31.230	5.650	98.170	

表 7-44 1200 ℃水淬不同 Al_2O_3 含量条件下，烧结矿中主要矿物的 Al 含量配分比

（%）

原料中 Al_2O_3 含量	1.0	1.5	2.0	2.5	3.0
赤铁矿中 Al_2O_3 的占比	3	3	3	3	1
铁酸钙中 Al_2O_3 的占比	32	40	48	54	60
磁铁矿中 Al_2O_3 的占比	36	28	29	30	27
玻璃质中 Al_2O_3 的占比	29	29	20	14	12

1100 ℃水淬阶段：随着原料中 Al_2O_3 含量的增加，铁酸钙中的 Al_2O_3 含量显著增加，磁铁矿和赤铁矿中 Al_2O_3 含量略有增加，玻璃质中 Al_2O_3 含量减少。由含量和电子探针测试数据（图 7-3 和表 7-45）计算获得，随着原料中 Al_2O_3 含量的增加，烧结矿中 Al_2O_3 在赤铁矿、铁酸钙、磁铁矿以及玻璃质中的配分比见表 7-46。

表 7-45 1100 ℃水淬不同 Al_2O_3 含量烧结矿中各矿物的电子探针数据平均值 （%）

矿物成分	Fe_3O_4	Fe_2O_3	CaO	MgO	SiO_2	Al_2O_3	合计	Al_2O_3 含量
赤铁矿	—	98.567	0.000	0.015	0.012	0.677	99.270	
铁酸钙	—	70.125	16.158	0.893	7.829	3.623	98.628	
磁铁矿	93.886	—	1.105	3.026	0.012	0.535	98.564	1.0
玻璃质	22.467	—	41.020	0.507	30.248	4.965	99.206	
赤铁矿	—	98.021	0.054	0.011	0.011	1.049	99.147	
铁酸钙	—	68.536	15.987	1.085	8.101	4.960	98.669	
磁铁矿	93.122	—	0.987	3.061	0.022	0.970	98.162	1.5
玻璃质	21.926	—	41.863	0.477	30.688	4.289	99.243	
赤铁矿	—	97.627	0.062	0.008	0.011	1.422	99.130	
铁酸钙	—	67.700	15.727	1.277	8.373	6.297	99.370	
磁铁矿	92.900	—	0.696	3.095	0.032	1.406	98.129	2.0
玻璃质	21.625	—	42.356	0.447	31.129	3.613	99.169	
赤铁矿	—	97.253	0.194	0.014	0.152	1.760	99.374	
铁酸钙	—	66.578	15.518	1.280	8.251	7.822	99.449	
磁铁矿	—	91.256	0.684	3.783	0.031	2.027	97.780	2.5
玻璃质	21.267	—	39.743	1.004	32.617	4.214	98.845	

矿物成分	Fe_3O_4	Fe_2O_3	CaO	MgO	SiO_2	Al_2O_3	合计	Al_2O_3 含量
赤铁矿	—	96.879	0.327	0.021	0.293	2.097	99.617	
铁酸钙	—	65.456	15.31	1.284	8.128	9.347	99.525	3.0
磁铁矿	—	92.480	0.672	4.471	0.030	2.648	100.300	
玻璃质	20.910	—	37.130	1.560	34.105	4.815	98.520	

表 7-46　1100 ℃水淬不同 Al_2O_3 含量条件下，烧结矿中主要矿物的 Al 含量配分 （%）

原料中 Al_2O_3 含量	1.0	1.5	2.0	2.5	3.0
赤铁矿中 Al_2O_3 的占比	3	0	2	2	1
铁酸钙中 Al_2O_3 的占比	52	70	73	74	77
磁铁矿中 Al_2O_3 的占比	10	28	14	15	15
玻璃质中 Al_2O_3 的占比	35	2	11	9	7

7.2.4　Al 的运移规律对烧结矿低温还原粉化的影响

上述研究表明，烧结矿中的 Al_2O_3 主要赋存在磁铁矿、铁酸钙及玻璃相中。1400 ℃水淬的样品中，主要以玻璃相胶结磁铁矿形成的斑状结构为主；1100 ℃水淬的样品中，主要以铁酸钙胶结磁铁矿形成的熔蚀结构为主。为探究 Al 的运移规律对烧结矿低温还原粉化的影响，分别对上述两个阶段的烧结矿样品进行低温还原粉化实验。由图 7-4 可以看出，随着温度的升高，烧结矿的低温

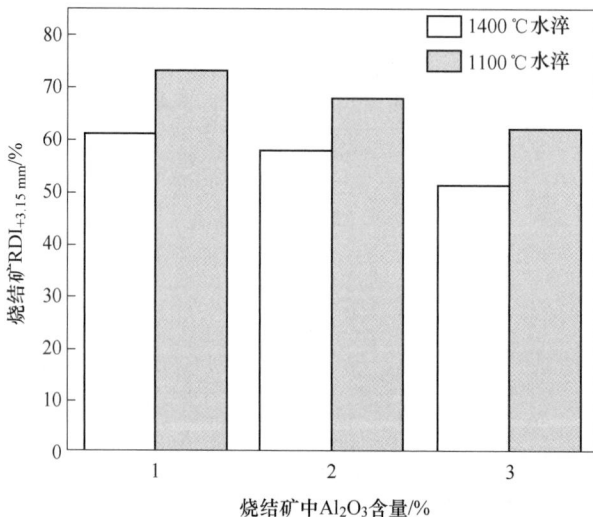

图 7-4　不同 Al_2O_3 含量不同水淬阶段烧结矿 $RDI_{+3.15\,mm}$

还原粉化指数 $RDI_{+3.15\ mm}$ 降低；随着烧结矿中 Al_2O_3 含量的增加，烧结矿的低温还原粉化指数 $RDI_{+3.15\ mm}$ 减低。

随着温度的升高，烧结矿中铁酸钙分解成为液相，Al^{3+} 从铁酸钙中转移到硅酸盐玻璃相中，形成大量的斑状结构，导致了烧结矿低温还原性能的恶化。随着烧结矿中 Al_2O_3 含量的增加，Al 元素主要转移到液相，导致液相黏度增加，流动性变差，虽然黏结强度良好的铁酸钙含量增加，但在析晶过程中，性能良好的针状、柱状铁酸钙含量减少，性能相对较差的他形片板状铁酸钙含量增多，导致了低温还原粉化性能变差。

7.3 Ti 在烧结成矿过程中的运移规律

7.3.1 原料成分及实验条件

为寻找 Ti 在烧结成矿过程中对烧结矿矿相结构的影响规律，根据现场烧结料层温度分布特点，以化学纯试剂为主要原料进行配料，固定碱度 2.0，进行了微型烧结实验，具体配料方案见表 7-47。共设计 8 个温度段，其中设置 5 个升温段，设定温度依次为 1150 ℃、1280 ℃、1320 ℃、1360 ℃ 和 1400 ℃，设置三个降温段，设定温度依次为 1320 ℃、1150 ℃。样品达到烧结温度后在炉内恒温十分钟然后水淬速冷取样。

表 7-47　烧结矿配料方案　　　　　　　　　　($w_B/\%$)

Fe_3O_4	CaO	SiO_2	MgO	Al_2O_3	TiO_2
66	10	5	1.5	1.5	16

7.3.2 温度对 Ti 的运移规律影响

采用蔡司透反两用研究型偏光显微镜统计了不同温度梯度下含钒钛型烧结矿中各矿物含量（表 7-48）。金属相主要为磁铁矿和赤铁矿，黏结相主要由铁酸钙和钙钛矿组成，在各温度段硅酸二钙与玻璃质含量都很少。烧结成矿过程中，磁铁矿含量增加；赤铁矿含量先增加，当温度达到 1360 ℃ 时，因分解和还原而减少。铁酸钙含量在 1280 ℃ 时达到最高，后随着温度的变化而减少。钙钛矿从 1320 ℃ 开始生成，并随着温度的变化含量一直呈增长趋势。玻璃质在 1320 ℃ 开始微量出现，且随着温度的升高变化不明显。降温至 1150 ℃ 与降温到室温烧结矿矿物组成无明显差别。

表 7-48　钒钛型烧结矿矿物组成及体积百分含量 　　　　　（%）

温度/℃	磁铁矿	赤铁矿	铁酸钙	钙钛矿	硅酸二钙	玻璃质
室温	10~15	15~20	25~30	0	微量	0
1280	15~20	20~25	35~40	0	微量	0
1320	25~30	25~30	25~30	3~5	微量	1~3
1360	40~45	15~20	20~25	5~10	微量	1~3
1400	40~45	10~15	10~15	10~15	微量	微量
1320	40~45	10~15	10~15	10~15	微量	1~3
1150	40~45	10~15	15~20	10~15	微量	1~3

使用电子探针，查明不同温度下钒钛型烧结矿中主要矿物 Ti 的赋存状态以及在烧结矿成矿过程中的运移规律。

7.3.2.1　升温阶段

1150 ℃水淬：显微镜下观察发现，此阶段仅发生了磁铁矿的氧化反应，试样中以粉末状氧化赤铁矿为主，并存在少量石英，因为钙钛矿生成温度在 1290 ℃以上，此温度下没有达到钙钛矿生成所需温度。Ti 主要赋存于未形成矿物的熔体中。

1280 ℃水淬：由含量和电子探针测试数据（表 7-49）计算获得，Ti 在磁铁矿、赤铁矿以及铁酸钙中的配分比分别为 7%、70%、23%。

表 7-49　1280 ℃水淬烧结矿中各矿物电子探针数据 　　　　　（%）

矿物成分	Fe_3O_4	Fe_2O_3	CaO	MgO	SiO_2	Al_2O_3	TiO_2	合计
铁酸钙	—	60.576	20.05	1.573	5.22	10.046	1.692	99.157
磁铁矿	95.78	—	0.932	0.699	0.082	1.781	1.072	99.848
赤铁矿	—	89.317	0.303	0.987	0.01	1.696	8.358	100.617

1320 ℃水淬：钙钛矿开始生成，Ti 从液相溶体中运移至钙钛矿中。由含量和电子探针测试数据（表 7-50）计算获得，Ti 在磁铁矿、赤铁矿、铁酸钙以及钙钛矿中的配分比分别为 4%、37%、21%、38%。

表 7-50　1320 ℃水淬烧结矿中各矿物电子探针数据 　　　　　（%）

矿物成分	Fe_3O_4	Fe_2O_3	CaO	MgO	SiO_2	Al_2O_3	TiO_2	合计
钙钛矿	—	8.152	47.106	0.058	0.921	0.561	42.521	99.319
铁酸钙	—	50.701	28.347	0.572	9.278	8.601	3.462	100.961
磁铁矿	84.209	—	3.22	6.889	0.022	4.321	0.607	99.268
赤铁矿	—	90.168	0.587	0.58	0.01	2.194	6.078	99.617

1360 ℃水淬：钙钛矿中的 Ti 含量显著增加，赤铁矿和铁酸钙中的 Ti 含量显著降低。由含量和电子探针测试数据（表 7-51）计算获得，Ti 在磁铁矿、赤铁矿、铁酸钙以及钙钛矿中的配分比分别为 5%、21%、13%、60%。

表 7-51　1360 ℃水淬烧结矿中各矿物电子探针数据　　　（%）

矿物成分	Fe_3O_4	Fe_2O_3	CaO	MgO	SiO_2	Al_2O_3	TiO_2	合计
钙钛矿	—	3.907	49.118	0.031	0.155	0.293	46.64	100.142
铁酸钙	—	45.64	49.118	0.572	9.278	8.601	3.462	100.961
磁铁矿	88.702	—	1.503	5.739	—	3.851	0.655	100.45
赤铁矿	—	83.756	4.596	0.667	1.545	3.349	6.942	99.855

1400 ℃水淬：与上一阶段相比，Ti 的赋存状态变化不大，Ti 依然主要赋存在钙钛矿中。由含量和电子探针测试数据（表 7-52）计算获得，Ti 在磁铁矿、赤铁矿、铁酸钙以及钙钛矿中的配分比分别为 6%、13%、12%、69%。

表 7-52　1400 ℃水淬烧结矿中各矿物电子探针数据　　　（%）

矿物成分	Fe_3O_4	Fe_2O_3	CaO	MgO	SiO_2	Al_2O_3	TiO_2	合计
钙钛矿	—	24.498	33.795	0.268	4.821	5.997	30.287	99.666
铁酸钙	—	46.055	32.855	0.125	9.302	6.098	5.388	99.823
磁铁矿	88.349	—	1.589	6.245	0.016	3.962	0.724	100.45
赤铁矿	—	85.795	2.818	0.309	0.439	5.163	5.583	100.107

7.3.2.2　降温阶段

1320 ℃水淬：赤铁矿和铁酸钙中的 Ti 显著减少，烧结矿中的 Ti 开始参与钙钛矿的合成。由含量和电子探针测试数据（表 7-53）计算获得，Ti 在磁铁矿、赤铁矿、铁酸钙以及钙钛矿中的配分比分别为 18%、1%、6%、75%。

表 7-53　1320 ℃水淬烧结矿中各矿物电子探针数据　　　（%）

矿物成分	Fe_3O_4	Fe_2O_3	CaO	MgO	SiO_2	Al_2O_3	TiO_2	合计
钙钛矿	—	6.732	46.326	—	0.284	0.434	45.229	99.005
铁酸钙	—	44.279	38.221	0.361	5.794	7.113	3.436	99.204
磁铁矿	93.107	—	1.215	0.425	0.346	2.316	3.171	100.58
赤铁矿	—	88.485	2.039	5.558	0.003	3.552	0.554	100.191

1150 ℃水淬阶段：由含量和电子探针测试数据（表 7-54）计算获得，Ti 在磁铁矿、赤铁矿、铁酸钙以及钙钛矿中的配分比分别为 3%、1%、5%、91%。

表 7-54　　1150 ℃水淬烧结矿中各矿物电子探针数据　　　　（%）

矿物成分	Fe₃O₄	Fe₂O₃	CaO	MgO	SiO₂	Al₂O₃	TiO₂	合计
钙钛矿	—	3.234	45.573	—	0.807	0.593	41.584	89.774
铁酸钙	—	60.443	14.543	1.36	4.414	6.056	1.531	88.347
磁铁矿	78.646	—	1.509	5.621	—	1.775	0.403	87.954
赤铁矿	—	78.646	1.509	5.621	—	1.775	0.403	87.954

7.3.3　Ti 的运移规律对烧结矿低温还原粉化的影响

上述研究可知，烧结成矿阶段，钒钛型烧结矿中的 Ti 元素主要赋存在钙钛矿中，因此通过研究不同水淬温度下烧结矿中钙钛矿含量对烧结矿低温还原粉化的影响，反映烧结矿中 Ti 的运移规律对烧结矿低温还原粉化的影响（图 7-5）。

在水淬温度为 1280~1400 ℃，钒钛烧结矿 $RDI_{+3.15\ mm}$ 呈下降趋势，低温还原粉化性变差。当温度大于 1280 ℃，烧结矿中 Ti 元素开始参与钙钛矿的生成。随着温度的升高，TiO_2 进一步向钙钛矿中转移，烧结矿中钙钛矿含量显著增加。由于钙钛矿硬而脆，本身不具有黏结性，当金属相矿物发生还原相变时，无法缓解产生的极大应力，进而加剧了烧结矿的粉碎。在水淬温度为 1400~1150 ℃，随着温度的降低，钙钛矿中的 TiO_2 含量减少，烧结矿中钙钛矿的含量降低，烧结矿的低温还原粉化性能得到改善。因此，钙钛矿中 TiO_2 含量的增加是钒钛烧结矿粉化严重的主要因素。

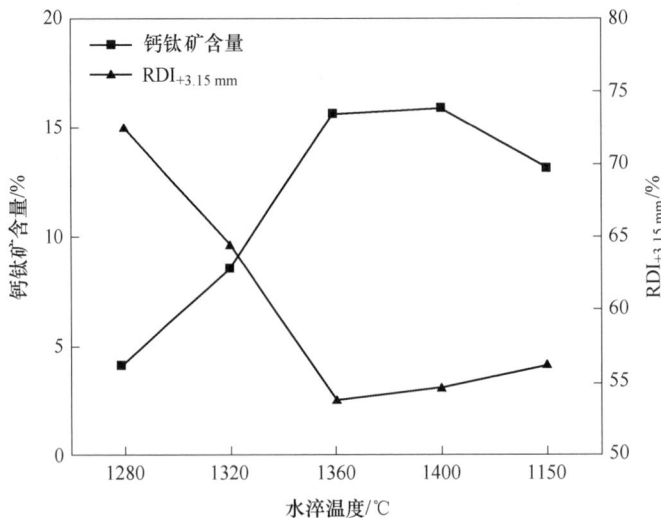

图 7-5　烧结成矿阶段钙钛矿含量与 $RDI_{+3.15\ mm}$ 之间的关系

8 基于响应面法的高碱度烧结矿质量优化

8.1 响应面法简介

8.1.1 响应面法原理

响应面法于 1951 年由数学家 Box 和 Wilson 提出，是一种将数学与统计学相结合的一种可视化统计方法。该方法能够帮助工作者在科学系统或工业制程中进行工艺优化、提高产品质量和性能。响应面法特别适用于系统特征受到大量非线性因素影响的情况，目前已广泛应用于材料、化工和食品等多个领域的原料配比优化问题，响应面法优化配料的流程见图 8-1。使用响应面法进行配料优化，首先，需要进行响应面实验设计，即在实验空间中选取特定实验点进行实验并获取数据；其次，使用响应面多元回归模型拟合考察因素与响应值之间的关系模型，并对模型进行方差分析，确定模型可靠性；最后，通过对拟合模型进行分析以及目标寻优计算，得到最优目标参数。响应面法能够在较少试验次数内有效拟合模型，从而解决多变量的复杂优化问题，并且能够有效反映自变量与因变量之间的单因素和交互作用影响规律。本文引入响应面法探究烧结原料的交互作用对烧结矿质量的影响规律，并对烧结矿的配矿进行优化，为提高烧结矿质量提供一种新思路。

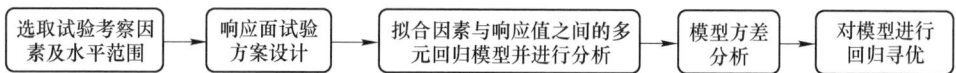

图 8-1　响应面设计优化流程图

响应面实验设计方法中，常用 Box-Behnken 设计（BBD）和中心复合设计（Central Composite Design，CCD）两种方法，二者区别主要体现在以下几个方面：

（1）实验设计点数不同。BBD 通常采用三水平设计，即每个考虑因素有三个水平，而 CCD 则采用五水平或七水平等更多的水平设计。因此，CCD 比 BBD 需要更多的试验次数。

（2）中心点设置不同。响应面设计的中心点可以有效估计误差项和检验模型的线性性。BBD 的中心点是在每个因素的中间水平上进行的，而 CCD 的中心点是在每个因素的中心水平上进行的。

（3）回归模型不同。BBD 通常只考虑一阶交互作用，即每个因素与其他因素之间的线性关系。而 CCD 还考虑了二阶交互作用，即每个因素与其他因素之间的线性和二次关系，相对 BBD 来说，CCD 能够表达的关系更加丰富准确，但 CCD 的模型通常比 BBD 更加复杂。

（4）实验设计方式不同。BBD 通常采用各个因素之间相互独立的正交设计，而 CCD 由于需要考虑更多的交互作用，其设计则不一定是正交设计。

8.1.2 Box-Behnken 设计简介

Box-Behnken 设计（BBD）的试验点距中心点都是等距的，不存在轴向点，三因素三水平 BBD 设计试验点由 12 个分析点和 5 个中心点构成，分析因子用以估计纯平方项、一阶项和交互作用项，中心点用来计算试验精度和误差，图 8-2 展示了 3 因素 3 水平的 BBD 试验设计点分布。

BBD 设计适用于如下情况：（1）因素数在 3~7 个范围内，实验成本较为昂贵。（2）仅需要估计因素之间的低阶非线性影响。（3）所有因素均为计量值。（4）无需多次连续的实验。（5）BBD 没有安排所有实验点都为高水平的组合，对某些安全有要求的实验尤其适用。

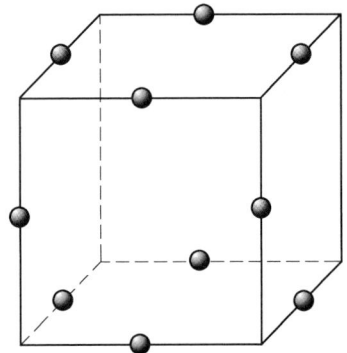

图 8-2 Box-Behnken 设计试验点分布

8.1.3 中心复合设计简介

中心复合设计（Central Composite Design，CCD）中包括分析点、中心点和一组轴点（又称为星形点），这些轴点可用于估计响应曲面弯曲，从而使得 CCD 有相对更高的精度。图 8-3 展示了 3 因素 3 水平的 CCD 试验设计点分布。

CCD 的适用范围：（1）因素个数和水平数较多且实验成本较低。（2）需要估计因素之间的高阶非线性影响。（3）对实验精度有较高的要求。（4）CCD 设计非常适用于连续实验，但也可用于没有连续性的实验。（5）需要考虑极端情况的实验。

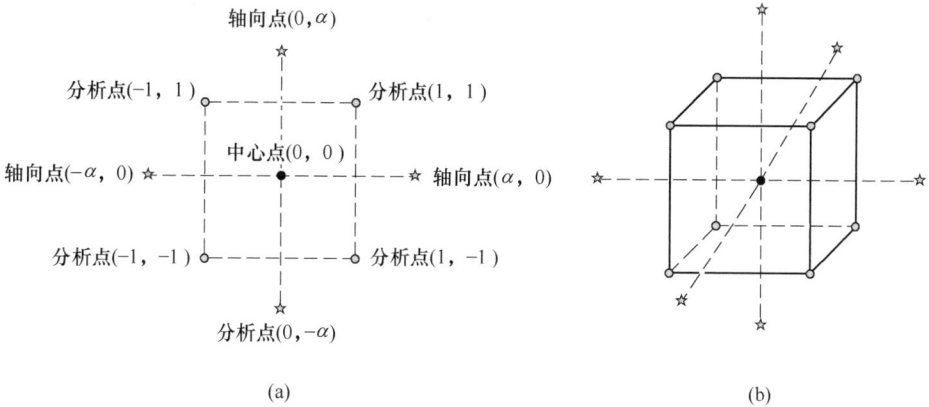

图 8-3　中心复合设计试验点分布

（a）试验设计点；（b）试验设计点分布情况

8.2　基于响应面法的烧结矿 RDI$_{+3.15\,mm}$优化

烧结矿在高炉低温还原的过程中容易发生碎裂粉化的现象，导致高炉透气性变差，使生产不能顺行，低温还原粉化指数 RDI$_{+3.15\,mm}$是评价烧结矿冶金性能的重要指标。而烧结矿原料中的 $R(CaO/SiO_2)$、$w(MgO)$、$w(Al_2O_3)$ 是影响烧结矿低温还原粉化指数 RDI$_{+3.15\,mm}$的重要因素，为得到 RDI$_{+3.15\,mm}$指数较高的烧结矿，在实际生产中需要严格把控三者的范围。

目前国内外学者多通过改变 $R(CaO/SiO_2)$、$w(MgO)$、$w(Al_2O_3)$ 单一因素研究 RDI$_{+3.15\,mm}$指数最高时的成分条件，而实际烧结是一个复杂的物理化学反应过程，化学成分之间往往存在着影响烧结矿质量的交互作用，仅考虑单一因素的作用并不能完全反映真实烧结过程中原料成分对其质量的影响规律。因此，本团队以纯度为 99.99% 的 Fe_2O_3、CaO、SiO_2、MgO、Al_2O_3 化学纯试剂作为试验原料，建立 BBD 响应面实验方案进行微型烧结实验，拟合 $R(CaO/SiO_2)$、$w(MgO)$、$w(Al_2O_3)$ 与烧结矿 RDI$_{+3.15\,mm}$指数的响应面回归模型，综合考察三者单因素及其之间的交互作用对 RDI$_{+3.15\,mm}$指数的影响规律，并通过对模型进行寻优计算，得出 RDI$_{+3.15\,mm}$指数最佳时的原料化学成分配比。

8.2.1　基于烧结矿 RDI$_{+3.15\,mm}$的响应面法烧结实验

BBD 试验的因素水平范围参考现场实际生产使用的烧结原料中 $R(CaO/SiO_2)$、$w(MgO)$、$w(Al_2O_3)$ 的范围确定（表 8-1）。根据 BBD 设计规则以及水平范围得到烧结实验的配矿方案（表 8-2）。按照表中的配比方案，将 1300 g 试

验原料混匀，在干燥箱内以 120 ℃的条件干燥 2 h，放入 1000 mL 的刚玉坩埚中，使用 AF1700-40 箱式马弗炉进行微型烧结，以 10 ℃/min 的速率从室温升温至 1400 ℃，恒温 60 min，以 20 ℃/min 的速率随炉冷却至室温获得烧结矿样品。将得到的烧结矿样品取 500 g 破碎为粒度 10~12.5 mm 的试样，使用 KSZ-2015A 型矿石冶金性能综合测定装置，执行 GB/T 13242—2017 国家标准对烧结矿样品进行低温还原粉化 $RDI_{+3.15\ mm}$ 指数测试，测试条件及测定结果见表 8-3 和表 8-4。

表 8-1　BBD 试验设计因素与水平

水平	因　素		
	$w(MgO)/\%$	$w(Al_2O_3)/\%$	$R(CaO/SiO_2)$
−1	1.00	1.00	1.80
0	2.00	2.00	2.10
+1	3.00	3.00	2.40

表 8-2　烧结实验配矿方案

序号	$w(Fe_2O_3)/\%$	$w(CaO)/\%$	$w(SiO_2)/\%$	$w(MgO)/\%$	$w(Al_2O_3)/\%$	$R(CaO/SiO_2)$
1	83.24	10.00	4.76	1.00	1.00	2.10
2	81.24	10.00	4.76	3.00	10.00	2.10
3	81.24	10.00	4.76	1.00	3.00	2.10
4	79.24	10.00	4.76	3.00	3.00	2.10
5	81.44	10.00	5.56	1.00	2.00	1.80
6	79.44	10.00	5.56	3.00	2.00	1.80
7	82.83	10.00	4.17	1.00	2.00	2.40
8	80.83	10.00	4.17	3.00	2.00	2.40
9	81.44	10.00	5.56	2.00	1.00	1.80
10	79.44	10.00	5.56	2.00	3.00	1.80
11	82.83	10.00	4.17	2.00	1.00	2.40
12	80.83	10.00	4.17	2.00	3.00	2.40
13	81.24	10.00	4.76	2.00	2.00	2.10
14	81.24	10.00	4.76	2.00	2.00	2.10
15	81.24	10.00	4.76	2.00	2.00	2.10
16	81.24	10.00	4.76	2.00	2.00	2.10
17	81.24	10.00	4.76	2.00	2.00	2.10

表 8-3 低温还原粉化指数 RDI$_{+3.15\,mm}$测试条件

标准	数量 /g	粒度 /mm	还原气体组成 CO/CO$_2$/N$_2$/%	还原温度 /℃	还原时间 /min	方孔筛孔径 /mm
GB/T 13242—2017	500	10~12.5	20/20/60	500	60	3.15

表 8-4 低温还原粉化指数 RDI$_{+3.15\,mm}$试验结果 （%）

序号	因素			RDI$_{+3.15\,mm}$
	$w(MgO)$	$w(Al_2O_3)$	$R(CaO/SiO_2)$	
1 号	−1	−1	0	65.29
2 号	1	−1	0	69.46
3 号	−1	1	0	62.18
4 号	1	1	0	70.35
5 号	−1	0	−1	61.47
6 号	1	0	−1	65.82
7 号	−1	0	1	62.93
8 号	1	0	1	72.13
9 号	0	−1	−1	65.62
10 号	0	1	−1	60.22
11 号	0	−1	1	67.47
12 号	0	1	1	67.28
13 号	0	0	0	73.11
14 号	0	0	0	72.90
15 号	0	0	0	72.73
16 号	0	0	0	73.44
17 号	0	0	0	71.89

8.2.2 烧结矿 RDI$_{+3.15\,mm}$指数模型拟合

以 $w(MgO)$、$w(Al_2O_3)$、$R(CaO/SiO_2)$ 为自变量，RDI$_{+3.15\,mm}$指数为响应值，使用 Design-Expert 12.0 软件，通过逐步向平均模型中添加线性项、双因素项、二次项和三次项，拟合烧结原料化学成分与 RDI$_{+3.15\,mm}$指数的响应面模型。对比多种 RDI$_{+3.15\,mm}$指数的响应面模型可知，仅二次模型 vs 双因素模型的 $P<$ 0.01，能够通过显著性检验。二次模型的标准偏差为 0.67，拟合度 R^2 为 0.9904，校正系数 R^2_{adj}为 0.9780，这表明响应面二次模型具有较高的可靠性，可以很好地解释自变量与因变量之间的数值关系（表 8-5 和表 8-6）。

表 8-5　RDI$_{+3.15\,mm}$指数多种模型方差分析表

方差来源	平方和	自由度	均方	F	P	结论
平均模型 vs 总计	78375.61	1	78375.61			
线性模型 vs 平均模型	126.19	3	42.06	2.78	0.0833	
双因素模型 vs 线性模型	16.67	3	5.56	0.31	0.8190	
二次模型 vs 双因素模型	177.10	3	59.03	132.75	<0.0001	建议采用
三次模型 vs 二次模型	1.77	3	0.59	1.75	0.2957	较差
残差	1.35	4	0.34			
总计	78698.68	17	4629.33			

表 8-6　RDI$_{+3.15\,mm}$指数响应面模型汇总统计表

类型	标准偏差	拟合度 R^2	校正系数 R^2_{adj}	预测决定系数 R^2_{pred}	预测残差 平方和	结论
线性模型	3.89	0.3906	0.2500	0.0889	294.36	
双因素	4.25	0.4422	0.1075	−0.3504	436.35	
二次方程	0.67	0.9904	0.9780	0.9061	30.35	建议采用
三次方程	0.58	0.9958	0.9833			较差

使用 Design-Expert 12.0 软件拟合得到烧结矿 RDI$_{+3.15mm}$ 指数（Y_1）和 $w(\mathrm{MgO})$（A）、$w(\mathrm{Al_2O_3})$（B）、$R(\mathrm{CaO/SiO_2})$（C）的二次回归模型为：

$$Y_1 = -149.09 + 3.86A + 0.77B + 197.83C + AB + 4.04AC + 4.34BC -$$
$$2.78A^2 - 3.22B^2 - 49.44C^2 \tag{8-1}$$

由烧结矿 RDI$_{+3.15\,mm}$ 指数二次回归模型的方差分析结果（表 8-7）可知，响应面模型 Y_1 的 F 值为 79.95，$P<0.01$，说明自变量与因变量之间的数值关系显著，响应面模型拟合程度较高，具有统计学意义。模型各项的 P 值也均小于 0.05，表明方程中的每一项都对 RDI$_{+3.15\,mm}$ 指数影响显著，其中 P 值越小越显著。

表 8-7　RDI$_{+3.15\,mm}$指数回归模型方差分析

方差来源	平方和	自由度	均方差	F	P
模型	319.95	9	35.55	79.95	<0.0001
A	83.79	1	83.79	188.42	<0.0001

方差来源	平方和	自由度	均方差	F	P
B	7.62	1	7.62	17.15	0.0043
C	34.78	1	34.78	78.21	<0.0001
AB	4.00	1	4.00	9.00	0.0200
AC	5.88	1	5.88	13.22	0.0083
BC	6.79	1	6.79	15.26	0.0059
A^2	32.47	1	32.47	73.02	<0.0001
B^2	43.58	1	43.58	97.99	<0.0001
C^2	83.36	1	83.36	187.46	<0.0001
残差	3.11	7	0.44		
失拟项	1.77	3	0.59	1.75	0.2957
纯误差	1.35	4	0.34		
总和	323.07	16			

对烧结矿 RDI$_{+3.15\,mm}$ 指数的二次模型进行残差分析可知，模型的外学生化残差以随机方式分布，表明试验的假设是独立的（图 8-4（a）），其正态分布概率接近于一条直线，反映了模型残差符合正态分布，证明了模型的正态性假设（图 8-4（b））。外学生化残差与 RDI$_{+3.15\,mm}$ 指数预测值的散点完全随机地分布在（−3,+3）的水平带状区域内，说明回归方程与试验数据拟合良好，不存在异常点（图 8-4（c））。烧结矿 RDI$_{+3.15\,mm}$ 指数试验值与预测值靠近一条直线，说明模型预测结果稳定，可以对烧结原料化学成分与烧结矿 RDI$_{+3.15\,mm}$ 指数之间的关系进行阐述和说明（图 8-4（d））。

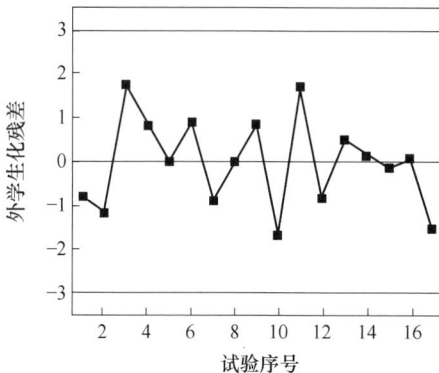

(a)

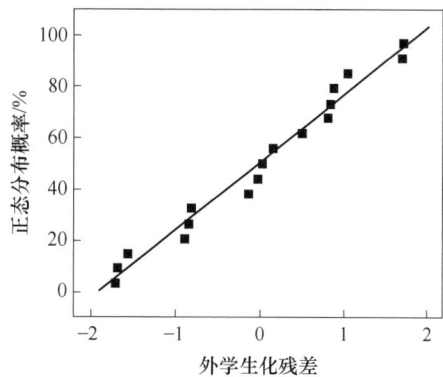

(b)

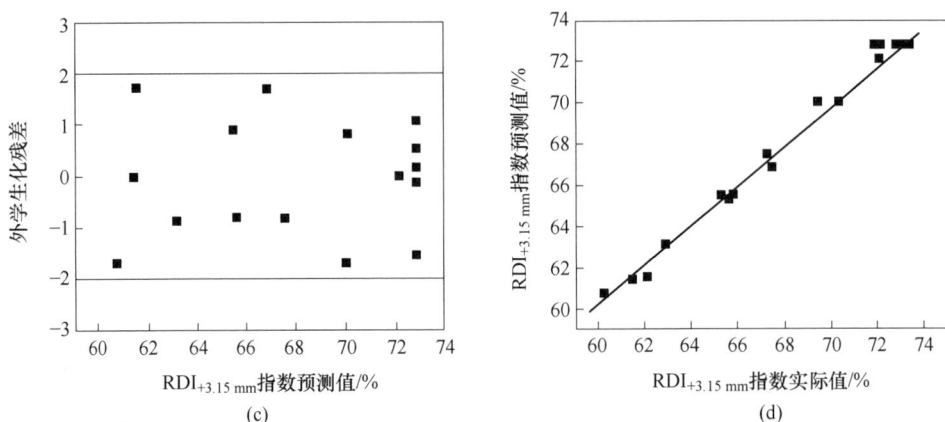

图 8-4　$RDI_{+3.15\,mm}$ 指数响应面回归模型残差分析图

（a）外学生化残差分布图；（b）外学生化残差正态概率；（c）外学生化残差与预测值关系；

（d）试验值与模型预测值对比

8.2.3　响应面模型分析及 $RDI_{+3.15\,mm}$ 指数优化

　　设置其他两个因素为中值水平（$w(MgO) = 2$、$w(Al_2O_3) = 2$ 和 $R(CaO/SiO_2) = 2.1$），单因素对低温还原粉化指数 $RDI_{+3.15\,mm}$ 的影响表现为随着 $w(MgO)$、$w(Al_2O_3)$ 和 $R(CaO/SiO_2)$ 的增大，$RDI_{+3.15\,mm}$ 指数均出现明显的先增大后减小的趋势（图 8-5）。这也表明模型中的一次项和二次项对低温还原粉化指数 $RDI_{+3.15\,mm}$ 影响显著，这与方差分析一致。

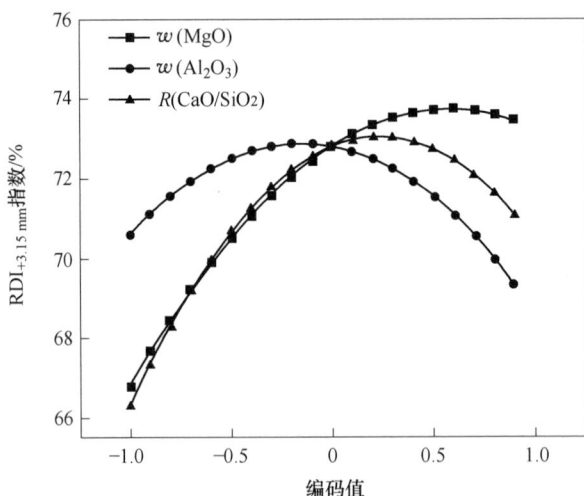

图 8-5　单因素对 $RDI_{+3.15\,mm}$ 指数的影响

$w(MgO)$、$w(Al_2O_3)$ 以及 $R(CaO/SiO_2)$ 与低温还原粉化指数 RDI$_{+3.15\ mm}$ 的响应面图形均呈现曲面，且曲面的边缘陡峭，说明考察因素单因素对低温还原粉化指数 RDI$_{+3.15\ mm}$ 影响显著（图 8-6（a）、图 8-7（a）、图 8-8（a））。响应曲面的等高线图均呈现椭圆形状，表明 $w(MgO)$、$w(Al_2O_3)$ 以及 $R(CaO/SiO_2)$ 两两之间的交互作用对 RDI$_{+3.15\ mm}$ 指数均影响显著，与方差分析一致（图 8-6（b）、图 8-7（b）、图 8-8（b））。因此，在现场指导配矿优化 RDI$_{+3.15\ mm}$ 指数时应该综合考虑三个因素之间交互作用对 RDI$_{+3.15\ mm}$ 指数的影响。

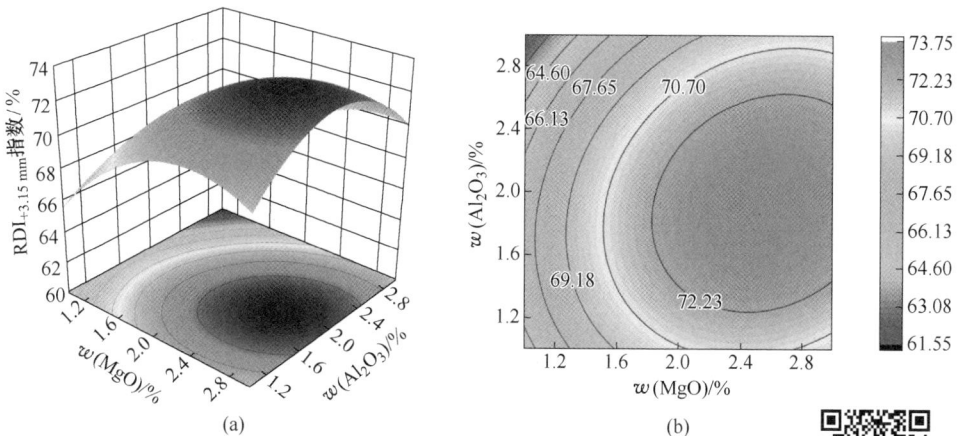

图 8-6 $w(MgO)$ 与 $w(Al_2O_3)$ 对烧结矿 RDI$_{+3.15\ mm}$ 指数的影响
（a）响应面图；（b）等高线图

扫一扫查看彩图

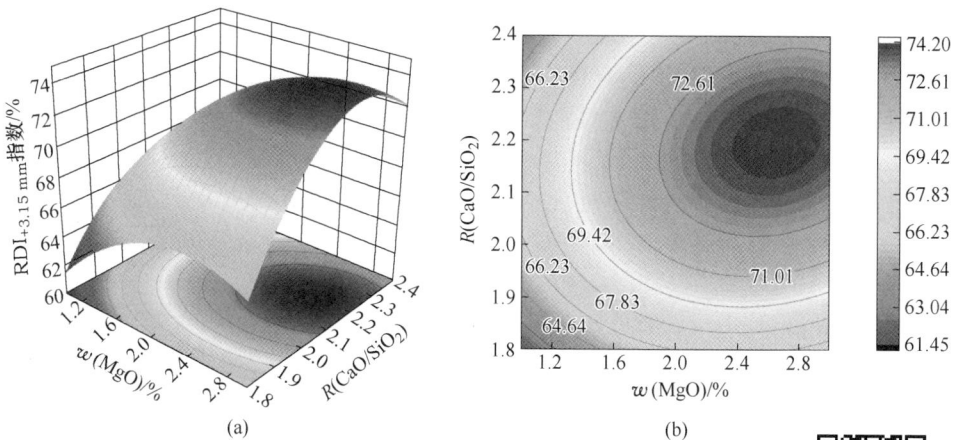

图 8-7 $w(MgO)$ 与 $R(CaO/SiO_2)$ 对烧结矿 RDI$_{+3.15\ mm}$ 指数的影响
（a）响应面图；（b）等高线图

扫一扫查看彩图

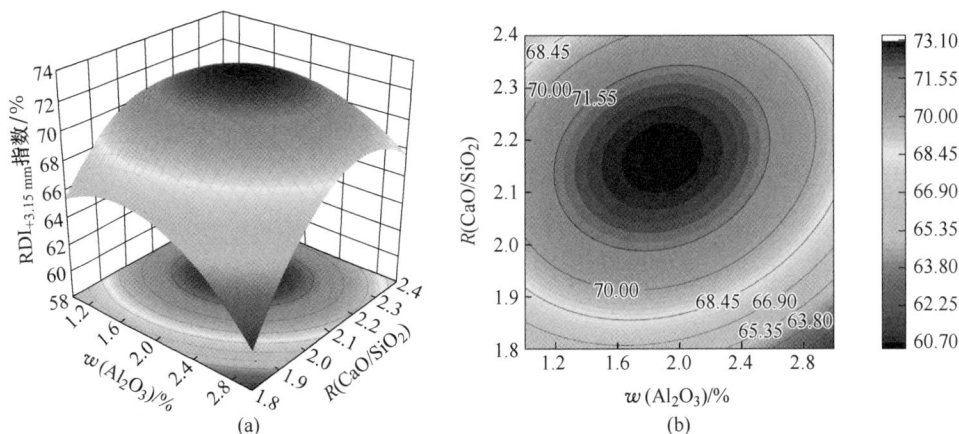

图 8-8　$w(Al_2O_3)$ 与 $R(CaO/SiO_2)$ 对烧结矿 $RDI_{+3.15\,mm}$ 指数的影响

(a) 响应面图；(b) 等高线图

运用 Design-expert 12.0 软件对 $RDI_{+3.15\,mm}$ 指数的回归方程进行寻优计算，得到烧结矿 $RDI_{+3.15\,mm}$ 指数最大时的原料配比 $w(MgO) = 2.66\%$、$w(Al_2O_3) = 2.02\%$、$R(CaO/SiO_2) = 2.2$。为了便于实际操作，将最佳原料配比修订为 $w(MgO)$ 为 2.7%、$w(Al_2O_3)$ 为 2%、$R(CaO/SiO_2)$ 为 2.2，在此条件下进行微型烧结试验，试验结果烧结矿 $RDI_{+3.15\,mm}$ 指数为 74.51%，试验值与预测值74.21%基本一致。

8.3　高碱度烧结矿的还原指数优化

烧结矿的还原指数 RI 是指高炉冶炼过程中烧结矿中的铁氧化物还原为金属铁的能力，是评价烧结矿冶金性能的另一个重要指标。国内外大量学者研究表明，烧结原料的化学成分中除 $w(MgO)$、$w(Al_2O_3)$、$R(CaO/SiO_2)$ 外，FeO 含量同样对还原指数也有显著影响。为进一步探究原料中 FeO 含量对 RI 指数的影响，响应面法考察因素中增加 $w(Fe_2O_3)/w(Fe_3O_4)$，并将 $w(MgO)$、$w(Al_2O_3)$ 两个考察因素修订为 $w(MgO)/w(Al_2O_3)$，以化学纯试剂为试验原料，使用精度更高的响应面 CCD 设计实验方案进行微型烧结实验，拟合 $w(Fe_2O_3)/w(Fe_3O_4)$、$R(CaO/SiO_2)$ 及 $w(MgO)/w(Al_2O_3)$ 三者与还原指数 RI 的响应面回归模型，考察三者单因素及其之间的交互作用对还原指数 RI 的影响规律，通过对模型寻优计算得出还原指数 RI 最高时原料的化学成分配比。

8.3.1　基于烧结矿 RI 的响应面法烧结实验

参考现场实际烧结生产时使用的原料特点，设置 CCD 试验的因素水平范围，得到了烧结实验配矿方案（表 8-8 和表 8-9）。按照表中的比例配取 1300 g 原料，混匀后在 120 ℃条件下烘干 2 h，装入 1000 mL 的刚玉坩埚，在箱式气氛炉中以 1400 ℃的温度进行烧结，达到设置温度后持续恒温 60 min，随后自然冷却至室温，得到烧结样品。将部分烧结矿破碎和筛选 500 g 粒度均为 10~12.5 mm 的样品，按 GB/T 13241—2017 标准对烧结矿样品进行还原性测试，测试条件见表 8-10，测得烧结矿样品还原指数 RI 见表 8-11。

表 8-8　CCD 响应面试验设计的因素和水平

水平	因　素		
	$w(Fe_2O_3)/w(Fe_3O_4)$	$R(CaO/SiO_2)$	$w(MgO)/w(Al_2O_3)$
$-\alpha$	0.16	1.60	0.16
-1	0.50	1.80	0.50
0	1.00	2.10	1.00
1	1.50	2.40	1.50
$+\alpha$	1.84	2.60	1.84

表 8-9　烧结矿配矿方案　　　　　　　　　　　（%）

序号	$w(Fe_2O_3)$	$w(Fe_3O_4)$	$w(CaO)$	$w(SiO_2)$	$w(MgO)$	$w(Al_2O_3)$
1	27.15	54.29	10.00	5.56	1.00	2.00
2	26.48	52.96	10.00	5.56	3.00	2.00
3	27.61	55.22	10.00	4.17	1.00	2.00
4	26.94	53.89	10.00	4.17	3.00	2.00
5	41.46	41.46	10.00	4.76	0.32	2.00
6	39.78	39.78	10.00	4.76	3.68	2.00
7	48.86	32.58	10.00	5.56	1.00	2.00
8	49.70	33.13	10.00	4.17	1.00	2.00
9	47.66	31.78	10.00	5.56	3.00	2.00
10	48.50	32.33	10.00	4.17	3.00	2.00
11	39.88	39.88	10.00	6.25	2.00	2.00
12	41.08	41.08	10.00	3.85	2.00	2.00
13	11.21	70.03	10.00	4.76	2.00	2.00
14	52.64	28.60	10.00	4.76	2.00	2.00
15	40.62	40.62	10.00	4.76	2.00	2.00
16	40.62	40.62	10.00	4.76	2.00	2.00
17	40.62	40.62	10.00	4.76	2.00	2.00

序号	$w(Fe_2O_3)$	$w(Fe_3O_4)$	$w(CaO)$	$w(SiO_2)$	$w(MgO)$	$w(Al_2O_3)$
18	40.62	40.62	10.00	4.76	2.00	2.00
19	40.62	40.62	10.00	4.76	2.00	2.00
20	40.62	40.62	10.00	4.76	2.00	2.00

表 8-10　烧结矿还原指数 RI 测试条件

试验参数	试验温度 /℃	还原时间 /h	还原气体流量 /L·min^{-1}	还原气体成分 /vol%	试样质量 /g	试样粒度 /mm
RI(GB/T 13241—1991)	900±10	3	15	N$_2$：70；CO：30	500±1	10~12.5

表 8-11　响应面 CCD 设计编码值试验结果

序号	因　素			还原性/%
	$w(Fe_2O_3)/w(Fe_3O_4)$	$R(CaO/SiO_2)$	$w(MgO)/w(Al_2O_3)$	
1	0	0	0	89.1
2	-1	-1	-1	70.2
3	0	0	0	92.5
4	$-\alpha$	0	0	80.5
5	-1	-1	1	66.0
6	1	-1	-1	73.5
7	0	0	0	91.7
8	-1	1	-1	89.3
9	0	0	0	91.4
10	1	1	-1	74.5
11	0	0	$-\alpha$	80.3
12	0	0	α	71.5
13	α	0	0	76.1
14	0	$-\alpha$	0	63.4
15	0	α	0	75.4
16	1	-1	1	74.9
17	0	0	0	90.4
18	-1	1	1	79.6
19	0	0	0	90.3
20	1	1	1	68.2

8.3.2 还原指数 RI 响应面模型拟合

以 $w(Fe_2O_3)/w(Fe_3O_4)$、$R(CaO/SiO_2)$ 和 $w(MgO)/w(Al_2O_3)$ 为自变量，RI 指数为响应值，使用 Design-Expert 12.0 软件，通过逐步向平均模型中添加线性项、双因素项、二次项和三次项，拟合烧结原料化学成分与 RI 指数的响应面模型。对比多种 RI 指数的响应面模型可知，仅二次模型 vs 双因素模型的 $P <$ 0.01，能够通过显著性检验。二次模型的标准偏差 1.1，拟合度 R^2 为 0.9930，校正系数 R^2_{adj} 为 0.9867，这表明响应面二次模型具有较高的可靠性，可以很好地解释自变量与因变量之间的数值关系（表 8-12 和表 8-13）。

表 8-12 还原指数 RI 多种模型方差分析表

方差来源	平方和	自由度	均方	F	P	结论
平均模型 vs 总计	126200	1	126200			
线性模型 vs 平均模型	279.2	3	93.07	1.04	0.4028	
双因素 vs 线性模型	216.22	3	72.07	0.7684	0.5319	
二次方程 vs 双因素	1207.42	3	402.47	335.25	<0.0001	建议采用
三次方程 vs 二次方程	4.71	5	0.941	0.6445	0.6792	较差
残差	7.30	5	1.46			
总计	127900	20	126770.011			

表 8-13 还原指数 RI 响应面模型汇总统计表

类型	标准偏差	拟合度 R^2	校正系数 R^2_{adj}	预测决定系数 R^2_{pred}	预测残差 平方和	结论
线性模型	9.47	0.1628	0.0058	0.2055	2067.32	
双因素	9.69	0.2889	−0.0393	−0.654	2836.42	
二次方程	1.10	0.9930	0.9867	0.9726	47.04	建议采用
三次方程	1.21	0.9957	0.9838			较差

使用 Design-Expert 软件拟合 $w(Fe_2O_3)/w(Fe_3O_4)$（A）、$R(CaO/SiO_2)$（B）、$w(MgO)/w(Al_2O_3)$（C）和烧结矿还原指数 RI（Y_2）的响应面模型如式（8-2）所示：

$$Y_2 = -415.38 + 93.34A + 404.12B + 54.26C - 32AB + 4.5AC - 11BC -$$
$$16.89A^2 - 83.23B^2 - 20.29C^2 \tag{8-2}$$

烧结矿还原指数 RI 的响应面二次回归模型的整体 $P<0.01$，表明回归模型整体显著，能够准确地预测烧结矿还原性。模型各项的 P 也均小于 0.05，表明方程中的每一项都对还原指数 RI 指数影响显著（表 8-14）。

表 8-14　RI 指数回归模型方差分析

方差来源	平方和	自由度	均方差	F	P
模型	1701.76	9	189.08	144.43	<0.0001
A	33.54	1	33.54	25.62	0.0005
B	162.96	1	162.96	124.47	<0.0001
C	82.66	1	82.66	63.14	<0.0001
AB	184.32	1	184.32	140.79	<0.0001
AC	10.13	1	10.13	7.73	0.0194
BC	21.78	1	21.78	16.64	0.0022
A^2	256.30	1	256.30	195.76	<0.0001
B^2	786.12	1	786.12	600.45	<0.0001
C^2	369.92	1	369.92	282.55	<0.0001
残差	13.09	10	1.31		
失拟项	5.79	5	1.16	0.79	0.5971
纯误差	7.30	5	1.46		
总和	1714.85	19			

对烧结矿 RI 指数二次回归模型进行残差分析可知，模型的外学生化残差以随机方式分布，表明试验的假设是独立的（图 8-9（a）），其正态分布概率接近于一条直线，反映了模型残差符合正态分布，证明了模型的正态性假设（图 8-9（b））。外学生化残差与 RI 指数预测值的散点完全随机地分布在（-3，+3）的水平带状区域内，说明回归方程与试验数据拟合良好，不存在异常点（图 8-9（c））。烧结矿 RI 指数试验值与预测值靠近一条直线，说明模型预测结果稳定，可以对烧结原料化学成分与烧结矿 RI 指数之间的关系进行阐述和说明（图 8-9（d））。

8.3.3　响应面模型分析及 RI 指数优化

单因素与烧结矿还原指数 RI 的关系曲线陡峭，表明单因素对还原指数 RI 的影响显著，且随着 $w(Fe_2O_3)/w(Fe_3O_4)$、$R(CaO/SiO_2)$ 和 $w(MgO)/w(Al_2O_3)$ 的升高，烧结矿还原性均呈现先增大后减小的趋势（图 8-10）。

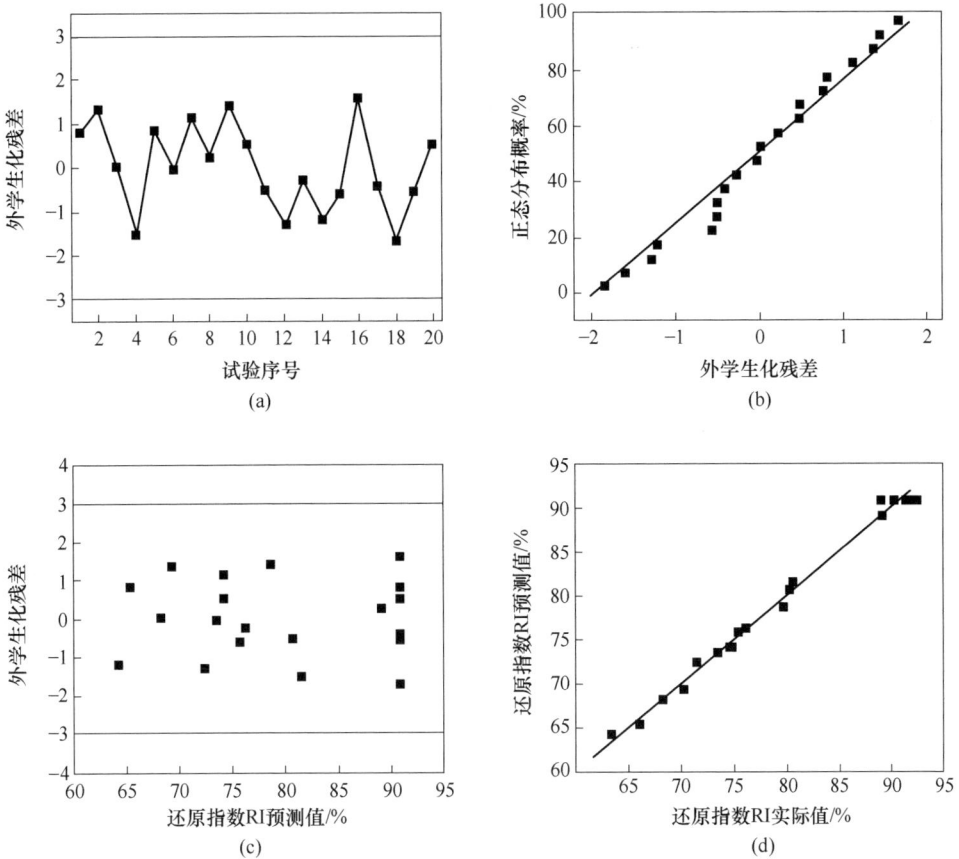

图 8-9　还原指数 RI 响应面模型残差分析图

（a）外学生化残差分布图；（b）外学生化残差正态概率；（c）外学生化残差与预测值关系；
（d）试验值与模型预测值对比

由还原指数 RI 的响应面图可知，$w(Fe_2O_3)/w(Fe_3O_4)$ 与 $R(CaO/SiO_2)$、$R(CaO/SiO_2)$ 与 $w(MgO)/w(Al_2O_3)$ 以及 $w(Fe_2O_3)/w(Fe_3O_4)$ 与 $w(MgO)/w(Al_2O_3)$ 响应曲面的边缘变化陡峭（图 8-11（a）、图 8-12（a）、图 8-13（a）），等高线图呈椭圆状（图 8-11（b）、图 8-12（b）、图 8-13（b）），表明三者之间交互作用显著。

运用 Design-expert 12.0 软件对所得的回归方程进行寻优计算，烧结矿还原指数 RI 最佳时的原料配比 $w(Fe_2O_3)/w(Fe_3O_4)$ = 0.76，$R(CaO/SiO_2)$ = 2.23，$w(MgO)/w(Al_2O_3)$ = 0.82。在此条件下进行微型烧结试验，试验结果烧结矿 RI 指数为 92.41%，试验值与预测值 92.1% 基本一致，表明模型寻优结果准确，能够对烧结配矿进行指导。

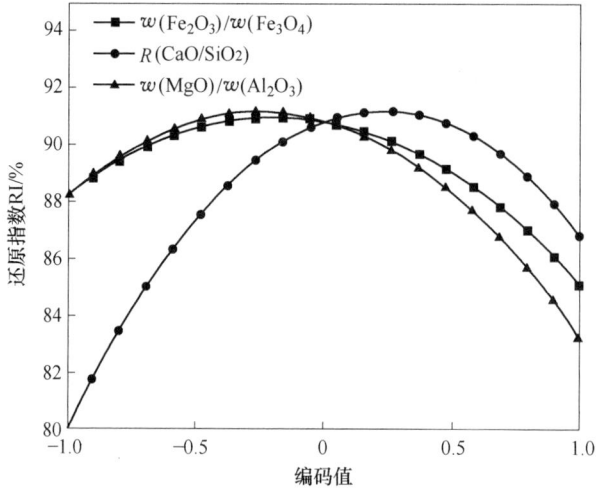

图 8-10　单因素对还原指数 RI 的影响图

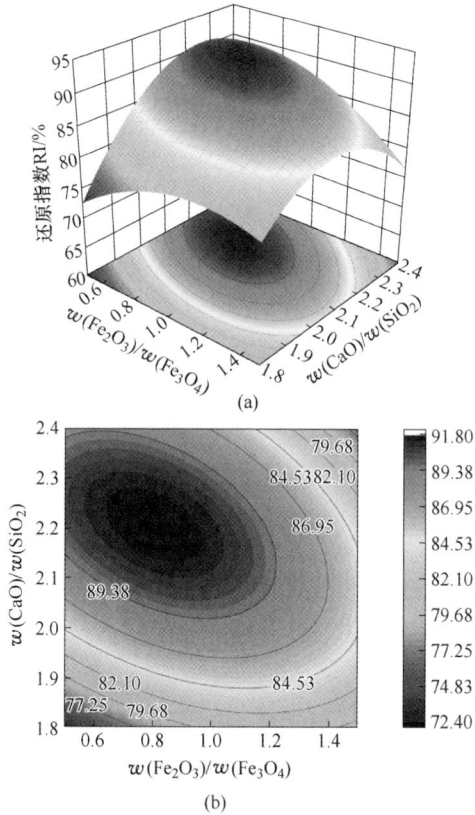

(a)

(b)

扫一扫查看彩图

图 8-11　$w(Fe_2O_3)/w(Fe_3O_4)$ 与 $R(CaO/SiO_2)$ 对 RI 指数的影响

(a) 响应面图；(b) 等高线图

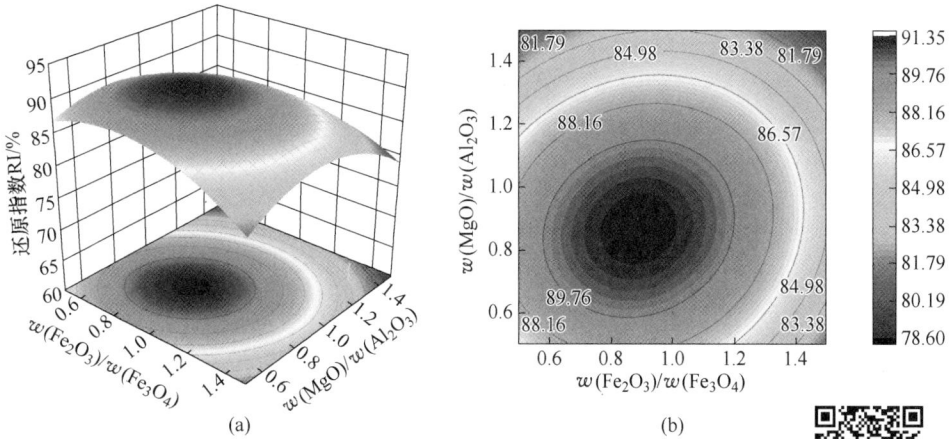

图 8-12　$w(Fe_2O_3)/w(Fe_3O_4)$ 与 $w(MgO)/w(Al_2O_3)$ 对 RI 指数的影响

（a）响应面图；（b）等高线图

扫一扫查看彩图

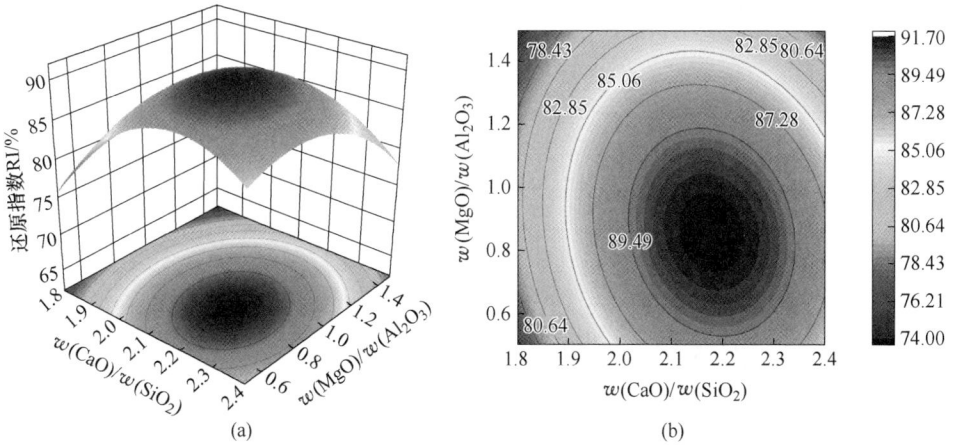

图 8-13　$R(CaO/SiO_2)$ 与 $w(MgO)/w(Al_2O_3)$ 对 RI 指数的影响

（a）响应面图；（b）等高线图

扫一扫查看彩图

8.4　高碱度烧结矿综合质量优化

　　大量国内外学者研究了烧结矿微观特征对其质量的影响以及微观特征随原料化学成分的变化规律，结果表明 MgO 可以减少次生赤铁矿，有助于形成均匀的矿相结构，低温还原粉化指数 $RDI_{+3.15\,mm}$ 上升，但 MgO 也会导致铁酸钙含量减少，导致转鼓指数以及还原性变差；烧结原料中适量 Al_2O_3 有助于铁酸钙的形成，从而具有更好的强度和还原性，减少低温还原粉化现象，但随着 Al_2O_3 的上升，烧结矿裂隙增加，导致烧结矿强度下降；原料中 Fe^{2+} 过高会使烧结矿中铁橄榄石相增加，导致烧结矿质量恶化，且不同铁矿类型的原料对气孔特征影响巨大，进而影响转鼓指数。综上所述，烧结矿微观特征由烧结原料的化学成分决定，并直接反映了烧结矿质量，而铁酸钙含量和气孔率是影响其还原指数 RI、低温还原粉化指数 $RDI_{+3.15\ mm}$ 以及转鼓指数最重要的两个指标。本书选取烧结矿中铁酸钙含量、气孔率以及还原指数 RI 作为质量指标，对烧结矿综合质量进行优化。基于 8.3.2 节中建立的还原指数 RI 响应面模型的基础上，拟合铁酸钙含量以及气孔率的响应面模型，分别使用模糊综合评判法和多目标粒子群算法（MOPSO）进行综合寻优计算，获取烧结矿综合质量最优时的原料化学成分配比。

8.4.1　烧结矿微观特征模型拟合

以 8.3.1 节中自制烧结矿为研究对象，使用德国蔡司研究型偏光显微镜，采用过尺线测法对样品中的矿物以及气孔率进行了统计，结果见表 8-15。

表 8-15　显微镜下烧结矿中矿物含量和气孔率统计表　　　　　　（%）

序号	因素			气孔率	铁酸钙	磁铁矿	赤铁矿	玻璃相	硅酸二钙
	$w(Fe_2O_3)/$ $w(Fe_3O_4)$	$w(CaO)/$ $w(SiO_2)$	$w(MgO)/$ $w(Al_2O_3)$						
1	0	0	0	32.64	57.18	31.88	4.61	3.37	2.96
2	−1	−1	−1	21.63	48.89	39.31	5.46	3.75	2.59
3	0	0	0	31.93	56.43	32.23	4.99	3.14	3.21
4	−α	0	0	24.89	48.74	40.49	4.37	3.46	2.94
5	−1	−1	1	23.92	45.85	44.61	3.41	2.98	3.15
6	1	−1	−1	24.63	50.62	38.49	4.21	3.01	3.67
7	0	0	0	30.61	56.34	31.37	4.56	3.41	4.32
8	−1	1	−1	23.46	46.06	40.48	6.15	4.62	2.69
9	0	0	0	33.34	56.35	32.92	3.94	3.24	3.55
10	1	1	−1	27.39	53.93	33.5	4.93	3.52	4.12
11	0	0	−α	23.05	53.59	30.44	9.62	4.37	1.98
12	0	0	α	27.86	48.41	41.63	4.61	2.68	2.67
13	α	0	0	28.21	53.04	34.48	5.28	3.72	3.48
14	0	−α	0	20.57	44.07	44.12	4.86	3.49	3.46
15	0	α	0	23.61	49.03	40.74	3.54	3.06	3.63

续表 8-15

序号	因素			气孔率	铁酸钙	磁铁矿	赤铁矿	玻璃相	硅酸二钙
	$w(Fe_2O_3)/$ $w(Fe_3O_4)$	$w(CaO)/$ $w(SiO_2)$	$w(MgO)/$ $w(Al_2O_3)$						
16	1	-1	1	25.21	49.45	38.34	4.82	3.71	3.68
17	0	0	0	32.59	54.78	32.40	5.03	3.76	4.03
18	-1	1	1	27.31	45.68	43.07	4.69	3.49	3.07
19	0	0	0	32.42	57.12	32.41	4.85	3.25	2.37
20	1	1	1	26.12	52.17	36.83	5.06	2.96	2.98

由于烧结原料中的 $w(Fe_2O_3)/w(Fe_3O_4)$、$R(CaO/SiO_2)$ 和 $w(MgO)/w(Al_2O_3)$ 对还原性 RI 的影响有显著先增长后减小的趋势，而铁酸钙含量和气孔率与还原性 RI 相关性较强，因此，本书选择拟合二次响应面模型解释 $w(Fe_2O_3)/w(Fe_3O_4)(A)$，$R(CaO/SiO_2)(B)$ 和 $w(MgO)/w(Al_2O_3)(C)$ 与铁酸钙含量（Y_3）和气孔率（Y_4）的关系，如式（8-3）和式（8-4）所示：

$$Y_3 = -118.95 + 3.27A + 157.53B + 8.98C + 7.53AB + 0.25AC + \\ 1.73BC - 7.69A^2 - 39.05B^2 - 7.53C^2 \tag{8-3}$$

$$Y_4 = -172.66 + 22.8A + 167.66B + 23.84C - 1.29AB - 3.42AC - \\ 0.24BC - 7.41A^2 - 38.74B^2 - 8.97C^2 \tag{8-4}$$

铁酸钙含量（Y_3）和气孔率（Y_4）响应面模型的 R^2 分别为 0.954 和 0.9681，表明模型拟合优度较高。由烧结矿铁酸钙含量以及气孔率的二次回归模型逐项方差分析结果可知，响应面模型 Y_3 的 F 值为 23.41，Y_4 的 F 值为 33.7，二者 P 值均小于 0.01，说明两个模型的自变量与因变量之间的数值关系均显著，响应面模型拟合程度均较高，具有统计学意义（表 8-16）。两个模型中的单因素项以及二次项的 P 值也均小于 0.05，表明自变量单因素对铁酸钙含量以及气孔率影响显著。Y_3 中 AB 项的 P 值小于 0.05，表明 $w(Fe_2O_3)/w(Fe_3O_4)$ 与 $R(CaO/SiO_2)$ 之间存在显著影响铁酸钙含量的交互作用。Y_4 中 AC 项的 P 值小于 0.05，表明 $w(Fe_2O_3)/w(Fe_3O_4)$ 与 $w(MgO)/w(Al_2O_3)$ 之间存在显著影响气孔率的交互作用。

表 8-16 铁酸钙含量以及气孔率的响应面回归模型逐项方差分析

方差来源	铁酸钙含量模型（Y_3）					气孔模型（Y_4）				
	平方和	自由度	F	均方差	P	平方和	自由度	F	均方差	P
Y	328.74	9	23.41	36.53	<0.0001	295.91	9	33.7	32.88	<0.0001
A	53.09	1	34.02	53.09	0.0002	11.65	1	11.94	11.65	0.0062
B	9.41	1	6.03	9.41	0.0339	14.37	1	14.73	14.37	0.0033
C	16.61	1	10.64	16.61	0.0085	13.42	1	13.75	13.42	0.0041

续表 8-16

方差来源	铁酸钙含量模型(Y_3)					气孔模型(Y_4)				
	平方和	自由度	F	均方差	P	平方和	自由度	F	均方差	P
AB	10.19	1	6.53	10.19	0.0286	0.3	1	0.31	0.3	0.5912
AC	0.03	1	0.019	0.03	0.8924	5.83	1	5.98	5.83	0.0346
BC	0.54	1	0.34	0.54	0.5709	0.011	1	0.011	0.011	0.9194
A^2	53.06	1	34.01	53.06	0.0002	49.39	1	50.62	49.39	<0.0001
B^2	173.03	1	110.89	173.03	<0.0001	170.29	1	174.55	170.29	<0.0001
C^2	50.93	1	32.64	50.93	0.0002	72.22	1	74.03	72.22	<0.0001
残差	15.6	10		1.56		9.76	10		0.98	
失拟项	11.85	5	3.16	2.37	0.1162	5.48	5	1.28	1.1	0.3961
纯误差	3.75	5		0.75		4.28	5		0.86	
总和	344.34	19				305.66	19			

　　对铁酸钙含量以及气孔率的响应面回归模型进行残差分析可知，两个模型的外学生化残差均以随机方式分布，表明试验的假设是独立的（图 8-14（a）），其

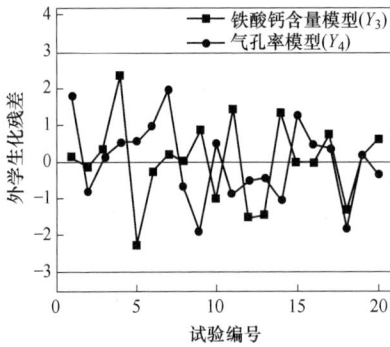

(a)

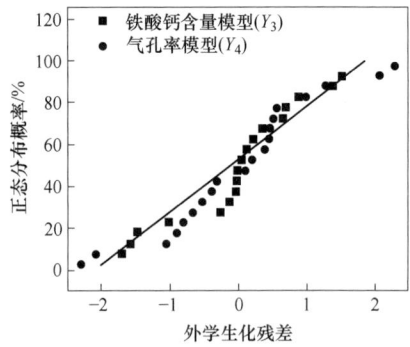

(b)

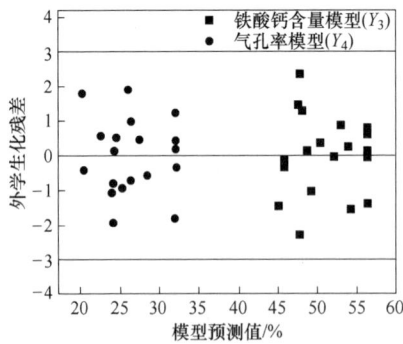

(c)

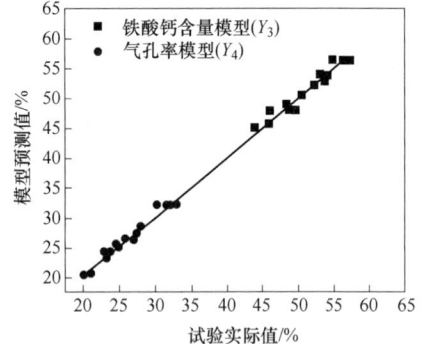

(d)

图 8-14　铁酸钙含量和气孔率响应面模型残差分析图

（a）外学生化残差分布图；（b）外学生化残差正态概率；

（c）外学生化残差与预测值关系；（d）试验值与模型预测值对比

正态分布概率均接近于一条直线，反映了模型残差符合正态分布，证明了模型的正态性假设（图 8-14（b））。外学生化残差与模型预测值的散点完全随机地分布在（-3，+3）的水平带状区域内，说明回归方程与试验数据拟合良好，不存在异常点（图 8-14（c））。铁酸钙含量和气孔率的试验值与预测值靠近一条直线，说明模型预测结果稳定，可以对烧结原料化学成分与铁酸钙含量、气孔率之间的关系进行阐述和说明（图 8-14（d））。

8.4.2 基于响应面-模糊综合评判的烧结矿综合质量优化

对单个烧结矿铁酸钙含量、气孔率以及 RI 指数模型进行寻优计算仅能求得单个目标最优时的原料化学成分配比，为得到烧结矿综合质量最佳时的原料化学成分配比，本节引入模糊综合评判法，建立响应面-模糊综合评判模型进行综合寻优。首先，将多个响应值计算转化为模糊综合评判值；其次，拟合烧结原料化学成分与模糊综合评判值的响应面二次模型；最后，对拟合的响应面模型进行回归计算，求得模糊评判值最高时的原料成分配比即为优化结果。

具体模糊综合评判值的计算过程如下：定义评价对象集为 U，$U = \{u_1, u_2, u_3, \cdots, u_i\}$，其指烧结矿全部样品的集合，$u_i$ 表示各组烧结矿样品；定义评价因素集为 X，$X = \{x_1, x_2, x_3\}$，其中 x_1，x_2，x_3 分别代表烧结矿样品的还原指数 RI、铁酸钙含量、气孔率。无量纲转化函数式为：

$$x_i = y_i / y_{max} \tag{8-5}$$

式中：x_i 为各指标无量纲转化值；y_i 为各指标测定值；y_{max} 为指标测定最大值；i 为第 i 个指标，$i = 1, 2, 3, \cdots, n$。

分别将各指标测定值代入式（8-5）中，得到评价矩阵 R_j：

$$R_j = \begin{bmatrix} x_1 \\ x_2 \\ \vdots \\ x_n \end{bmatrix}$$

设评价权重集为 W，$W = \{W_1, W_2, W_3\}$，采用主观赋权法分别设定还原指数 RI（Y_2）的权重 W_1 为 0.34，铁酸钙含量（Y_3）的权重 W_2 为 0.33，气孔率（Y_4）的权重 W_2 为 0.33，即 $W = \{0.34, 0.33, 0.33\}$。模糊综合评判集 Y 是指研究过程中需要进行评价产品的集合，$Y = W \times R_j$，其中 W 为权重集，R_j 为模糊矩阵。根据各指标权重系数 W_i，计算得到模糊综合评判结果 Y_j（表 8-17）。

表 8-17　模糊综合评判计算结果

序号	因素			RI 指数 /%	铁酸钙含量 %	气孔率 /%	模糊综合 评判值
	$w(Fe_2O_3)/$ $w(Fe_3O_4)$	$R(CaO/SiO_2)$	$w(MgO)/$ $w(Al_2O_3)$				
1	0	0	0	89.10	57.18	32.64	0.9875
2	-1	-1	-1	70.20	48.89	21.63	0.7589
3	0	0	0	92.50	56.43	31.93	0.9885
4	$-\alpha$	0	0	80.50	48.74	24.89	0.8288
5	-1	-1	1	66.00	45.85	23.92	0.7490
6	1	-1	-1	73.50	50.62	24.63	0.8113
7	0	0	0	91.70	56.34	30.61	0.9717
8	-1	1	-1	89.30	46.06	23.46	0.8312
9	0	0	0	91.40	56.35	33.34	0.9982
10	1	1	-1	74.50	53.93	27.39	0.8620
11	0	0	$-\alpha$	80.30	53.59	23.05	0.8375
12	0	0	α	71.50	48.41	27.86	0.8239
13	α	0	0	76.10	53.04	28.21	0.8710
14	0	$-\alpha$	0	63.40	44.07	20.57	0.6953
15	0	α	0	75.40	49.03	23.61	0.7988
16	1	-1	1	74.90	49.45	25.21	0.8156
17	0	0	0	90.40	54.78	32.59	0.9779
18	-1	1	1	79.60	45.68	27.31	0.8323
19	0	0	0	90.30	57.12	32.42	0.9893
20	1	1	1	68.20	52.17	26.12	0.8158

　　由于原料中 $w(Fe_2O_3)/w(Fe_3O_4)$（A）、$R(CaO/SiO_2)$（B）及 $w(MgO)/$ $w(Al_2O_3)$ 与 RI 指数、铁酸钙含量、气孔率之间的二次关系均显著。可知，上述三个因素与模糊综合评判值也应存在显著二次关系。使用 Design-Expert 12.0，拟合烧结原料中 $w(Fe_2O_3)/w(Fe_3O_4)$（A）、$R(CaO/SiO_2)$（B）和 $w(MgO)/$ $w(Al_2O_3)$（C）与模糊综合评判值的回归模型：

$$Y_5 = -3.91 + 0.59A + 4.04B + 0.49C - 0.09AB - 0.02AC -$$
$$0.03BC - 0.18A^2 - 0.91B^2 - 0.21C^2 \quad\quad (8-6)$$

　　对模糊综合评判值的响应面模型进行残差分析可知，模型的外学生化残差以随机方式分布，表明试验的假设是独立的（图 8-15（a）），其正态分布概率接近于一条直线，反映了模型残差符合正态分布，证明了模型的正态性假设（图 8-15

（b））。外学生化残差与模糊综合评判值的预测值散点完全随机地分布在（-4，+4）的水平带状区域内，说明回归方程与试验数据拟合良好，不存在异常点（图 8-15（c））。模糊综合评判值的试验值与预测值靠近一条直线，说明模型预测结果稳定，可以对烧结原料化学成分与模糊综合评判值之间的关系进行阐述和说明（图 8-15（d））。

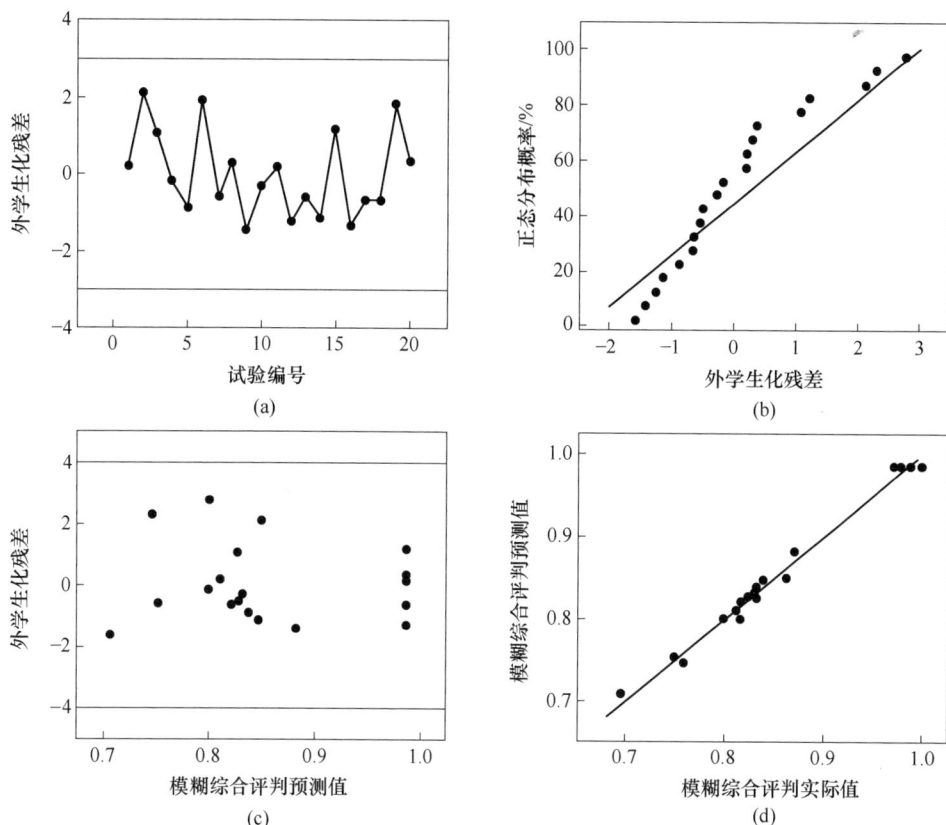

图 8-15　模糊综合评判值响应面模型残差分析图

（a）外学生化残差分布图；（b）外学生化残差正态概率；（c）外学生化残差与预测值关系；
（d）试验值与模型预测值对比

　　通过 Design-Expert 对响应面模型进行寻优计算，得到烧结矿模糊综合评判值最佳时的原料配比为 $w(Fe_2O_3)/w(Fe_3O_4) = 1.072$，$R(CaO/SiO_2) = 2.148$，$w(MgO)/w(Al_2O_3) = 0.968$。在该配比条件下进行微型烧结实验，得到烧结样品的还原指数 RI、铁酸钙含量、气孔率试验值分别为 91.13、55.38、33.29，其模糊综合评判值实际值为 0.9912，与预测值 0.9886 接近，表明模型寻优结果准确，验证了该模型的可靠性。

8.4.3　基于响应面-多目标粒子群算法的烧结矿综合质量优化

多目标粒子群算法（MOPSO）是一种基于 Pareto 优化的多目标寻优算法，能够在解空间能寻找到多组的 Pareto 最优解。本节使用 MOPSO 对前文得到的原料化学成分与还原指数 RI、铁酸钙含量以及气孔率的回归模型进行多目标寻优，得到三者同时最优的多组配矿方案，为现场生产提供理论依据。

MOPSO 基于 PSO（粒子群算法）算法提出，其核心思想在于规定解空间中，粒子个体与个体之间通过学习和交流能力来寻找最优解。每个粒子在所在区域内移动，找到最佳状态的位置后经过粒子之间的信息共享、学习后的再进行群体移动，通过不断迭代得到种群的最佳位置，即 Pareto 解集。MOPSO 解除了 PSO 算法仅能对单目标优化的限制，引入了存档的方式存储每次迭代中全局的综合最优解，并引入动态密集距离时刻更新 Pareto 解集。同时 MOPSO 还改进了惯性因子，改善了 PSO 算法容易陷入局部最优解的弊端。

MOPSO 粒子群算法实现步骤如图 8-16 所示。

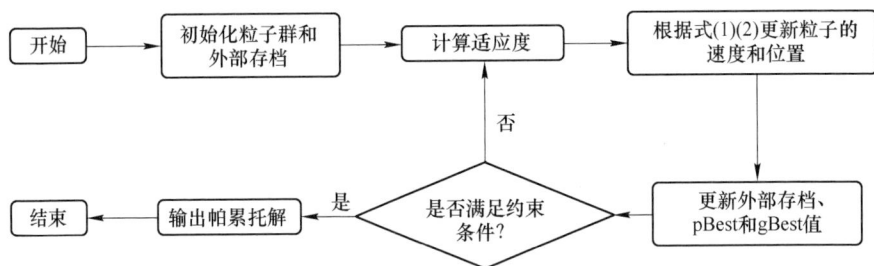

图 8-16　MOPSO 算法流程图

使用 MOPSO 对烧结原料化学成分与还原指数 RI（Y_2）、铁酸钙含量（Y_3）以及气孔率（Y_4）的响应面模型进行多目标寻优，其优化问题可以描述为：

约束条件：

$$X = \begin{cases} 0.16 < A < 1.84 \\ 1.6 < B < 2.6 \\ 0.16 < C < 1.84 \end{cases} \tag{8-7}$$

优化目标：

$$Y = (Y_2, Y_3, Y_4)_{\max} \tag{8-8}$$

粒子的位置向量为三维的列向量，粒子种群的大小设为 100，最大迭代次数为 600 次（经多次试验，一般迭代 500 次左右算法就趋于稳定），初始化权重 ω

设为 0.9。基于上述参数设置运行 MOPSO 算法，得到的 Pareto 解集在空间中分布紧密，更多分布在坐标系（32，58，91）附近，表明模型收敛，见图 8-17。MOPSO 优化结果见表 8-18。

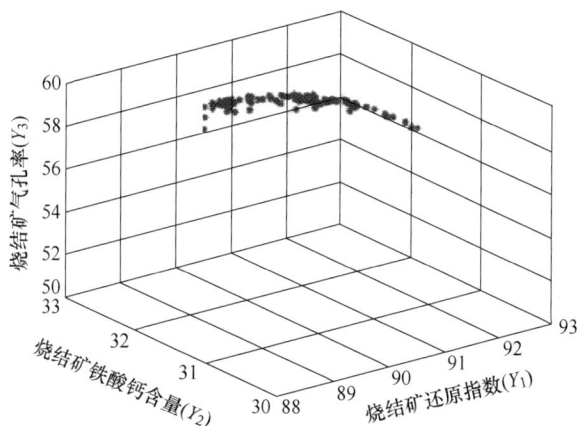

图 8-17 烧结矿质量指标多目标优化图

表 8-18 MOPSO 算法优化烧结原料配比结果表 （%）

$w(Fe_2O_3)/w(Fe_3O_4)$	$w(CaO)/w(SiO_2)$	$w(MgO)/w(Al_2O_3)$	还原性	气孔率	铁酸钙含量
0.88	2.20	0.85	92.23	31.33	57.72
0.91	2.22	0.82	92.09	31.17	57.77
0.91	2.21	0.86	92.09	31.42	57.85
0.91	2.19	0.93	91.97	31.80	57.90
0.89	2.16	0.90	92.02	31.66	57.95
0.89	2.16	0.87	92.02	31.56	57.97
0.94	2.20	0.84	92.01	31.44	58.05
0.95	2.20	0.87	91.95	31.64	58.14
0.94	2.18	0.95	91.77	32.01	58.14
0.95	2.15	0.80	91.90	31.35	58.16
0.95	2.15	0.99	91.49	32.16	58.17
0.95	2.18	0.94	91.78	31.99	58.17
1.01	2.15	1.09	90.57	32.42	58.20
0.94	2.16	0.81	91.89	31.40	58.21
1.01	2.18	1.06	90.78	32.37	58.26
0.95	2.16	0.89	91.86	31.84	58.29

$w(Fe_2O_3)/w(Fe_3O_4)$	$w(CaO)/w(SiO_2)$	$w(MgO)/w(Al_2O_3)$	还原性	气孔率	铁酸钙含量
0.96	2.17	0.90	91.82	31.90	58.32
1.11	2.17	0.84	90.78	31.88	58.89
1.20	2.16	1.03	89.48	32.39	58.90
1.14	2.15	0.97	90.40	32.35	58.90
1.19	2.17	1.00	89.64	32.34	58.93
1.13	2.17	0.88	90.62	32.06	58.94
1.26	2.12	1.00	88.99	32.25	58.95
1.15	2.19	0.90	90.22	32.10	58.96
1.270	2.15	1.02	88.60	32.25	58.97
1.28	2.14	1.01	88.60	32.24	58.98
1.17	2.11	0.89	90.13	32.09	58.99
1.28	2.16	1.01	88.50	32.23	58.99
1.27	2.15	0.91	88.93	32.06	59.14
1.27	2.17	0.86	88.77	31.91	59.15

通过 MOPSO 寻优得到的多组原料配比中还原性、气孔率和铁酸钙含量均具有较高的水平。以 MOPSO 算法预测的解集中还原性、气孔率和铁酸钙含量分别最高的三组解进行试验验证，在此配比条件下烧结试验所得的实验值均与 MOPSO 算法得出预测值相近（表 8-19），验证了模型的准确性。

表 8-19　MOPSO 运行预测值与试验值参数表

$w(Fe_2O_3)/$ $w(Fe_3O_4)$	$w(CaO)/$ $w(SiO_2)$	$w(MgO)/$ $w(Al_2O_3)$	预测值/%			试验值/%		
			还原性	铁酸钙	气孔率	还原性	铁酸钙	气孔率
0.88	2.20	0.85	92.23	57.72	31.33	91.40	56.34	30.41
1.01	2.15	1.09	90.57	58.20	32.42	89.30	56.12	30.98
1.27	2.17	0.86	88.77	59.15	31.91	88.10	57.91	30.67

参 考 文 献

[1] 王悠留. 钢铁冶金学（炼铁部分）[M]. 北京：冶金工业出版社，2005.

[2] 任允芙. 钢铁冶金岩相矿相学 [M]. 北京：冶金工业出版社，1982.

[3] 朱苗勇. 现代冶金学（钢铁冶金卷）[M]. 北京：冶金工业出版社，2005.

[4] 傅菊英，姜涛，朱德庆. 烧结球团学 [M]. 长沙：中南大学出版社，1995.

[5] 周传典. 高炉炼铁生产技术手册 [M]. 北京：冶金工业出版社，2002.

[6] 周取定，孔令坛. 铁矿石造块理论及工艺 [M]. 北京：冶金工业出版社，1989.

[7] 史磊. 基于球团质量指标的生产过程优化研究 [D]. 沈阳：东北大学，2012.

[8] Dawson P R. Research studies on sintering and sinter quality [J]. Ironmaking and Steelmaking, 1993, 20（2）：137-143.

[9] Oldring D C, Fray T A T. Characterisation of iron ores for production of high quality sinter [J]. Ironmaking and Steelmaking, 1989, 16（2）：83-89.

[10] 刘志豪，孙庆星，范维国，等. 武钢常用含铁原料特性及配矿实践 [J]. 烧结球团，2012, 37（2）：19-21, 35.

[11] 张秀华，秦绪华. 含铁原料质量评估及应用 [J]. 钢铁，2018, 53（7）：16-23.

[12] 贺真. 烧结含铁原料性能与配矿试验研究 [J]. 钢铁，2018, 53（7）：16-23.

[13] 王艳. 烧结含铁原料性能及优化配矿研究 [J]. 科技创新与应用，2016（14）：12-13.

[14] 白冬冬，韩秀丽，李昌存，等. 钒钛烧结矿矿相结构对其冶金性能的影响 [J]. 钢铁钒钛，2018, 39（5）：111-115.

[15] Arpit M, Subhra D, Sushant R, et al. Application of machine learning algorithms for prediction of sinter machine productivity [J]. Machine Learning with Applications, 2021, 6（15）：316-327.

[16] Mitra K. Evolutionary surrogate optimization of an industrial sintering process [J]. Materials and Manufacturing Processes, 2013, 28（7）：768-775.

[17] Arijit C, Rituparna B, Saprativ B, et al. Characterisation of binary mixtures of pellets and sinter for DEM simulations [J]. Advanced Powder Technology, 2022, 33（1）：103-246.

[18] Ming Z, Marcel W. Effect of MgO and basicity on microstructure and metallurgical properties of iron ore sinter [J]. Characterization of Minerals, Metals, and Materials, 2016, 20（7）：178-185.

[19] Oluwadarre G. Microstructures of sinters produced from some nigerian ores [J]. Trends in Applied Sciences Research, 2007, 2（6）：508-514.

[20] Umadevi T, Pra K S, Prabhu M, et al. Influence of alumina on iron ore sinter quality and productivity [J]. World Iron and Steel, 2010, 10（1）：12-18.

[21] Pimenta H P, Seshadri V. Characterisation of structure of iron ore sinter and its behavior during reduction at low temperatures [J]. Ironmaking&Steelmaking, 2002, 29（3）：169-174.

[22] Hida Y, Kazki J, Itoh K, et al. Formation mechanism of acicular calcium ferrite of iron ore sinter [J]. Tetsu to Hagane（J. Iron Steel Inst. Jpn），1987, 73（15）：1893-1900.

［23］ Tang W D, Yang S T, Zhang L H. Effects of basicity and temperature on mineralogy and reduction behaviors of high-chromium vanadium-titanium magnetite sinters ［J］. Cent. South Univ., 2019, 26（2）：132-145.

［24］ Pr D, Ostwald J. Influence of aluminaon development of complex calcium ferrtites in iron ore sinters ［J］. Trans. Inst. Min. Metall., 1985, 7（94）：71-75.

［25］ Webster N A S, Pownceby M I, Madsen I C, et al. Silico-ferrite of calcium and aluminum （SFCA） iron ore sinter bonding phases：new insights into their formation during heating and cooling ［J］. Metallurgical and Materials Transactions B, 2012, 43（6）：1344-1357.

［26］ 李小松, 杨广庆, 杨文康, 等. 攀钢钒钛烧结矿与莱钢普通烧结矿冶金性能对比研究 ［J］. 烧结球团, 2018, 43（1）：10-14.

［27］ 刘小杰, 田野, 李建鹏, 等. 南非富矿粉配矿烧结矿相结构分析 ［J］. 上海金属, 2018, 40（2）：83-88.

［28］ 石泉, 吕庆, 刘小杰, 等, 钒钛烧结矿和普通烧结矿的矿物组成与矿相结构对比 ［J］. 上海金属, 2018, 40（4）：92-98.

［29］ 邓明, 王炜, 徐润生, 等. 钒钛烧结矿和普通烧结矿显微力学性能对比 ［J］. 钢铁钒钛, 2017, 38（2）：104-111.

［30］ 巨建涛, 刘欢, 邢相栋, 等. 高碱度烧结矿矿物结构对其冶金性能的影响 ［J］. 钢铁研究, 2017, 45（3）：9-13.

［31］ 郭兴敏, 朱利, 李强, 等. 高碱度烧结矿的矿物组成与矿相结构特征 ［J］. 钢铁, 2007, 42（1）：17-20.

［32］ 刘杰, 周明顺, 翟立委, 等. 鞍钢烧结矿的矿物组成和矿相结构研究 ［J］. 烧结球团, 2012, 37（3）：1-4.

［33］ 王程. 钙钛矿对钒钛烧结矿质量影响 ［D］. 唐山：华北理工大学, 2021.

［34］ 韩秀丽, 杜亮, 陈前冲, 等. 赤铁矿型烧结矿中不同形态铁酸钙形成规律研究 ［J］. 烧结球团, 2021, 46（5）：1-7.

［35］ 韩秀丽, 王程, 伊凤永, 等. $CaCl_2$ 对钒钛烧结矿矿相结构及 RDI 的影响机理 ［J］. 烧结球团, 2020, 45（4）：1-5, 26.

［36］ 韩秀丽, 高蜻, 刘丽娜, 等. 低硅高铁烧结矿矿物组成及显微结构特征 ［J］. 河北理工大学学报, 2009, 31（2）：12-17.

［37］ 肖志新, 胡正刚, 余珊珊, 等. 烧结矿孔洞结构对烧结强度的影响 ［J］. 钢铁研究, 2017, 45（4）：1-4.

［38］ 刘丽娜, 韩秀丽, 白丽梅. 澳矿对烧结矿显微结构的影响 ［J］. 钢铁钒钛, 2008, 29（2）：18-22.

［39］ 张震, 温荣耀, 廖继勇, 等. 烧结矿双级冷却工艺及装备技术研发与应用 ［J］. 烧结球团, 2024, 49（4）：101-106.

［40］ 朱德庆, 宋刘刚, 杨聪聪, 等. 磁铁精矿性质对铁矿粉烧结特性的影响机理分析 ［J］. 钢铁, 2024, 59（10）：20-31.

［41］ 刘丽娜, 韩秀丽, 李志民, 等. 配碳量对细粒赤铁精粉烧结矿矿相结构及冶金性能的影

响 [J]. 钢铁钒钛, 2014, 35 (2): 78-81.

[42] 刘丽娜, 韩秀丽, 段珊, 等. 不同普通铁精粉配比的含钛烧结矿矿相结构研究 [J]. 钢铁钒钛, 2014, 35 (4): 67-82.

[43] 李国旺. 含铁原料对烧结矿矿相结构及冶金性能的影响 [D]. 唐山: 华北理工大学, 2022.

[44] 唐珏, 王茗玉, 储满生, 等. 国内外烧结优化配矿研究进展 [J]. 钢铁, 2024, 59 (9): 102-113.

[45] 邢汉威, 姜鑫, 张付林, 等. 钒钛矿烧结生产的研究进展 [J]. 烧结球团, 2024, 49 (3): 1-9.

[46] 朱传敏. 高褐铁矿配比下提高烧结矿质量指标 [J]. 冶金自动化, 2024, 48 (S1): 254-255.

[47] 杜亮. 铁酸钙对高碱度烧结矿质量的影响 [D]. 唐山: 华北理工大学, 2021.

[48] Mumme W G, Clout J M F, Gable R W. The crystal structure of SFCA-I, $Ca_{3.18}Fe^{3+}_{14.66}Al_{1.34}Fe^{2+}_{0.82}O_{28}$, a homologue of the aenigmatite structure type, and new crystal structure refinements of β-CFF, $Ca_{2.99}Fe^{3+}_{14.30}Fe^{2+}_{0.55}O_{25}$ and Mg-free SFCA, $Ca_{2.45}Fe^{3+}_{9.04}Al_{1.74}Fe^{2+}_{0.16}Si_{0.6}O_{20}$ [J]. Neues Jahrbuch für Mineralogie-Abhandlungen, 1998: 93-117.

[49] 张策. 矿物组成及微观结构对南钢烧结矿质量影响的研究 [D]. 鞍山: 辽宁科技大学, 2016.

[50] 王炜, 徐维波, 朱航宇, 等. 高碱度烧结矿的三维矿相特性分析 [J]. 钢铁研究学报, 2016, 28 (11): 6-11.

[51] 吕水. 赤铁矿型高碱度烧结矿工艺矿物学研究 [D]. 唐山: 河北理工大学, 2010.

[52] Wang W, Deng M, Xu R S. Three dimensional structure and micro-mechanical properties of iron ore sinter [J]. Journal of Iron and Steel Research, 2017, 24 (10): 998.

[53] Nyembwe A M, Cromarty R D, Garbers-Craig A M. Prediction of the granule size distribution of iron ore sinter feeds that contain concentrate and micropellets [J]. Powder Technology, 2016: 6-12.

[54] David C L, Johan P R D V, Volker K. Refinement of iron ore sinter phases: a silico-ferrite of calcium and aluminium (SFCA) and an Al-free SFC, and the effect on phase quantification by X-ray diffraction [J]. Mineralogy and Petrology, 2016, 110 (1): 141-147.

[55] Silva M S S, Lima M M F, Graca L M, et al. Bench-scale calcination and sintering of a goethite iron ore sample [J]. International Journal of Mineral Processing, 2016: 3-5.

[56] 甘勤, 何群, 文永才. MgO 对钒钛烧结矿矿物组成及冶金性能影响的研究 [J]. 钢铁, 2008, 43 (8): 7-11.

[57] 蒋大军, 何木光, 甘勤, 等. 超高碱度对烧结矿性能与工艺参数的影响 [J]. 钢铁, 2009, 44 (2): 98-104.

[58] 陈前冲. 基于工艺矿物学的烧结矿低温还原粉化机理研究 [D]. 唐山: 华北理工大学, 2019.

[59] 甘勤, 何群, 黎建明. Al_2O_3 在钒钛烧结矿中的行为研究 [J]. 钢铁, 2003, 38 (1):

1-4.

[60] 中野正则 笠间俊次 细谷阳三. 铁矿石シンタ-ク-キ构造に及ぼす石灰石粒度的影响 [J]. 铁と钢, 1985, 7 (99): 11-716.

[61] 志垣一郎ら. 石灰石粗粒化によろ烧结矿の生产性および还原粉化性の改善 [J]. 铁と钢, 1985 (1): 1880-1887.

[62] 应自伟, 姜茂发. 积极开发低硅烧结技术 [J]. 烧结球团, 2002, (6): 8-11.

[63] 李光辉. 提高料层氧位改善烧结矿质量 [J]. 烧结球团, 1998 (5): 2-3.

[64] 傅菊英, 陈耀铭. 包钢低氟烧结矿矿物组成和显微结构的改善 [J]. 中国工业大学学报, 1999 (2): 143-144.

[65] 赵喆. 铁精粉配比对钒钛烧结矿矿相结构及冶金性能的影响 [D]. 唐山: 华北理工大学, 2020.

[66] 刘振林, 温洪霞. 济钢常用铁矿石烧结基础特性的研究 [J]. 钢铁, 2004, 7 (39): 8-9.

[67] 高洪庄, 翟立委, 彭彬, 等. 印度高硅铁矿粉烧结性能试验研究 [J]. 鞍钢技术, 2024 (4): 26-31.

[68] 付壮壮. 铁矿粉粒度对烧结基础性能及矿相结构的影响 [D]. 唐山: 华北理工大学, 2022.

[69] 姬生玉. 含铁原料性能对烧结矿质量的影响研究 [J]. 山西冶金, 2023, 46 (11): 133-135.

[70] 刘正平, 马金明等. 褐铁矿烧结研究与生产 [J]. 钢铁, 2005, 2 (40): 21

[71] Shigaki I, Sawada M, Maekawa M, et al. Melting property of MgO containing sinter [J]. Transactions ISIJ, 1981, 21: 862-869.

[72] Dong J J, Wang G N, Gong Y G, et al. Effect of high alumina iron ore of gibbsite type on sintering performance [J]. Ironmaking & Steelmaking, 2015, 42 (1): 34-40.

[73] Cores A, Babich A, Muniz M, et al. The influence of different iron ores mixtures composition on the quality of sinter [J]. ISIJ International, 2010, 50 (8): 1089-1098.

[74] Kalenga M K, Craig A M G. Investigation into how the magnesia silica and alumina contents of iron ore sinter influence its mineralogy and properties [J]. The Journal of the Southern African Institute of Mining and Metallurgy, 2010, 110 (8): 447-456.

[75] Hessien M M, Kashiwaya Y, Ishii K, et al. Sintering and heating reduction processes of alumina containing iron ore samples [J]. Ironmaking & Steelmaking, 2008, 35 (3): 191-204.

[76] Mazanek E, Jasienska. Formation of binary ferrites in iron ore sinters [J]. Iron and Steel Institute, 1996, 42 (7): 319-324.

[77] Patrick T R, Pownceby M I. Stability of silico-ferrite of calcium and aluminum (SFCA) in air-solid solution limits between 1240 ℃ and 1390 ℃ and phase relationships within the Fe_2O_3-CaO-Al_2O_3-SiO_2 (FCAS) system [J]. Metallurgical and Materials Transactions B, 2002, 33 B (1): 79-89.

[78] 催利民. MgO/Al₂O₃比对铁矿粉烧结液相生成的影响 [D]. 唐山：华北理工大学，2016.

[79] 闫龙飞. 富镁复合铁酸钙生成机理研究 [D]. 唐山：华北理工大学，2018.

[80] 白冬冬. 钒钛烧结矿成矿过程对其质量的影响研究 [D]. 唐山：华北理工大学，2020.

[81] 周祥. Mg/Al 在烧结矿中的赋存规律对其冶金性能的影响 [D]. 唐山：华北理工大学，2020.

[82] 易正明，覃佳卓，姜志伟，等. MgO 对高碱度高铝烧结矿的影响 [J]. 钢铁，2021，56（2）：50-56.

[83] 周密，杨松陶，姜涛，等. MgO 在含铬型钒钛烧结矿制备中的迁移及作用 [J]. 中国有色金属学报，2014，24（12）：3108-3113.

[84] 钦礼文，刘磊，包国营，等. 烧结温度和时间对烧结矿气孔特征的影响 [J]. 华北理工大学学报（自然科学版），2023，45（4）：1-6.

[85] 付壮壮，韩秀丽，刘磊，等. 铁矿粉粒度对烧结基础性能的影响 [J]. 华北理工大学学报（自然科学版），2022，44（3）：8-14.

[86] 王喆，张建良，左海滨，等. MgO/Al₂O₃比对烧结矿矿物组成及冶金性能的影响 [J]. 烧结球团，2013，38（5）：1-4.

[87] 潘向阳，龙跃，李神子，等. MgO/Al₂O₃对烧结矿冶金性能的影响 [J]. 钢铁钒钛，2019，40（4）：100-105.

[88] 司天航. 烧结矿中铁酸钙的生成及其矿物学特性研究 [D]. 唐山：华北理工大学，2022.

[89] 李国旺，韩秀丽，刘磊，等. 烧结成矿过程中铁酸钙特征与冶金性能定量关系 [J]. 烧结球团，2023，48（1）：44-49.

[90] 张新建，朱博洪，牛德良，等. Al₂O₃/SiO₂对烧结矿冶金性能的影响 [J]. 重庆理工大学学报（自然科学），2014，28（2）：40-44.

[91] 段文展，孔德翠，杨小建. 青特钢降低烧结矿碱度和高炉镁铝比的生产实践 [J]. 山东冶金，2024，46（4）：64-65，68.

[92] 卫敏. Al₂O₃/SiO₂比对烧结矿成矿特性与冶金性能影响研究 [D]. 重庆：重庆大学，2012.

[93] 孙艳芹. TiO₂质量分数对中钛型烧结矿质量影响的研究 [J]. 中国冶金，2013，23（10）：6-13.

[94] 韩秀丽，司天航，李鸣铎，等. 镁铝对烧结矿中铁酸钙的矿物学特性影响 [J]. 地学前缘，2020，27（5）：280-290.

[95] 沈峰满，安海玮，姜鑫，等. 烧结工艺中复合铁酸钙黏结相的研究进展 [J]. 钢铁，2024，59（2）：1-12.

[96] 司天航，韩秀丽，刘磊，等. 镁铝对烧结矿矿相结构的影响规律 [J]. 烧结球团，2021，46（2）：24-31.

[97] 韩秀丽，司天航，刘盈盈，等. 不同含量 Al₂O₃烧结矿矿相结构与 RDI₊₃.₁₅ mm 的定量关系 [J]. 中国冶金，2022，32（2）：34-38.

[98] 陈伟，余丽娜，靳亚军，等. 超高 Al₂O₃烧结矿综合性能试验研究 [J]. 河南冶金，

2024, 32（2）：1-5, 35.

[99] 钦礼文. 高铝烧结矿矿物相特征及其形成机理研究 [D]. 唐山：华北理工大学, 2023.

[100] 郗亚娜, 吕庆, 张旭升, 等. TiO$_2$ 含量对烧结矿矿相结构的影响 [J]. 钢铁研究学报, 2015, 27（11）：21-25.

[101] 张立恒, 薛向欣. 普矿配比对高铬型钒钛磁铁矿烧结性能的影响 [J]. 江西冶金, 2019, 39（5）：1-5.

[102] 刘丽娜, 韩秀丽, 刘磊. 不同类型烧结矿随碱度变化的矿相结构研究 [J]. 钢铁钒钛, 2017, 38（2）：112-115.

[103] 何占伟, 薛向欣. 不同钒钛磁铁矿炉料冶金性能的对比研究 [J]. 东北大学学报（自然科学版）, 2019, 40（2）：207-211.

[104] 王耀祖, 张建良, 刘征建, 等. $w(TiO_2)$ 对烧结矿矿相结构及软熔滴落性能的影响 [J]. 钢铁, 2017, 52（10）：20-28.

[105] 陈子罗, 张建良, 张亚鹏, 等. 烧结矿适宜的 SiO$_2$ 质量分数和碱度 [J]. 钢铁, 2016, 51（12）：8-14, 19.

[106] 李金莲, 任伟, 童晓宇, 等. 铁焦中铁氧化物还原特性的研究 [J]. 鞍钢技术, 2016, （5）：13-16, 21.

[107] 刘丽娜, 韩秀丽, 李昌存, 等. 碱度对司家营铁矿粉烧结矿矿相结构的影响 [J]. 钢铁, 2011, 46（10）：7-10.

[108] Zhang X, Zhang J L, Hu Z W. Effect of CaCl$_2$ on RDI and RI of Sinter [J]. Journal of Iron and Steel Research（International）, 2010, 17（11）：7-12.

[109] 李咸伟. 氯化物对烧结矿 RDI 影响的试验研究 [J]. 宝钢技术, 1998（1）：21-25.

[110] 杨华明, 邱冠周, 唐爱东. CaCl$_2$ 对烧结矿 RDI 的影响 [J]. 中南大学学报, 1998, 29（3）：229-232.

[111] 梁南山. 氯化钙对烧结矿低温还原粉化的微观影响研究 [J]. 金属材料与冶金工程, 2016, 42（1）：44-48.

[112] 马贤国, 刘杰, 刘旭, 等. 烧结智能优化配矿的发展浅析 [J]. 鞍钢技术, 2024（4）：15-20.

[113] 王永菲, 王成国. 响应面法的理论与应用 [J]. 中央民族大学学报（自然科学版）, 2005, 14（3）：236-240.

[114] 包国营. 基于响应面法的烧结原料配矿优化研究 [D]. 唐山：华北理工大学, 2023.

[115] 李浩鸣, 杨永昇, 唐银华, 等. 不同 $w(SiO_2)$ 铁精矿高温烧结性能研究与优化配矿 [J]. 烧结球团, 2024, 49（4）：33-43.

[116] Adinarayana K, Ellaiah P, Srinivasulu B, et al. Response surface method of logical approach to optimize the nutritional parameters for neomyc in production by Streptomyces marinensis under solid-state fermentation [J]. Process Biochemistry, 2003, 38（11）：1565-1572.

[117] 杨纶标, 高英仪, 凌卫新. 模糊数学原理及应用 [M]. 5 版. 广州：华南理工大学出版社, 2011.

[118] 王庆顺, 杨军. 炼铁烧结配矿优化模型及其应用分析 [J]. 冶金管理, 2021（21）：

1-2.

[119] 黄鼎尧，黄晓贤，向家发，等．基于 TCN-DenseNet 的烧结矿 FeO 含量预测 [J]．河北冶金，2024，（10）：14-19，49.

[120] 彭梓塘，黄晓贤，范晓慧，等．基于卷积神经网络的烧结成品率预测 [J]．中南大学学报（自然科学版），2024，55（4）：1263-1271.

[121] 冯伟健．基于智能算法的铁前一体化配料模型研究 [D]．唐山：华北理工大学，2023.

[122] 惠佳豪，邢相栋，郑兆颖，等．基于 KPCA 和 Logistic-SSA-BP 的烧结矿 FeO 含量预测 [J]．钢铁研究学报，2024，36（6）：717-726.

[123] 匡朝辉，范晓慧，赵利明，等．烧结矿 FeO 含量在线智能检测系统开发与应用 [J]．烧结球团，2023，48（6）：157-163.

[124] 张学锋，闻亦昕，熊大林，等．基于双向长短时记忆网络模型预测烧结矿 FeO 含量 [J]．冶金自动化，2023，47（6）：85-92.

[125] 李一帆，李锦祥，杨锦堂，等．基于 BO-RF 的烧结矿化学成分预测模型研究 [J]．烧结球团，2023，48（6）：109-115，138.

[126] 储满生，王茗玉，唐珏，等．基于大数据的智能化烧结技术研究进展 [J]．钢铁，2023，58（9）：26-38.

[127] 孙志莹，施正贤，申明廷．基于响应面法的柱形壳内高压胀形工艺优化 [J]．锻压技术，2023，48（10）：95-101.

[128] 包国营，刘磊，韩秀丽，等．基于 $RDI_{>3.15\ mm}$ 响应面法的烧结原料配矿方案优化 [J]．钢铁，2023，58（1）：31-38.

[129] 包国营，刘磊，韩秀丽，等．响应面-满意度函数法优化烧结配矿 [J]．钢铁，2023，58（8）：41-50.